高等学校电气类专业系列教材

现代电力电子应用技术

梁永春　主编
刘慧贤　孙晓云　副主编

化学工业出版社
·北京·

内容简介

本书的内容包括电力电子技术的定义和发展、电力电子技术的基础知识、交流-直流变换电路、直流-交流变换电路、直流-直流变换电路、交流-交流变换电路、多重化和多电平电路、电力电子技术的应用等。基于开关变流技术引导电能变换的实现方法，与电力电子器件、串并联、保护和软开关技术等基础知识，将四种基本变流电路通过实际应用案例引出，然后对典型变流电路进行详细阐述，结合参数计算和 MATLAB 仿真案例，实现由应用到理论、由理论到实践的创新化、工程化的教学理念，提升学生的理论学习能力和工程实践能力。

本书涵盖了近年来电力电子技术在器件领域、研究领域出现的新技术和新应用，适合电气工程及其自动化、自动化及相关专业的本科生学习，也可供相关工程研究人员查阅。

图书在版编目（CIP）数据

现代电力电子应用技术 / 梁永春主编；刘慧贤，孙晓云副主编 . —北京：化学工业出版社，2024.7
ISBN 978-7-122-45475-1

Ⅰ.①现… Ⅱ.①梁… ②刘… ③孙… Ⅲ.①电力电子技术-教材　Ⅳ.①TM76

中国国家版本馆 CIP 数据核字（2024）第 080533 号

责任编辑：郝英华　　　文字编辑：刘建平　李亚楠　温潇潇
责任校对：宋　玮　　　装帧设计：史利平

出版发行：化学工业出版社
　　　　　（北京市东城区青年湖南街 13 号　邮政编码 100011）
印　　装：河北延风印务有限公司
787mm×1092mm　1/16　印张 17½　字数 456 千字
2024 年 9 月北京第 1 版第 1 次印刷

购书咨询：010-64518888　　　　售后服务：010-64518899
网　　址：http://www.cip.com.cn
凡购买本书，如有缺损质量问题，本社销售中心负责调换。

定　　价：59.80 元　　　　　　　版权所有　违者必究

前言

电力电子技术已经成为电气工程领域最为活跃的一门技术，广泛地应用于电气工程的各个领域，例如电力系统领域的微电网和逆变并网、高电压与绝缘技术领域的高压直流输电、电机与电器领域的电力电子开关和电机调速。而电力电子技术本身就是电气工程领域的关键技术，现代电力电子技术的新发展将引领电气工程和自动化领域的蓬勃发展。因此，电力电子技术已经成为电气工程及其自动化专业和自动化专业学生应掌握的专业基础。

电力电子技术是利用电力电子器件对电能控制和变换的技术，其本质是通过电力电子器件的通断，将电力电子电路分解为不同的电路拓扑，从而形成不同的工作模式。本书中强调模式的概念，有利于利用简单的电路拓扑分析复杂的、非线性的电力电子电路，从而使学生熟练掌握各种电力电子变换技术。电力电子技术应用于多个领域，使用典型电路应用案例引导出各种典型电路的分析，有助于将典型电路和生产生活实际，特别是相关课程知识有机联系起来，从而有助于学生形成系统的专业知识体系。例如，本书通过介绍生产生活中的交流调速系统，进一步强调了交流调速的变压变频调速理论知识，明确了电力电子技术中的整流和逆变电路是构成通用变频器的主要环节，强调了三相电压型逆变电路是实现交流调速系统中矢量控制的电路基础，最后将"电机学""电力电子技术""电力拖动自动控制系统"等课程有机联系起来，形成了一个知识链条，有助于学生系统地掌握贯穿多门课程的知识体系。

在电力电子技术的研究中离不开仿真技术，由简到繁，通过简单典型案例的仿真来掌握基础变流电路，通过综合性案例的仿真来提升综合分析能力，并将控制引入仿真，强化控制理论和控制策略是利用电力电子技术实现电能变换的桥梁和纽带。基于此能够使学生进一步理解电力电子技术在实际工程中的应用，并初步掌握使用相关仿真技术开展电力电子技术研究的能力。因此，本书通过案例引导—典型电路分析—典型电路仿真—综合案例仿真的模式，加强多门学科知识的联系、仿真工具研究能力的锻炼和工程实践创新能力的培养，最后通过实验进一步强化基础知识的掌握，以提升总体学习效果。

另外，本书还配有电子课件供有需要的院校使用，可登录 www.cipedu.com.cn 注册后下载。

本书由河北科技大学梁永春主编，河北科技大学刘慧贤、石家庄铁道大学孙晓云副主编。第 1~3 章由梁永春编写，第 4~6 章和附录由刘慧贤编写，第 7 章由李鹏程编写，第 8 章由孙晓云编写，第 9 章由李金良编写，各章节仿真部分由梁凯毅、王佳乐、钱少伟编写。

由于作者学识有限，书中难免有疏漏之处，恳请读者批评指正。

编者
2024 年 2 月

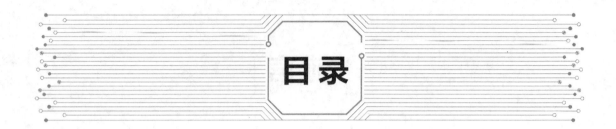

目录

第 3 章　交流-直流变换电路

第 4 章　直流-交流变换电路

第 5 章　直流-直流变换电路

第 6 章　交流-交流变换电路

第7章 多重化和多电平

第8章 电力电子变流电路的实际应用

第9章　电力电子实验

附录　电力电子变换器的设计

参考文献

第1章 ▶▶
绪论

1.1　什么是电力电子技术

众所周知，电网提供的电能电压的幅值和频率均是固定的，而社会生产生活又对可控的电力能源有大量的需求，这就催生了相关技术来满足社会的要求。在电力电子技术出现以前，可控的电力能源是通过 Ward-Leonard 系统来实现的。如果要输出可调的直流电压，实现对直流电动机的控制，可以使用原动机带动一个发电机，通过调节发电机励磁实现受控的可变直流电压的输出。如果需要得到可调的交流电压，而供电系统是电池组，可以利用可调速直流电动机带动交流同步发电机来实现。随着社会生产生活水平的不断进步，对电源多样性的要求也不断提高，这种机电变换系统，无论在便利性、效率还是可靠性上，都难以满足要求。社会需求促进了技术的创新和进步，电力电子技术应运而生，带来了革命性的功率控制的概念，引领了智能电网、复合能源系统、电动交通、高性能电子通信设备电源等产业的腾飞。

全球 50％以上的能源是化石能源，过量使用化石燃料带来的后果是气候变化和全球变暖。温室效应使得极地冰层正在融化，恶劣气候变化将会导致世界出现严重的动荡与不稳定。考虑到这些严重后果，1997 年联合国通过的《京都议定书》指出参与国必须有配额内的强制性减排指标。我国在 2020 年提出了"双碳"目标，即 2030 年前实现碳达峰，2060年前实现碳中和。而推进智能电网建设，充分吸纳环境清洁的可再生能源，用纯电动汽车和混合动力汽车替代燃油车，促进大容量电动火车和光伏公共汽车，等等，这些均是有效的措施，其中充电、电池管理、电机驱动、能量回收等均以电力电子技术为基础。

智能电网是近年提出的一个未来电网发展目标，即采用最先进的电力电子技术、计算机通信技术、检测技术、故障诊断技术、负荷预测技术和电力系统控制技术等构建未来先进的电网。智能电网的目标是实现最佳的资源利用率、对客户的经济配电、更高的能源效率、更高的系统可靠性和更高的系统安全性。

因为可再生能源的发电量常常会出现波动，而电力消费需求也是波动的，因此智能电网将整合分布式可再生能源系统（如风力发电、光伏发电等）、集中发电厂（如水力发电、核电和化石燃料能源发电等），以及大量的储能系统（如抽水蓄能、电池、飞轮储能、超级电容器、氢储能等），并采取先进的智能计算，控制需求曲线（需求侧能量管理），以匹配可用的发电量，实现供给和需求互动化的能源管理。理想情况下，如果电力需求曲线与可用的电力供应曲线相匹配，并且系统中没有故障，则不需要大容量存储或电力系统冗余容量，这时资源利用率最佳，可以有效避免和解决电池储能的后期处理隐患问题、大量中间变流环节的能耗问题、大量储能设备带来的经济性问题等。这意味着一些负荷（如电动汽车的蓄电池、洗衣机、烘干机、洗碗机等）可通过预约控制安排在非用电高峰，且在风能、太阳能输出较大的时间段运行，同时采用降低电费或峰谷不同电价的方式对消费者进行激励。

在智能电网中，当某个连接点的电力需求明确后，最佳的发电源和最佳的供电路径都可以通过类似于通信领域路由器的方式进行控制，从而为用户高效供电。当然，电网电压和频率应始终保持在允许范围内。

智能电网可以使用以电力电子技术为基础的高压直流输电系统、柔性交流输电系统，以及融合风电、光伏、储能和电网的复合能源系统管理等实现上述控制目标。智能电网将帮助我们逐步过渡到无碳社会。

此外，通信技术、人工智能等高新技术的发展，例如 5G 技术、云计算等，均离不开电力电子技术提供的各种功率的高性能稳定电源。

1.1.1　电力电子技术的定义和分类

电力电子技术（又称电力电子学）有多种定义。

它可以定义为一种利用固态电子器件对电能进行控制和变换的学科。也可以定义为一种技术，这种技术能通过一种高效、清洁、高密度和可靠的能量处理方式将电能从一种形式变换为另一种形式，以满足不同的需求。美国电气与电子工程师协会（IEEE）曾对电力电子学有如下定义：电力电子学是有效地使用电力半导体器件，应用电路和设计理论及分析开发工具，实现对电能的高效变换和控制的一门技术，它包括对电压、电流、频率和波形等方面的变换。具体地说，电力电子技术是利用电力电子器件对电能进行变换和控制的技术。

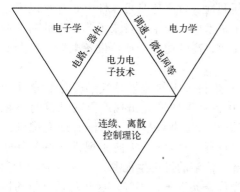

图 1-1　电力电子技术与电子、电力和控制的关系

电力电子技术是一门综合的交叉学科，它涵盖了电力技术、电子技术和控制理论领域的知识，四个学科之间的关系如图 1-1 所示。如果把现代电力电子设备比喻成一个人，功率半导体器件和电力电子电路是它的骨骼和肌肉；控制理论和计算机技术可以看作智慧的大脑；电子电路可以看作人体的神经系统，不仅完成信息的感知，也将大脑指令通过神经系统传送给肌肉和骨骼。电力电子设备完成各种电能变换可以看作人在大脑的指挥下完成社会生产生活中的各种活动。

电力电子器件制造技术和信息电子器件制造技术的理论基础是一样的，大多数工艺也是相同的，可以说两者同根同源。电力电子电路和电子电路的许多分析方法也是一致的，都来源于电路理论，只是两者应用的目的不同：电子电路用于信息处理，而电力电子电路主要用于电力领域。此外，电力电子器件的驱动、保护和检测电路均离不开电子电路。

电力电子技术是电气工程现代化的助推剂，也是电气工程这一相对古老学科改革创新的重要源泉。各种电力电子装置广泛应用于高压直流输电系统、柔性交流输电系统、静止无功补偿、电动汽车和电力机车驱动、交直流电机传动、电解、电镀、励磁、电加热、高性能交直流电源、新能源的变换和电网接入等多个方面。

要保证电能变换的高效、可靠和稳定，离不开闭环控制。通过对电力电子装置及其系统的动态和静态特性分析，对比电能实时检测量与给定量之间的差值，控制理论给出一定的控制算法，实时调节和发出功率器件的触发信号，从而保证电能变换的质量。

根据输入和输出电源的类型，可以将电力电子技术分为四类基本电力变换技术或变换装置，即交流-直流变换电路（又称整流电路，简写为 AC/DC）、直流-交流变换电路（又称逆变电路，简写为 DC/AC）、直流-直流变换电路（又称斩波电路，简写为 DC/DC）和交流-交流变换电路（又称交交变换电路，简写为 AC/AC）。将交流电源转换为直流电源，给直流电机供电即为整流电路的应用之一；电动汽车中将蓄电池电源转换为交流电源驱动电机即为逆变电路的应用之一；将光伏板输出直流电源转换为直流母线电源即为斩波电路的应用之一；软启动器中将交流电源进行调压即为交交变换电路的应用之一。

有些场合往往需要将其中的几种基本电路组合使用，例如：交流电机调速用变频器设备，包含了整流和逆变两个基本变换电路，属于交-直-交（间接交流-交流）变换电路；大功率的直流-直流变换电路，包含了逆变和整流两个基本变换电路，通过脉冲变压器实现了更高倍数的直流变换，属于直-交-直（间接直流-直流）变换电路。

1.1.2　电力电子技术学科导向图

通俗地讲，本科阶段的电气工程及其自动化是围绕电能的生产、传输、分配和使用的一个宽口径专业。而在研究生阶段，电气工程是一个一级学科，它包含了电力系统及其自动化、电机与电器、高电压与绝缘技术、电力电子与电力传动、电工理论与新技术等五个二级学科。现代电力电子技术已经不再仅仅应用于电力传动，而已经扩大到其他几个二级学科，推动了高压直流输电、微电网、电能路由器、新型电力设备的快速发展。甚至可以说，当代电气工程五个二级学科的新发展在一定程度上都有赖于电力电子技术的发展。正是由于电力电子技术的迅速发展，电气工程才始终保持强大的活力。

电力电子技术与五个二级学科的学科关系如图 1-2 所示。

电工理论是电气工程的基础，主要包含电路理论和电磁场理论，电路理论是设计和分析电力电子电路的基础，四种基本变流电路及其组合电路和变形电路的分析均采用电路理论的基础知识，各种新型变流电路的发现也离不开电路理论的基础知识。电磁场理论是电力电子装置电磁兼容的重要基础，电力电子装置是一个重要的干扰源，同时其触发脉冲也易受干扰，触发信号的可靠程度直接决定了整个电力电子电路的工作可靠性。

电网提供的交流电压幅值和频率都固定不变，如果将电压恒定的工频电认为是原始功率，那么很多应用都需要对这个原始功率进行调节。功率调节的范围包括交流-直流电力的变换（或者相反），以及电压、电流幅值和频率的控制。例如直流电机调速系统，主要的调速方法为调压调速，在交流电网和直流电机之间的电力电子变换器需要将电网提供的恒定电压的交流电转换为可调电压的直流电。当直流电机刹车制动时，直流电机工作在发电状态，电力电子变换器可将直流电转换为交流电回馈给电网。当调速系统由交流电机构成时，电力电子变换器将电网提供的交流电转换为直流电，再将直流电转换为可调电压、可调频率的交流电，实现交流电机的变压变频（Variable Voltage and Variable Frequency，VVVF）调速。

在电力系统中对无功功率的控制非常重要，通过对无功功率的控制可以提高功率因数、稳定电网电压、改善供电质量。利用电力电子开关构成的静止无功补偿装置、静止无功发生器等，可以更加灵活地调节无功功率。

原始的直流功率通常由蓄电池提供，但是现在由光伏电源和燃料电池供电的情况日益增多。光伏能源系统通常与电网连接，因此需要进行直流-交流电力变换和交流电压控制。当直流电源给电动汽车等设备的电机供电时，位于电池和电机之间的电力电子变换器用于实现电压控制，并在刹车和下坡时帮助回收功率。由于光伏发电与天气情况密切相关，并具有明显的昼夜特征，存在较强的随机性，利用斩波电路可以保持输出电压的稳定性，并进行储

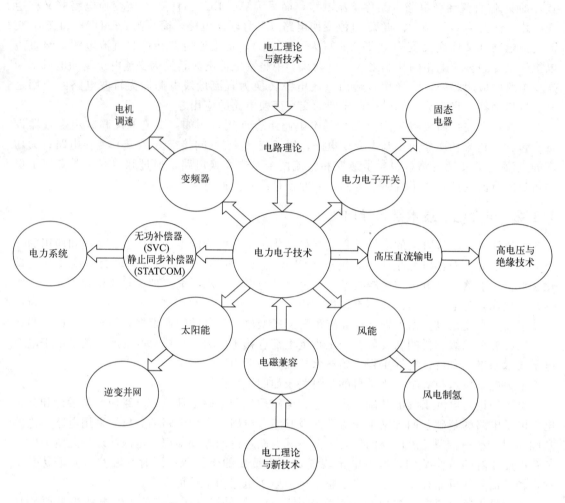

图 1-2　电气工程中的电力电子技术应用

能，再根据电网的调度要求进行并网。由于光伏系统安装的便利性，光伏发电近年来得到了快速发展。

风能是重要的可再生能源，风力发电可以直接通过变压并网，由于风的随机性，风力发电直接并网，将给电网的稳定性带来考验。将风力发电机发出的交流电整流以后进行储能，再在需要时将其转换为稳定的电能输出，解决了风力发电的波动性问题。风电制氢是一种重要的储能方式，也是近年来的一个研究热点。

为了解决能源分布和用电分布的不平衡问题，实现电能的长距离传输，国家电网提出并建设了多条特高压输电线路。特高压输电线路包含了特高压交流输电和特高压直流输电两种线路。特高压直流输电首先需要在输电端将交流电转换为直流电，然后再在用电端将直流电转换为交流电，给高电压与绝缘技术及电力设备的监测与维护带来了新的课题。

传统的电磁式断路器、接触器等是开断线路、保护电力系统的重要设备。随着电力电子技术的发展，电力电子器件将代替电路中的机械开关，利用触发脉冲接通和断开电路。这种开关响应速度快、没有触点、寿命长，可以频繁地控制通断。

运动控制离不开各种电机的驱动，而电机的驱动离不开各种电力电子电源，因此现代电力电子应用技术不仅是电气工程及其自动化专业的基础课，也是自动化专业的基础课。

1.1.3 电力电子变流系统组成

电力电子系统在实际应用中一般是由控制电路、驱动电路和以电力电子器件为核心的主电路组成，如图 1-3 所示。由信息电子电路组成的控制电路（现代控制电路的核心是微处理器），按照系统的工作要求形成控制信号，通过驱动电路生成满足器件要求的触发信号，去控制主电路中电力电子器件的导通或关断来实现整个系统的功能。因此，从宏观的角度讲，电力电子电路也被称为电力电子系统，在有的电力电子系统中需要检测主电路或者应用现场的信号，再根据这些信号与系统的工作要求来形成控制信号，这就需要检测电路。检测电路通常通过合适的传感器检测主电路的电压、电流以及温度等信号，并将其转换为数字信号传输给微处理器。

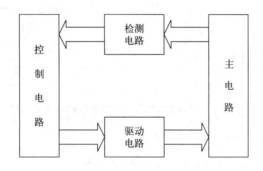

图 1-3　电力电子系统组成

主电路中的电压和电流一般都较大，而控制电路的元器件只能承受较小的电压和电流，因此在主电路和控制电路连接的路径上，如驱动电路与主电路的连接处，或者驱动电路与控制电路的连接处，以及主电路与检测电路的连接处，一般都需要进行电气隔离，通过光、磁等方式来传递信号。

电力电子系统中往往还包含保护电路。现代电力电子系统还包含电力电子器件本身的故障检测和变流电路的冗余控制等功能。由于主电路中往往有电压和电流的过冲，而电力电子器件一般比主电路中的普通元器件要昂贵，但承受过电压和过电流的能力却要差一些，因此在主电路和控制电路中附加一些保护电路，以保证电力电子器件和整个电力电子系统正常可靠运行也是非常必要的。电力电子变流电路高度适合模块化发展，当电力电子器件发生故障时，可以采用冗余变流电路的设计方法，利用冗余电路实现电力电子系统的容错控制，提高整个电力电子系统的可靠性。

以交流电机变频调速为例，其组合装置由主电路、检测电路、驱动电路、保护电路和控制电路构成，如图 1-4 所示。主电路由电力电子器件构成，整流电路将三相交流电转换为直流电，直流侧电容起到滤波和稳压的作用，给逆变电路提供恒压，逆变电路将恒定的直流电转换为电压和频率均可调的交流电，实现电机转速的调节；检测电路对主电路的电压、电流、温度等参量进行检测，并将检测结果反馈给控制电路；驱动电路将控制电路发出的驱动信号放大，加到电力电子器件的门级，控制主电路的工作状态；保护电路完成对主电路的冲击电压、过电流等异常工况的保护跳闸；控制电路指挥整个系统的运行，根据检测参量信息计算触发信号的发出时间和触发信号的特征，往往由微处理器构成。

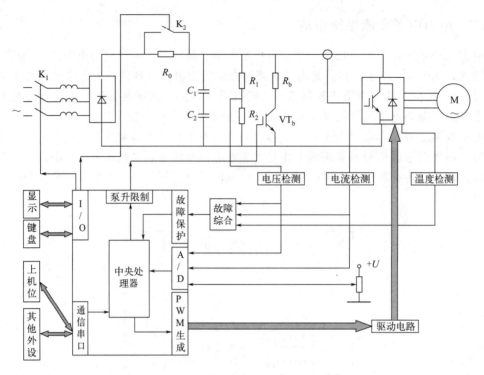

图 1-4　数字控制通用变频器-异步电动机调速系统硬件原理图

1.2　电力电子技术的发展史

电力电子器件的发展，对电力电子技术的发展起到决定性的作用，图 1-5 给出了电力电子器件的发展史。

电力电子器件的历史可以追溯到 20 世纪初水银整流器的诞生。自那以后，金属箔整流器、栅控真空管整流器、引燃管、热阴极充气二极管、闸流管也相继出现，这些设备在 20 世纪 50 年代之前广泛应用于电能的控制。

1947 年贝尔实验室发明了基于半导体材料的晶体管，这一发明拉开了第一波电子学革命的序幕。硅半导体器件的发展衍生出现代的微电子技术，当今世界大多数先进的电子技术都可以追溯到这一发明。

第二波电子学革命从 1957 年通用电气公司研发出商用的晶闸管开始。这一成就开启了电力电子学的新纪元，从此开始，人们逐渐发明了许多新的功率半导体器件和电能变换技术。一般认为电力电子技术诞生的标志是晶闸管的出现，1957 年也被称为电力电子元年。

电力电子技术发展过程中的重要事件如下。

1957 年：发明半导体闸流管。

1958 年：半导体闸流管商业化。

1961 年：小功率 GTO（门极可关断晶闸管），直流变换器和斩控调制原理。

1964 年：脉冲宽度调制（PWM）技术引入电力电子技术。

1967 年：用于高压直流输电应用的晶闸管。

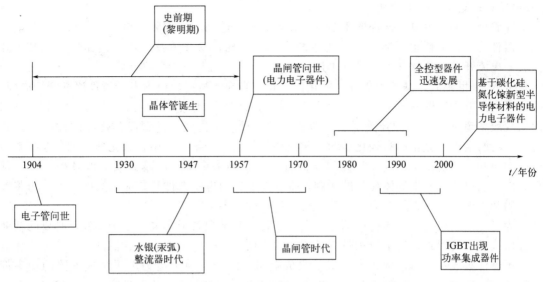

图 1-5 电力电子器件的发展史

1970 年：硅双极性晶体管（BJT）（500A，20A）。

1971 年：磁场定向原理（Field Orientation Control，FOC）的发明（矢量控制）。

1975 年：巨型晶体管（300V，400A）。

1976 年：升降压 Cuk 直流变换器。

1977 年：升降压 Sepic 直流变换器和 Zeta 直流变换器。

1978 年：功率场效应管（100V，25A）。

1979 年：功率场效应管采用微处理器实现矢量控制的晶体管逆变器。

1983 年：IGBT（绝缘栅双极型晶体管）的发明。

1986 年：谐振直流变换器；柔性输电概念的提出。

1987 年：双向 PWM 整流器；场控晶闸管（MCT）；电力系统有功功率控制器（APC）；直接转矩控制。

1989 年：准谐振逆变器。

1990 年：SMART 功率驱动器。

1991 年：80MVA 静止无功补偿器（SVC）；基于碳化硅材料的肖特基二极管。

1992 年：高压直流输电（6kV，2.5kA）。

1993 年：模糊逻辑及神经元网络在电力电子学及电力传动上的应用。

1994 年：基于碳化硅材料的 MOSFET（电力场效应晶体管）；IGBT 不停电电源（1MVA）；GTO 牵引逆变器（38MVA）；变速泵储能系统（400MW）。

1995 年：3 电平 GTO/IGBT 逆变器在球磨机传动中的应用（15/1.5MVA）；100Mvar 静止无功补偿装置（TVA）。

1997 年：IGCT（集成门极换流晶闸管）概念的提出和商业化；ETO/MTO 的开发。

1998 年：3 电平直接转矩控制变换器（5MW）；电流型感应加热逆变器（1MW，50kHz）；GTO 高压输电变换系统（300MW）；双向晶闸管（BCT）（6.5kV）。

1999 年：IGBT 模块（6.5kV，600A）在直流系统（3kV）中替代 GTO；双向 MOS 开关（MBS）。

2000 年：反向阻断型 IGBT；用 3 电平 IGCT 逆变器实现动态电压补偿器（DVR）

（45MVA）；矩阵变换器模块。

随着全控型电力电子器件的不断进步，电力电子电路的工作频率也不断提高，同时电力电子器件的开关损耗也不断增大。为了减小开关损耗，软开关技术便应运而生。零电压开关、零电流开关就是软开关的最基本形式。

进入 21 世纪后，基于碳化硅、氮化镓等新型半导体材料的电力电子器件逐渐开始应用，提高了电力电子装置的效率。利用这些新材料构成的电力电子器件可以在 $10\sim100kW$ 范围内实现效率超过 99.5% 的开关型逆变器的开发。目前碳化硅二极管以其优越的性能已经获得了广泛的应用，氮化镓和碳化硅的场效应晶体管也开始得到应用，碳化硅 IGBT 也在紧锣密鼓地研制、开发。在现代，材料科学的进步是推动多个学科跨越式发展的基础。可以预料，以性能更优越的半导体材料的研制，推动新型电力电子器件和相应电力电子电路与装置的应用和发展，将一直是电力电子技术持续进步的重要途径之一。

为了开发结构紧凑、体积小的电力电子装置，常常把若干个电力电子器件及必要的辅助元件做成模块的形式，这给应用带来了很大的方便。后来，又把驱动、控制、保护电路和电力电子器件集成在一起，构成电力电子集成电路（PIC）。目前电力电子集成电路的功率都还较小，电压也较低，它面临着电压隔离、热隔离、电磁干扰等几大难题，但这代表着电力电子技术发展的一个重要方向。

随着世界能源需求的不断增长，可再生能源也进入了一个发展新纪元，电力电子技术是实现可再生能源的传输、分配和存储的主要手段，是推动可再生能源在整个能源中占比提高的关键技术。节能汽车的研究和发展同样也推动了电力电子应用和研究。因此，电力电子技术也走进了一个新的世纪，在全世界范围内对可再生能源利用和节能的需求，引领了第三次电子学的革命。可以预见这一领域将会迎来持续三十年的兴盛和变革。

1.3　电力电子技术应用

电力电子技术的应用极其广泛，在它出现后的短短半个多世纪中，它的触角已经延伸到人类社会的各个方面，对人类社会的进步、经济的发展和生活质量的提高发挥着积极的作用。

（1）工业应用

工业应用是电力电子技术最大的市场，应用最早、范围最广，大致有以下几个方面。

电解电镀：金属材料的精炼提纯、各种应用领域机械零件表面的防锈电镀等均需要低电压、大电流的直流电源。

电气传动：由于生产工艺的要求，在许多场合都需要调节电机的转速，使用最多的是直流电机调压调速和交流电机变压变频调速。随着电力电子技术的进步，出现了整流器和电力电子变频器。利用晶闸管整流器构成的直流电机调速系统，既没有噪声又控制灵活。由整流器和逆变器构成的电力电子变频器，可以实现交流电的电压和频率的协调控制，实现交流电机的恒转矩调速，随着矢量控制和直接转矩控制方法的出现，交流变频调速已经从理论走向实际应用的舞台。与直流电机相比，交流电机维护方便、坚固耐用，因此从 20 世纪 80 年代起，交流变频调速迅速崛起，逐渐取代了直流电机，现在已经成为调速控制的首选方案。

加热淬火：电力电子交流调压器和变频器已经取代了自耦变压器调压、中频发电机组、电子管振荡器等，大量应用在锻造热处理等的生产过程中。

冶炼和焊接：利用电力电子装置控制电弧，可以提高电弧的稳定性，从而提高熔炼的质量。晶闸管中频感应电炉现在已经成为熔炼的常用设备，广泛应用在合金钢的冶炼生产过程中。采用电力电子逆变技术制造的新型逆变焊机，经过高频调制，提高了能量传输密度，使电焊机重量可以减少到原来的几十分之一，并做成手提便携式，大大方便了工人应用，不仅提高了劳动生产效率，并且焊接质量也可以大大提高，效率可以高达到80％以上。

（2）能源电力

近年来，电力电子技术在电力系统中的作用越来越明显，特别是风能、太阳能、储能等构成的复合能源系统和智能电网的建设，均离不开现代电力电子技术。

输配发电：随着电力输送的容量越来越大，电压等级越来越高，输电距离越来越远，高压直流（High Voltage Direct Current，HVDC）输电有更大的优越性。高压直流输电是将发电厂发出的三相交流电升压后，经过整流变为500kV以上的高压直流电，跨山越海远距离输送到用电地点，然后在换流站再变换为通常的工频交流电，经降压后与公用电网连接。近年来，国家电网已经建设投运了多条正负800kV的特高压直流输电线路。直流输电可以减少线路损耗，提高输电效率。

电能质量控制：利用电力电子技术制造的有源滤波器（Active Power Filter，APF）、静止无功发生器（Static Var Generator，SVG）、有源功率因数校正器（Active Power Factor Corrector，APFC）等可以治理电网的谐波、改善电网的功率因数，从而提高供电质量。

新能源：风能、太阳能等新能源取之不尽、用之不竭，并且没有污染排放，是绿色干净的能源，要使这些新能源产生的电能实用化，离不开各种电力电子设备，如逆变器、充电器、启动器、稳压器等。

（3）交通运输

电力电子技术引领了现代交通技术的发展，不仅可以有效解决化石能源交通工具所带来的污染问题，而且可以提升交通领域的整体性能和驾驶感受。

电力机车和城市轨道交通：电气化列车、城市地铁、磁悬浮列车等交通工具发展迅速。在采用三相异步电机的机车动车上，将单相交流电或直流电转变为可调频调压的三相交流电的牵引变流器是核心设备，调频范围可从0.4Hz到200Hz以上，可实现宽范围的调速，有良好的稳定控制特性和快速动态响应能力。除主传动外，机车动车的辅助电源和旅客列车电源，也需要大量的电力电子变流器。

汽车和舰船：现代舰船的电气化程度很高，舰船上的电力推进系统、大量的风机水泵、电热和制冷设备、照明和各种生活电器，有的要求恒频恒压，有的要求调压调频，雷达、声呐、通信、导航等设备，甚至需要高频脉冲电源。近年来快速发展的电动汽车是减少污染排放、改善大气环境的重要措施，电动汽车的充电装置、电机传动和电子控制电路的电源和开关等都需要使用电力电子技术。

（4）灯光照明

新型的高压放电灯以及各种金属氯化物等，不仅光色好，并且可以取得很明显的节能效果，各种气体放电的辉光灯和弧光灯都需要整流器。现在用电力电子技术做成的电子整流器，实际上是一个电子变频器，它不仅减少了整流器的体积重量，并且不需要易损坏的起辉器，可使灯管的使用寿命大大延长，在高频供电下还能消除50Hz的频闪和频响等问题。电力电子技术在绿色照明上大有用武之地。

（5）办公和家电

在家电和办公方面，电力电子技术应用更为广泛。变频空调、变频冰箱、电风扇的调速等都有电力电子技术的身影。电脑的电源、手机和平板的充电电源等都使用了电力电子技术。发展中的机器人，一身集成数十个电机，这些电机的驱动都需要电力电子技术的支持。

（6）航空航天

航空器、航天器是高新科技集中的地方，在飞机上有大量的电源、仪表和导航设备，对机载设备的基本要求是可靠性高、维护性好、体积重量小、成本低和性能高。航空器、航天器的机载电源系统是由主电源、辅助电源、备份电源、应急电源和二次电源等组成。发动机主电源由航空发动机带动交流发电机产生，由于航空发动机转速随飞行状态的变化而变化，交流发电机转速不能稳定，发出的交流电能频率也是变化的。与过去采用液压恒速传动装置来保持发电机转速的稳定，从而保持交流电能频率稳定不同，现在可以用电力电子变换器将变频交流电转换为恒频400Hz交流电，组成变速恒频电源，从而省去了液压恒速传动装置。航空器的大量各种不同要求的电源，都需要大量的电力电子直流-直流变换器、直流-交流逆变器、电动机控制器和固态开关电器等。

（7）电子装置用电源

各种电子装置都需要不同电压等级的直流电源供电。由于高频开关电源体积小、重量轻、效率高，通信设备中的程控交换机、大型计算机和微型计算机所用的直流电源，现在都采用高频开关电源。因为各种信息技术装置都需要电力电子装置提供电源，所以说信息电子技术离不开电力电子技术。在大型计算机等场合常常需要不间断电源供电，不间断电源实际就是典型的电力电子装置。

综上所述，作为一种电源技术，电力电子技术为现代社会很多工业应用、高新技术、国防建设和家庭生活提供了高质量的电源。反过来，社会生产和生活需求也推动了电力电子技术向高频高效、高压大功率、高功率密度、高功率因数和高性能等方向发展，电力电子技术的应用开发和研究具有广阔和辉煌的前景。

1.4　电力电子技术学习导图

"现代电力电子应用技术"是一门应用性很强的技术基础课，它与已学课程"电路""电子技术基础"和后续课程"电力拖动自动控制系统"等有着密切的关系。虽然说它是一门技术基础课，在讲授和学习中以掌握四种基本变换电路——直流-直流变换电路、交流-直流变换电路、直流-交流变换电路和交流-交流变换电路为主，但是要密切注意这些基本变换的应用，以及在基本变换基础上的新型变流器的开发，并锻炼学生的创新能力。

电力电子技术课程学习思维导图如图1-6所示，在学习电力电子技术之前，学生应具备电路理论和分析知识、高等数学中的三角函数定积分知识、周期性信号的傅里叶级数分析知识。在学习该课程中，首先了解现代电力电子技术的应用背景，在此基础上掌握课程基础知识，即电力电子器件、开关变流技术、电路的控制方式、电力电子器件的串并联、电力电子器件的驱动、电力电子器件的过电压和过电流保护、基本软开关技术，以及滤波、冷却和系统控制方法，然后通过对典型案例基本原理的学习，利用电力电子器件的通断控制和电路拓扑、模态分析的方法学习四种基本变流电路，及其电路设计知识，并穿插学习软开关技术和PWM技术，以及电力电子电路的仿真，随后学习多重化和多电平技术，最后学习典型的电力电子技术应用案例。

电力电子电路是一种开关电路。它利用电力电子器件的通和断，来改变电路的拓扑结构，实现不同的工作模式，最终实现电能的变化。因此在学习中要掌握根据电力电子器件的

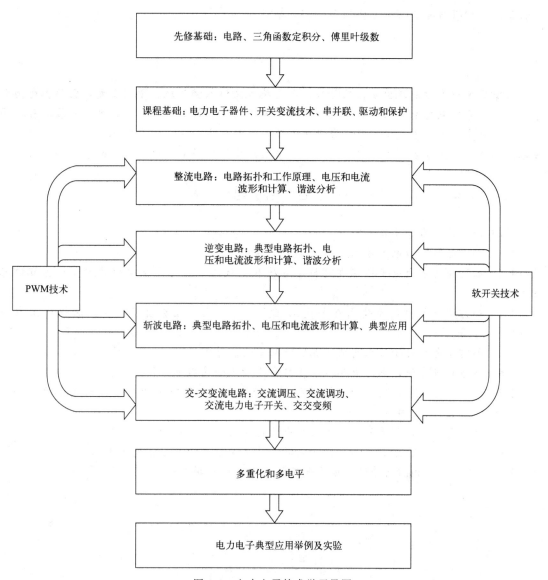

图 1-6　电力电子技术学习导图

导通和关断，将电力电子电路分解为不同的、简单的电路拓扑，然后再分析这些简单的电路拓扑的工作原理，将简单电路拓扑的各种电压、电流波形在时间上叠加在一起就可以得到完整的电源端、负载端和开关器件的电压和电流波形。

　　由于开关器件的通、断控制，使得负载、电源端以及开关器件上的电压和电流波形均不再是一个纯正的正弦波或直流波形，因此从本质上讲，电力电子电路是一种非线性的、不连续的开关电路，很难用连续系统的解析方法来研究。一般都用波形分析法和分段线性化处理的方法来研究和学习电力电子电路。波形分析法是在电压、电流波形的基础上，研究电力电子电路输入与输出的关系，分段线性化是在局部时段上使用线性电路的解析研究方法。

　　现代仿真技术是研究电力电子电路的很好方法，可以极大地提高工作效率，目前已经开发了众多适用于电力电子变换器仿真的工具，主要有 MATLAB、PSIM、PSpice、Saber等。本书在部分章节中有相应电力电子电路的 MATLAB 仿真实例，举例目的是通过实例帮助同学掌握仿真的基本方法，具备利用仿真工具分析和解决电力电子系统问题的能力，为后续教学环节和进行相关研究工作打下坚实的基础。

小　结

本章从生产生活应用出发，从传统能源变换方法难以满足现代要求出发，引导出电力电子技术的定义和电力电子系统的组成，介绍了电力电子器件和相关变流技术的发展历程，明确了电力电子技术在电气工程及其自动化专业和自动化专业中的重要地位，简述了电力电子技术在社会生产生活多个方面的应用举例，最后给出了学习电力电子技术的步骤和方法。

思　考　题

1-1　什么是电力电子技术？

1-2　如何理解电力电子技术是一门交叉学科？

1-3　如何理解电力电子技术在可持续发展和"双碳"目标实现中的作用？自己有何思考和定位？

1-4　如何明确电力电子技术在电气工程及其自动化专业和自动化专业课程体系中的位置？

1-5　如何将电力电子技术与所学相关课程紧密联系？

1-6　结合自身生活，电力电子技术在日常生活中还有哪些应用？

1-7　结合自身定位，思考如何学习电力电子技术？如何将电力电子技术贯穿于整个专业的学习中？达到什么样的目标？

1-8　交、直流电机调速有哪些方法？电力电子技术在调速中有何作用？

1-9　检测技术、传感器技术、嵌入式开发技术与电力电子技术有何关系？

1-10　控制理论和控制算法在电力电子技术中有何作用？

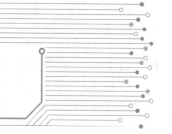

第2章 >> 电力电子技术基础知识

2.1 开关变流的概念

电力电子技术是一种电路技术，而电力电子器件是这种电路中的关键元件。与传统电路不同的是，在这种电路中可以把电力电子器件当作一个开关，通过在不同时刻控制电力电子器件的通和断可以改变电路的模态，从而改变电路的输入和输出之间的连接关系，达到改变电能形式的目的。可以假设电力电子器件的通和断是一种理想的开关，导通时没有压降，关断时没有电流。当电力电子器件导通时开关闭合，输入与输出之间直接连通，当电力电子器件关断时，开关打开，输入与输出之间断开，因此电力电子技术可以用简单的开关电路来进行引导性说明。

2.1.1 基本开关变流电路

图 2-1 为由一个开关组成的最简单的变流电路，它有两种电路拓扑：开关 K 关断或导通，分别如图 2-1(a) 和图 2-1(b) 所示。

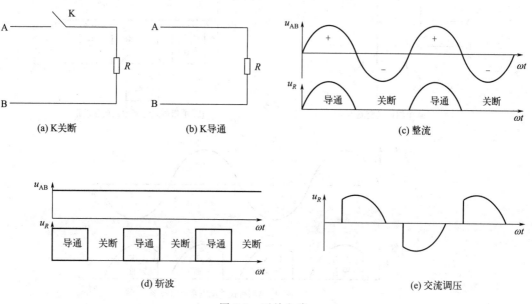

图 2-1　开关电路

如果 AB 端输入的是交流电，正半周时 K 导通，负半周时 K 关断，则右侧负载 R 上的波形如图 2-1(c) 所示，这种电路为半波整流电路。

如果 AB 端输入的是直流电，K 导通时负载 R 上的电压为直流侧电压，K 关断时负载 R 上的电压为 0，负载 R 上的电压波形如图 2-1(d) 所示，这种电路为斩波电路。

如果 AB 端输入的是交流电，当 K 在电源正半周延迟一定的时间导通，在电源负半周延迟同样的时间导通，负载 R 上的波形如图 2-1(e) 所示，这种电路为交流调压电路。

2.1.2 桥式变流电路

图 2-2(a) 给出了一个单相桥式变流电路。这里给出一种工作模式的概念。根据 4 个开关通和断的不同组合可以分解为三种模式：K_1 和 K_4 导通，K_2 和 K_3 关断；K_1 和 K_4 关断，K_2 和 K_3 导通；4 个开关全部关断。

如果电源由 CD 端输入，且电源为直流电源，当 K_1 和 K_4 导通时，AB 端的电压为正；当 K_2 和 K_3 导通时 AB 端的电压为负，当 4 个开关全部关断时，AB 端没有电压。AB 端的电压波形如图 2-2(b) 所示。这种电路为逆变电路（DC/AC）。图 2-2(a) 为单相桥式逆变电路。相同的变流原理也可以应用于三相桥式逆变电路，需要注意的是有 3 个输出端子。

如果 AB 端为交流电源，在电源的正半周，如果 4 个开关全部关断，CD 端电压为 0，当 K_1 和 K_4 导通，K_2 和 K_3 关断时，CD 端的电压为交流电源的电压，CD 端电压极性为正（通常规定上正下负）；在电源的负半周，如果 4 个开关全部关断，CD 端电压为 0，如果 K_2 和 K_3 导通，K_1 和 K_4 关断，CD 端的电压也为交流电源的电压，此时 CD 端电压极性仍为正。CD 端的电压如图 2-2(c) 所示。此时图 2-2(a) 为单相桥式整流电路。相同的变流原理也可以应用于三相桥式整流电路，需要注意的是输入为三相对称的交流电。

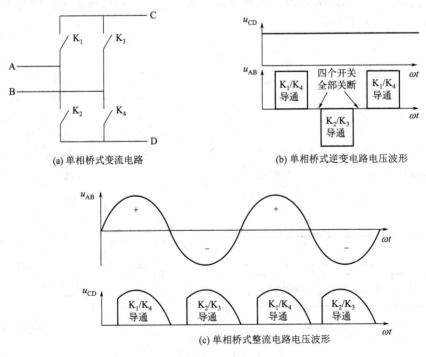

(a) 单相桥式变流电路

(b) 单相桥式逆变电路电压波形

(c) 单相桥式整流电路电压波形

图 2-2　单相桥式变流电路

2.1.3　开关变流电路的开关模式

电力电子变流电路可以进行整流、逆变、斩波和交交变换，并且对电压、电流和频率进行控制，这都取决于开关的控制模式。电力电子电路的开关模式基本上有相位控制和斩波控制两种方式，简称相控和斩控，其中斩波控制在逆变电路中被称作脉宽调制（Pulse Width Modulation，PWM）控制，在整流电路中也称为 PWM 整流。三相逆变电路中有 180°导通型（当电力电子器件触发导通后可以持续导通 180°的电角度）和 120°导通型两种控制方式，在逆变电路中这种工作方式输出的波形为矩形波。

（1）相控式

在图 2-1 所示的开关电路中，如果开关不是在正弦电压的过零时刻导通，而是在过零后推迟一段时间才导通，这时整流输出的电压波形就不是完整的正弦波。调节输出电压是通过控制开关导通的时刻，而关断是通过电源过零变负自然关断，利用傅里叶级数进行分析可知，这种控制方式会产生大量的低次谐波。

（2）斩控式

斩波控制是通过控制开关的频繁通断来改变输出电压波形，从而调节输出电压和电流的方法。当斩波控制用于交流调压电路时，图 2-1 所示的开关电路中，无论是正半周还是负半周，开关 K 不再是仅导通和关断一次，而是在不断地进行通断，输出端可以得到不连续的正弦波，如图 2-3(a) 所示。通过改变通断的时间比，同样可以调节输出交流电的电压和电流。

图 2-2 中，当 CD 端为直流电源，通过控制 4 个开关的动作，可以在 AB 端得到交流电源。采用斩波控制时，波形不再是图 2-2(b) 中所示的矩形波。无论是正半周还是负半周，波形均为在一个周期内多次通断的 PWM 波。当脉冲的宽度随正弦变化时，此时为 SPWM（正弦 PWM）控制，如图 2-3(b) 所示。改变 K_1、K_3 和 K_2、K_4 交替的周期可以改变输出交流电的频率，如果交流电的电压和频率同时按一定规律控制，就是 VVVF（变压变频）控制。

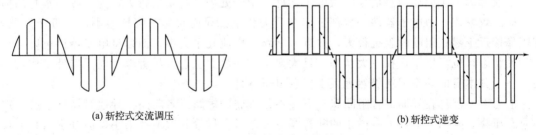

(a) 斩控式交流调压　　　　　　　　　　　　　　　(b) 斩控式逆变

图 2-3　斩控式变流控制

PWM 控制方式，是建立在面积等效原理的原则上：冲量相等而形状不同的窄脉冲加在具有惯性的环节上时，其效果基本相同。如图 2-4(a)、图 2-4(b)、图 2-4(c) 所示，分别将三个面积相等的窄脉冲作为激励源，输入惯性环节中，得到图 2-4(d) 所示的响应波形，可以看出输出响应基本是相同的。如果把各输出模型用傅里叶变换进行分析，可发现它们的低频段非常接近，仅在高频段略有差异。正是由于这种特性，可以用图 2-3 中的一系列 PWM 脉冲来等效图 2-2 中的交流电压信号。

斩波控制在变流电路中应用广泛，无论是整流、逆变和调压、变频等都可以使用斩波工作方式，斩波控制电路一般都采用全控型电力电子器件来组成。

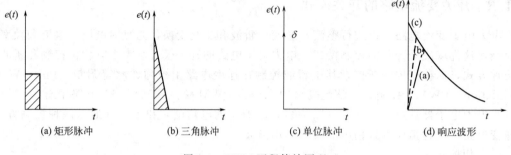

(a) 矩形脉冲　　　　(b) 三角脉冲　　　　(c) 单位脉冲　　　　(d) 响应波形

图 2-4　PWM 面积等效原理

2.2　电力电子器件

2.2.1　电力电子器件的概念和特征

在电力电子变流技术中，直接承担电能变换和控制任务的电路被称为主电路，电力电子器件是组成主电路的主要元件。电力电子器件（又称功率开关器件）是指可直接用于处理电能的主电路中，实现电能变换或控制的电子器件。电力电子器件的特性、参数和触发方式，直接关系着主电路的结构和特性，在学习电力电子变流电路及其应用之前，首先需要了解电力电子器件。

与应用于信息电路的电子器件一样，电力电子器件也建立在半导体原理基础上。电力电子器件的特点是利用信息电子电路的小信号来控制大功率开关器件的通断，从而控制大功率电路的工作状态。与微电子半导体元件只能承受较低电压和流过较小电流不同的是，电力电子器件一般能承受较高的工作电压和较大的电流，这就决定了电力电子器件的半导体面积比微电子半导体器件的大得多。电力电子器件所处理电功率的能力可以小到毫瓦级、大到兆瓦级，一般都远大于处理信息信号的微电子器件。由于处理的电功率较大，为了减小本身的损耗、提高效率，电力电子器件一般都工作在开关状态：导通时通态阻抗很小，接近于短路，管压降接近于零；阻断时阻抗很大，接近于断路，电流几乎为零。而信息电子器件可以工作在开关状态，也可以工作在放大状态，且大多工作在放大状态。尽管电力电子器件工作在开关状态，其本身的功率损耗仍然远大于信息电子器件。

电力电子器件在导通或者阻断状态下并不是理想的短路或者断路。导通时器件上有一定的通态压降，阻断时器件上有微小的断态漏电流流过。尽管其数值都很小，但分别与数值较大的通态电流和断态电压相作用，就形成了电力电子器件的通态损耗和断态损耗。此外，电力电子器件由断态转为通态，或者由通态转为断态的转换过程中产生的损耗分别为开通损耗和关断损耗，统称为开关损耗。当器件的开关频率较高时，开关损耗较大（往往超过通态损耗和断态损耗），可能成为器件功率损耗的主要因素。通常在相控电路中，由于开关频率较低，可以忽略开关损耗，而在斩控电路中，开关损耗不可忽略。为了降低斩控电路中的开关损耗，可以采用软开关技术。即使采用软开关技术，电力电子器件在工作过程中的损耗仍不可忽略，为了保证不至于因损耗散发的热量导致器件结温过高而损坏，不仅在器件封装上比较讲究散热设计，而且在其工作时一般还需要安装散热器。

2.2.2　电力电子器件的分类

电力电子器件可以从参与导电的载流子、能够被控制电路信号所控制的程度、驱动信号性质和驱动信号的波形等角度进行分类。

按照器件内部电子和空穴两种载流子参与导电的情况不同，电力电子器件可分为单极型器件、双极型器件和复合型器件三类。有一种载流子参与导电的器件为单极型器件，也称为多子器件；有电子和空穴两种载流子参与导电的器件为双极型器件，也称为少子器件；单极型器件和双极型器件集成混合而成的器件为复合型器件，也称混合型器件。

按照驱动电路加在电力电子器件控制端和公共端之间有效信号的性质，可以将电力电子器件分为电流驱动型和电压驱动型两类。如果是通过从控制端注入或者抽出电流来实现导通或关断的控制，这类电力电子器件被称为电流驱动型电力电子器件，或者电流控制型电力电子器件。如果是仅通过在控制端和公共端之间施加一定的电压信号就可实现导通或关断的控制，这类电力电子器件则被称为电压驱动型电力电子器件，或者电压控制型电力电子器件。由于电压驱动型电力电子器件实际上是通过加在控制端上的电压在器件的两个主电路端子之间产生可控的电场，来改变流过器件的电流大小和通断状态的，所以电压驱动型器件又被称为场控器件或者场效应器件。

根据驱动电路加在电力电子器件控制端和公共端之间有效信号的波形，电力电子器件分为脉冲触发型和电平控制型两类。通过在控制端施加一个电压或者电流的脉冲信号来实现器件的开通或关断的控制，一旦已进入导通或阻断状态，且主电路条件不变，器件就能够维持其导通或阻断状态，而不必通过继续在控制端施加信号来维持其状态，这类电力电子器件被称为脉冲触发型电力电子器件。如果必须通过持续在控制端和公共端之间施加一定电平的电压或电流信号，使器件开通并维持在导通状态，或者关断并维持在阻断状态，这类电力电子器件被称为电平控制型电力电子器件。

按照电力电子器件能够被控制电路信号所控制的程度，可以将电力电子器件分为不可控型电力电子器件、半控型电力电子器件和全控型电力电子器件。电力二极管的通断不需要驱动电路，因此被称为不可控型电力电子器件，这种器件只有两个端子，其基本特性与信息电子电路中的二极管一样，器件的导通和关断完全由其在主电路中承受的电压和电流决定。通过控制信号可以控制其导通，而不能控制其关断的电力电子器件被称为半控型电力电子器件，这类器件主要是指晶闸管及其大部分派生器件，器件的关断完全是由其在主电路中承受的电压和电流决定的。通过控制信号，既可以控制其导通，又可以控制其关断的电力电子器件被称为全控型电力电子器件。与半控型器件相比，全控型器件可以由控制信号控制其关断，因此又称为自关断器件。这类器件的品种有很多，目前最常用的有绝缘栅双极晶体管（IGBT）和电力场效应晶体管（MOSFET）。

2.2.3　不可控电力电子器件——电力二极管

电力二极管属于电力电子器件中的不可控器件，其基本结构和工作原理与信息电子电路中的二极管是一样的，被广泛应用在电力电子变换器中，对应的半导体结构、电气图形符号以及伏安特性曲线分别如图 2-5(a)、图 2-5(b)、图 2-5(c) 所示。

电力二极管是以 P 型半导体和 N 型半导体结合后构成的 PN 结为基础的。在 P 区存在大量的空穴，N 区存在大量的电子，在两区交界处，在空穴和电子的浓度差的作用下，两区多数载流子向另一区移动（称为扩散运动），到对方区域内就成为少数载流子，从而在两区交界面两侧分别留下了数量相同的带正、负电荷，且不能随意移动的杂质离子，这些不能移动的正、负电荷被称为空间电荷。空间电荷建立的电场被称为内电场或自建电场，其作用是阻止扩散运动的，另一方面又吸引对方区域内的少子向本区运动（称为漂移运动）。扩散运动和漂移运动既相互联系又互相矛盾，最终达到动态平衡，正、负空间电荷量达到稳定值，形成了一个稳定的由空间电荷构成的范围，称为空间电荷区，按所强调的角度不同，有时被称为耗尽层、阻挡层或势垒层。

当 PN 结外加正向电压（正端接 P 区、负端接 N 区）时，外加电场与 PN 结自建电场方向相反，使得多子的扩散运动大于少子的漂移运动，形成扩散电流，在内部造成空间电荷区变窄，而在外电路上形成了自 P 区流入而从 N 区流出的电流，称为正向电流。当外加电压升高时，自建电场将进一步被削弱，扩散电流进一步增强，直至自建电场完全消失，进入 PN 结的正向导通状态。

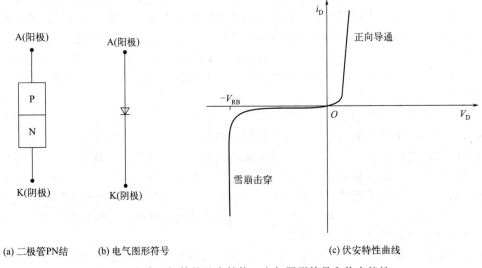

(a) 二极管PN结   (b) 电气图形符号   (c) 伏安特性曲线

图 2-5　电力二极管的基本结构、电气图形符号和伏安特性

当 PN 结外加反向电压（正端接 N 区、负端接 P 区）时，外加电场与 PN 结自建电场方向相同，使得少子的漂移运动大于多子的扩散运动，形成漂移电流，在内部造成空间电荷区变宽，而在外电路上形成自 N 区流入而从 P 区流出的电流，称为反向电流。由于少子的浓度很小，在温度一定时漂移电流的数值趋于稳定，称为反向饱和电流，一般仅为微安数量级。因此反向偏置的 PN 结表现为高阻态，几乎没有电流流过，被称为反向截止状态。

大电流只能从电力二极管的阳极流向阴极。如图 2-5（c）所示，伏安特性曲线中，坐标轴的正负半轴使用的刻度单位不同。最大反向漏电流比允许流过的安全正向电流的数量级小得多。同样，会导致雪崩击穿的反向击穿电压比加在二极管上的最大正向电压高得多。对于给定的正向电流，二极管两端的电压通常为 1～2V，因此在大多数实际分析中，该电压降可以被忽略掉。但是，当需要计算变换器功率损耗或者需要设计冷却系统时，必须考虑二极管上的电压降。否则，可以将二极管近似等效为理想开关。当二极管正向偏置，即阳极-阴极电压为正时，二极管导通；当正向电流过零，阳极-阴极电压为负时，二极管关断。

电力二极管与普通二极管的不同是电力二极管能承受较高的反向电压和通过较大的正向电流。电力二极管经常用在整流电路中，故也称为整流二极管。其主要参数有额定电压、额定电流和额定结温等。

（1）额定电压

峰值电压是电力电子器件在电路中可能遇到的最高正、反向电压值。重复峰值电压是可以反复施加在器件两端，器件不会因击穿而损坏的最高电压。正向电压时二极管是导通的，因此以反向电压来衡量二极管承受最高电压的能力。

额定电压是指能够反复施加在二极管上，二极管不会被击穿的最高反向重复峰值电压，该电压一般是击穿电压的 2/3。在使用中，额定电压一般取二极管在电路中可能承受的最高反向重复峰值电压（在交流电路中是交流电压峰值），并增加一定的安全裕量。

（2）额定电流

额定电流（即通态平均电流）是在规定的管壳温度下，二极管能通过的工频正弦半波电流的平均值。如此定义是因为二极管只能流过单方向的直流电流，直流电流一般以平均值表示，电力二极管又经常使用在整流电路中，故在测试中以二极管通过工频正弦半波电流的平均值来衡量二极管的通流能力。由于实际中流过的电流，往往并非正弦半波电流，从发热的角度考量，在实际电路分析中，以有效值相等的原则来换算。

（3）额定结温

结温是二极管工作时内部 PN 结的温度，即管芯温度。PN 结温度影响着半导体载流子的运动和稳定性，结温过高时二极管的伏安特性迅速变差。半导体器件的最高结温一般限制在 150～200℃，结温和管壳的温度与器件的损耗、管子的散热条件和环境温度等因素有关。

PN 结不仅在承受正、反向电压时呈现不同的正、反向电阻，并且还有不同的结电容。结电容存储电荷的释放会影响二极管的截止速度，在高频工作时，结电容对二极管恢复性能的影响不可忽视。因此，除了普通整流二极管外，在高频工作时需采用具有快恢复性能的快恢复二极管和肖特基二极管。快恢复二极管采用了掺金工艺，其反向恢复时间一般在 5μs 以下，目前快恢复二极管的额定电压和额定电流可以达到数千伏和数千安。肖特基二极管的反向恢复时间在 10～40ns 之间，并且正向恢复时不会有明显的电压过冲，其开关损耗和通态损耗都比快恢复二极管小。肖特基二极管的不足是反向耐压较高的肖特基二极管，其正向电压降也较高，通态损耗较大，因此常用在 200V 以下的低压场合，并且它的反向漏电流较大，对温度变化也很敏感，在使用时要严格限制其工作温度。

图 2-6 给出了单个电力二极管和三相二极管整流桥的外形图。

(a) 单个二极管　　　　　　　　　　　　　(b) 三相二极管整流桥

图 2-6　二极管外形图

2.2.4　半控型电力电子器件——晶闸管

晶闸管，全称为晶体闸流管，俗称可控硅，其特点是可以用小功率信号控制高电压大电流，它首先应用于将交流电转换为直流电的可控整流器中。尽管现在出现了大量的新型全控器件，但是晶闸管以其价格低廉、耐受电压高、通流能力大的特点而仍然在广泛使用。

图 2-7 给出了晶闸管的基本结构、电气图形符号和伏安特性曲线。晶闸管由 PNPN 四

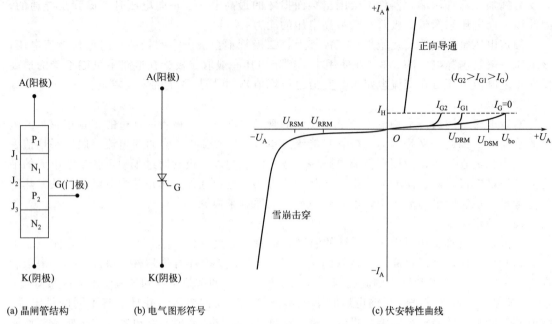

(a) 晶闸管结构　　　　　(b) 电气图形符号　　　　　　　　(c) 伏安特性曲线

图 2-7　晶闸管基本结构、电气图形符号和伏安特性

层半导体材料组成，上层 P_1 引出阳极 A，下层 N_2 引出阴极 K，中间层 P_2 引出门极 G，也称控制极，共有三个极。晶闸管的四层 PNPN 半导体形成了三个平衡的 PN 结，分别为 J_1、J_2 和 J_3，在门极 G 开路无控制信号时，给晶闸管加正向电压，因为 J_2 结反偏，不会有正向电流流过；给晶闸管加反向电压，则 J_1 和 J_3 结反偏，也不会有反向电流流过。因此在门极无控制信号时，无论给晶闸管加正向电压还是反向电压，晶闸管都不会导通而处于关断状态。

　　若在晶闸管承受正向电压时，在门极和阴极之间加正的控制信号或脉冲，晶闸管就会迅速从断态转向通态，流过正向电流。晶闸管的导通原理可以用一个双晶体管模型来说明，如图 2-8 所示。

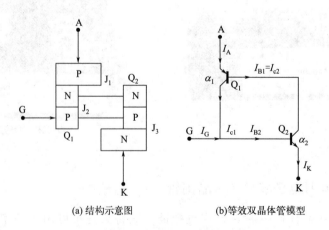

(a) 结构示意图　　　　　(b) 等效双晶体管模型

图 2-8　晶闸管双晶体管模型

　　将晶闸管中间两层剖开，则晶闸管成为两个集电极和基极互相连接的 PNP 型和 NPN 型三极管，分别记作 Q_1 和 Q_2。现将晶闸管的阳极和阴极分别连接电源的正极和负极，晶

闸管将承受正向电压，在门极没有连接电源前，因为没有基极电流，三极管 Q_1 和 Q_2 都不会导通，晶闸管处于关断状态。若在门极和阴极间连接正向电源，则 Q_2 获得了基极电流 I_G，经 Q_2 放大，Q_2 集电极电流 $I_{c2}=\alpha_2 I_G$；因为 I_{c2} 同时是 Q_1 的基极电流，Q_1 在获得基极电流后开始导通，其集电极电流 $I_{c1}=\alpha_1 I_{c2}=\alpha_1\alpha_2 I_G$。因为 I_{c1} 又同时是 Q_2 的基极电流，$I_{c1}>I_G$，因此 Q_2 的基极电流进一步上升，也使 Q_2 的集电极电流 I_{c2} 更大，再经 Q_1 放大，Q_1 集电极将向 Q_2 提供更大的基极电流，如此在 Q_1 和 Q_2 两个三极管中产生了正反馈。正反馈的结果是 Q_1 和 Q_2 很快进入饱和状态，使原来关断的晶闸管现在导通。

从上述双晶体管模型分析的晶闸管导通过程中可以看到：由于两个三极管之间存在着正反馈，尽管初始门极电流 I_G 很小，但两个三极管在极短时间内可以达到饱和状态，使晶闸管导通；在两个三极管之间的正反馈形成后，I_{c1} 远远大于 I_G，即使没有门极电流 I_G，晶闸管的导通过程也将继续进行，直到完全导通，因此晶闸管的门极可以使用脉冲信号触发；如果将电源极性反向，则 Q_1 和 Q_2 管都反偏，即使门极有触发电流 I_G，晶闸管也不会导通。由此可以得出晶闸管的导通条件：阳极和阴极间承受正向电压；门极有正向触发脉冲。在晶闸管的导通和关断过程中，有两个标志性的电流：擎住电流 I_L 和维持电流 I_H。I_L 是指晶闸管刚从断态转入通态，并移除触发信号后，能继续维持导通所需的最小电流。I_H 是指晶闸管维持导通所必需的最小电流，一般为几十到几百毫安。对于同一晶闸管，通常 I_L 约为 I_H 的 $2\sim4$ 倍。

电力电子器件的额定参数都是在规定条件下测试的，这些规定条件有结温、环境温度、持续时间和频率等，其主要参数可以在手册和产品样本上得到。

与电力二极管相同，晶闸管的额定电压一般取断态重复峰值电压和反向重复峰值电压中较小的一个作为器件的额定电压。在选取器件时，要根据器件在电路中可能承受的最高电压，再取 $2\sim3$ 倍的安全裕量来选取晶闸管的额定电压，以确保器件的安全运行。

晶闸管的额定电流也是指通态平均电流，规定在环境温度为 40℃ 和规定冷却条件下，稳定结温不超过额定结温时，晶闸管允许流过的最大正弦半波电流的平均值。正弦半波电流的有效值是平均值的 1.57 倍，在计算实际电路中的晶闸管额定电流时，应首先计算流过晶闸管电流的有效值，然后除以 1.57，即可得到其额定电流。在选择晶闸管额定电流时，在通态平均电流的基础上，还要取 $1.5\sim2$ 倍的安全裕量。

晶闸管的门极参数主要有门极触发电压和触发电流，门极触发电压一般小于 5V，最高门极正向电压不超过 10V，门极触发电流根据晶闸管容量在几毫安至几百毫安之间。

晶闸管的开通和关断都不是瞬间能完成的，开通和关断都有一定的物理过程，并需要一定的时间，尤其在被通断的电路中有电感时，电感将限制电流的变化率，使相应的开关时间延长，因此在开通时触发脉冲应维持一定时间，而在关断时应使晶闸管两端的电压反向并维持反压大于晶闸管的关断时间，普通晶闸管的关断时间约为几百微秒。

晶闸管在断开时，如果加在阳极上的正向电压上升率 du/dt 很大，晶闸管 J_2 结的结电容会产生很大的位移电流，该电流经过 J_3 结时，就相当于给晶闸管施加了门极电流，会使晶闸管误导通，因此需要对晶闸管正向电压的 du/dt 做一定的限制，避免误导通现象。晶闸管在导通过程中，开通是从门极区逐渐向整个截面扩大，如果电流上升率 di/dt 很大，就会在较小的开通截面上，通过很大的电流引起局部截面过热，使晶闸管烧坏，因此在晶闸管导通过程中，对 di/dt 也要有一定的限制。

晶闸管的外部封装形式有螺旋型、平板型以及模块型。中小功率晶闸管则有单相独立模块和三相桥式集成组件两种形式。螺旋封装一般粗引出线是阳极，细引出线是门极，带螺旋的底座是阴极。平板型封装的上下金属面分别为阳极和阴极，中间引出线是门极。常见的外形如图 2-9 所示。

(a) 圆盘形

(b) 大功率可控硅

(c) 小功率直插式

(d) 螺旋式

图 2-9　晶闸管外形

晶闸管还有多种派生器件，以满足不同的应用场合。双向晶闸管是由两个晶闸管反并联构成的，控制电路简单，在交流调压电路、固态继电器和交流电动机调压调速等领域应用较多。快速晶闸管可以应用于 400Hz 和 10kHz 以上的斩波或逆变电路中，开关时间以及 $\mathrm{d}u/\mathrm{d}t$ 和 $\mathrm{d}i/\mathrm{d}t$ 的耐受能力均有了明显的改善。逆导型晶闸管是将晶闸管反并联一个二极管制作在同一个管芯上的功率集成器件，正向压降小、关断时间短、高温特性好、额定结温高，可用于不需要阻断反向电流的电路中。光控晶闸管是利用一定波长的光照信号触发导通的晶闸管，由于采用光触发，保证了主电路与控制电路之间的绝缘，而且可以避免电磁干扰的影响，因此在高压大功率的场合，如高压直流输电和高压核聚变装置中占据重要的地位。

2.2.5　全控型电力电子器件

（1）门极可关断晶闸管（GTO）

与晶闸管通过门极加正向脉冲导通，通过阳极和阴极加反压关断不同，门极可关断晶闸管是一种可以通过门极加负脉冲来关断的晶闸管，一个 GTO 器件是由几十个乃至上百个小 GTO 单元组成，因此 GTO 是一个集成功率器件。这些集成的小 GTO 具有公共的阳极，它们的阴极和门极也在内部并联起来，相当于在门极触发导通或关断 GTO 时，同时对几十个乃至上百个小 GTO 单元触发导通或关断，这样的设计有利于用门极信号来关断 GTO。

GTO 的工作原理仍然可以用晶闸管双晶体管模型来说明，其导通原理与普通晶闸管相同，但关断过程是不同的。在门极加负门极电流 I_G 时，双晶体管模型中 Q_2 基极的多数载流子被抽取，Q_2 基极电流减小，使 Q_2 集电极电流 I_{c2} 随之下降，而这引起 Q_1 基极电流和集电极电流 I_{c1} 的减小，Q_1 集电极电流的减小又引起 Q_2 基极电流的进一步减小，产生了负的正反馈效应，使等效的晶体管 Q_1 和 Q_2 退出饱和状态，阳极电流下降，直至 GTO 关断。从 GTO 的关断过程中可以看到，在 GTO 门极加的负脉冲越强，即负门极电流 I_G 越大，抽取的 Q_2 基极电流越多，抽取的速度越快，GTO 的关断时间就越短。

与晶闸管相比，GTO 特有的两个主要参数是最大可关断阳极电流和电流关断增益。最大可关断阳极电流指 GTO 通过门极负脉冲能关断的最大阳极电流，并且将此电流定义为

GTO 的额定电流，这与普通晶闸管中将最大通态平均电流作为额定电流是不同的。电流关断增益指最大可关断阳极电流与门极负脉冲电流最大值之比。电流关断增益是 GTO 的一项重要指标，一般 GTO 电流关断增益较小，只有 5～10 倍，一只 1000A 的 GTO 需要 200～100A 的门极负脉冲来关断。需要说明的是，GTO 的最大可关断阳极电流要小于普通晶闸管的最大通态平均电流，正是由于最大可关断阳极电流较小，才使得 GTO 可通过在门极加负的触发脉冲使双晶体管退出饱和状态而关断，但所要求的门极负触发脉冲电流较大，这显然对门极驱动电路设计提出了较高的要求。

目前，GTO 主要使用在电气轨道交通动车的斩波调压调速中，其特点是容量大，额定电压和电流分别可达 6000V 和 6000A 以上。GTO 还经常与二极管反并联组成逆导型 GTO，逆导型 GTO 在承受反向电压时需要另外串联电力二极管。

（2）电力场效应晶体管（Power MOSFET）

电力场效应晶体管（Power MOSFET）是一种大功率的场效应晶体管，有源极 S、漏极 D 和栅极 G 三个极。它可分为两大类：结型场效应管和绝缘栅型场效应管。结型场效应管利用 PN 结反电压对耗尽层厚度的控制来改变漏极和源极之间的导电沟道宽度，从而控制漏极和源极间电流的大小。绝缘栅型场效应管利用栅极和源极之间电压产生的电场来改变半导体表面的感生电荷，改变导电沟道的导电能力，从而控制漏极和源极之间的电流。在电力电子电路中常用的是绝缘栅金属氧化物半导体场效应晶体管。

电力 MOSFET 按导电沟道可分为 P 沟道和 N 沟道两种。当栅极电压为零时，漏极和源极间就存在导电沟道的称为耗尽型。对于 N 沟道器件，栅极电压大于 0 时才存在导电沟道的称为增强型；对于 P 沟道器件，栅极电压小于 0 时才存在导电沟道的称为增强型。在电力场效应晶体管中主要是 N 沟道增强型。图 2-10(a) 是 N 沟道增强型电力 MOSFET 的结构示意图，它以掺杂浓度较低的 P 型硅材料为衬底在上部。两个高掺杂浓度的 N 型区上分别引出源极和漏极，而栅极和源极、漏极由绝缘层 SiO_2 隔开，故称为绝缘栅极。电力 MOSFET 的电气图形符号如图 2-10(b) 所示，输出特性如图 2-10(c) 所示。

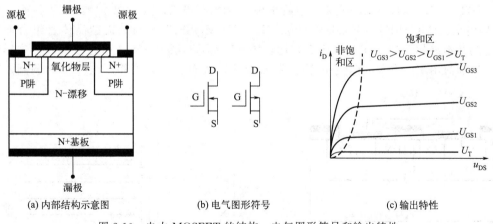

图 2-10　电力 MOSFET 的结构、电气图形符号和输出特性

当 U_{DS} 接正向电压时，若 U_{GS} 为零，漏极和源极之间无电流流过，处于截止关断状态；若栅极和源极之间加一正向 U_{GS}，且大于开启电压 U_T，在正向电压 U_{DS} 驱动下，漏极和源极之间导电，流过漏极电流 I_D，U_{GS} 越大，导电能力越强，I_D 越大。

相比于其他电力电子器件，电力 MOSFET 具有开关速度快、工作频率高的显著优点。电力 MOSFET 的开关时间在 10～100ns 之间，其工作频率可达 100kHz 以上，是主流电力电子器件中最高的。它的另一个显著特点是驱动电路简单，需要的驱动功率小。但是电力MOSFET电流容量小、耐压低，多用于功率不超过 10kW 的电力电子装置。

图 2-11 给出了两种 MOSFET 的外形图。

(a) 单体场效应管   (b) 带触发驱动的集成场效应管

图 2-11　场效应管外形

（3）绝缘栅双极晶体管（IGBT）

电力 MOSFET 是单极型电压驱动器件，开关速度快、输入阻抗高、热稳定性好、所需驱动功率小，而且驱动电路简单。而 GTR（电力晶体管）和 GTO 是双极型电流驱动器件，由于具有电导调制效应，其通流能力很强，但开关速度较慢，所需驱动功率大，驱动电路复杂。如果对两种器件取长补短，适当结合，构成复合器件，将具有两者的优点，既可以通过较大的电流，又可以提高开关速度，此类器件通常称为 Bi-MOS 器件。绝缘栅双极晶体管（Insulated-Gate Bipolar Transistor，IGBT 或 IGT）综合了 GTR 和电力 MOSFET 的优点，因而具有良好的特性。因此，自从 1986 年开始投入市场就迅速扩展了其应用领域，目前已取代原来的 GTR 和 GTO 的市场，成为中、大功率电力电子设备的主导器件，并在继续努力提高电压和电流容量。

IGBT 是三端器件，具有栅极 G、集电极 C 和发射极 E，图 2-12(a) 给出了一种 N 沟道垂直导电结构 MOSFET（Vertical MOSFET，VDMOSFET）与双极型晶体管组合而成的IGBT 的基本结构。与 VDMOSFET 相比，IGBT 多了一层 P＋区，称为注入区，这样使得IGBT 导通时由 P＋注入区向 N-漂移区发射少子，从而实现对漂移区电导率的调制，使得

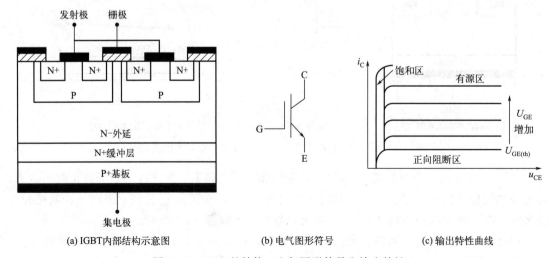

(a) IGBT内部结构示意图   (b) 电气图形符号   (c) 输出特性曲线

图 2-12　IGBT 的结构、电气图形符号和输出特性

IGBT 具有很强的通流能力，解决了在电力 MOSFET 中无法解决的 N-漂移区追求高耐压与追求低通态电阻之间的矛盾。其电气图形符号如图 2-12(b) 所示。IGBT 的驱动原理与电力 MOSFET 基本相同，是一种场控器件，其开通和关断是由栅极和发射极间的电压 U_{GE} 决定的。当栅极与发射极间施加反向电压，即 $U_{GE} < 0$，或不加信号时，电力 MOSFET 内的沟道消失，晶体管的基极电流被切断，使得 IGBT 关断，处于反向阻断区。当 U_{GE} 虽然为正，但小于开启电压 $U_{GE(th)}$ 时，IGBT 处于正向阻断区，集电极电流 I_C 很小。当 U_{GE} 为正且大于开启电压 $U_{GE(th)}$ 时，电力 MOSFET 内形成沟道，并为晶体管提供基极电流进而使 IGBT 导通，处于有源区，且 U_{GE} 越大，有源区集电极电流 I_C 越大。IGBT 完全导通时，进入饱和区，由于电导调制效应使得电阻 R 减小，这样高耐压的 IGBT 也具有很小的通态压降。图 2-12(c) 给出了正向三段输出特性曲线。

图 2-13 给出了两种 IGBT 的外形图。

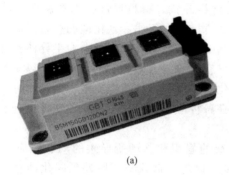
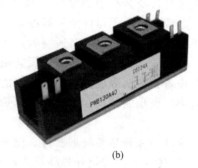

(a)　　　　　　　　　　　　　　　　(b)

图 2-13　IGBT 外形

其他的全控型器件还有电力晶体管 GTR、MOS 控制晶闸管 MCT、静电感应晶体管 SIT、静电感应晶闸管 SITH、集成门极换流晶闸管 IGCT 等。

电力电子器件的模块化是器件发展的趋势，早期的模块化仅是将多个电力电子器件封装在一个模块里。随着电力电子高频化进程，GTR、IGBT 等电路的模块化就减少了寄生电感，增强了使用的可靠性。功率模块最常见的拓扑结构有串联、并联、单相桥、三相桥以及它们的子电路，而同类开关器件的串并联目的是要提高整体额定电压、电流。如将功率半导体器件与电力电子装置控制系统中的检测、驱动、故障保护、缓冲、自诊断等电路制作在同一芯片上，则构成功率集成电路（Power Integrated Circuit，PIC）。PIC 中有高压集成电路（High Voltage IC，HVIC）、智能功率集成电路（Smart Power IC，SPIC）、智能功率模块（Intelligent Power Module，IPM）等，不再有额外的连线，可以大大降低成本，减轻重量，缩小体积，并增加可靠性。

2.2.6　宽禁带器件

到目前为止，硅一直是电力电子器件所采用的主要半导体材料。主要原因是人们已经在硅器件的研究和开发中投入了巨大的时间和成本，早已掌握了低成本、大批量制造大尺寸、低缺陷、高纯度的单晶硅材料技术，以及进行半导体加工的各种工艺技术。但是，经过长时间的发展，硅器件各方面性能已随结构设计和制造工艺的不断完善而越来越接近由其材料特性决定的理论极限。很多人认为依靠硅器件继续完善和提高电力电子装置与系统性能的潜力已十分有限，而新型材料一直是促进技术进步的重要源泉，越来越多的人将注意力投向基于宽禁带半导体材料的电力电子器件研发中。

宽禁带（Wide BandGap，WBG）半导体材料，如碳化硅、氮化镓和钻石，有着优良的材料特性，在同等条件下与硅器件相比，WBG 半导体器件具有更优的性能。表 2-1 给出了硅以及 WBG 半导体材料的主要特性，4H 代表在电力半导体中使用的碳化硅晶体结构。

表 2-1 硅以及 WBG 半导体材料的主要特性

参数	Si	GaAs	4H-SiC	6H-SiC	3C-SiC	2H-GaN	钻石
能带/eV	1.1	1.42	3.3	3.0	2.3	3.4	5.5
击穿场强/(10^6V/cm)	0.25	0.6	2.2	3	1.8	3	10
电子饱和速度/(cm/s)	1×10^7	1.2×10^7	2×10^7	2×10^7	2.5×10^7	2.2×10^7	2.7×10^7
热导率/[W/($cm^2 \cdot$ K)]	1.5	0.5	4.9	4.9	4.9	1.3	22

新型材料及其应用的发展必然要经过漫长的材料寻找、材料提炼技术和制造工艺的摸索，宽禁带电力电子器件的发展亦是如此。直到 20 世纪 90 年代，碳化硅的材料提炼以及随后的半导体制造工艺终于有所突破，碳化硅肖特基二极管的研发开创了电力半导体器件的新纪元。碳化硅二极管具有较低的反向恢复电流，可在电源、太阳能发电、交通，以及其他诸如焊接设备和空调等应用中起到节能的作用，碳化硅二极管可以给电力电子变流装置带来更高的效率、更小的体积和更高的开关频率，而且在各种应用中明显有更少的器件损耗和电磁干扰。

碳化硅晶体管是单极型器件，没有因过量电荷的累积和移动所导致的动态效应。从 20 世纪 90 年代开始，碳化硅单晶晶体技术不断进步，促进了低缺陷、厚外延碳化硅材料以及高压碳化硅器件的发展。4H-SiC GTO 是一种关断时间小于 $1\mu s$ 的快速开关器件，有更高的阻断电压、更大的总电流，以及较短的开关时间、低通态压降和高电流密度。商业化的 SiC JFET 的额定电压基本可达 1200V 或 1700V，常闭型和常开型 JFET（结型场效应晶体管）的额定电流分别达到 48A 和 30A。Cree 公司报道了标称 10A/10kV 的 SiC MOSFET 芯片，相比于最先进的 6.5kV IGBT，10kV SiC MOSFET 提供了更好的性能。碳化硅电力电子器件还有更多的优势：更高的电压等级、更小的电压降、更高的工作温度，以及更高的热导率，在高效、高频、高温场合有取代硅器件的趋势。研究表明，和基于硅的器件相比，宽禁带开关运行时，电压可以高出 10 倍，频率可以高出 10 倍，温度可以高出 2 倍，能源损耗可以减少 90%。

而氮化镓器件理论上具有比碳化硅器件更好的高压、高频特性，但高品质氮化镓材料的提炼极其困难，迄今未有大的突破。不过氮化镓的半导体制造工艺自 20 世纪 90 年代以来也有所发展，因而可以在其他材料（如硅、碳化硅）的衬底上实施氮化镓半导体加工工艺来制造相应的器件。

碳化硅器件和氮化镓器件自 20 世纪末以来得到非常迅速的发展，21 世纪初开始有相应产品推入市场，在电力电子电路和装置中批量采用。特别是近 10 余年来，由于性能全面优于硅器件，宽禁带器件应用于电力电子装置中的总体效益逐渐超过其与硅器件之间的价格差异造成的成本增加，宽禁带器件在电力电子技术领域的推广应用速度明显加快，显现出未来可能替代大部分硅器件的趋势。

值得一提的是，宽禁带半导体，特别是氮化镓，能发出可见光，这个特点使得它们在固态照明（如强光 LED）中非常有用。在电力领域，宽禁带器件的潜在应用包括变速驱动器、高效数据中心、消费类电子产品的紧凑型电源、能源系统一体化、直流输电线路和电动汽车。对于电力电子技术，可以说，1970 年至 1990 年是晶闸管和电力 MOSFET 的年代，

1990 年至 2010 年是硅 IGBT 的时代，下一个时代将属于碳化硅。

2.3 电力电子器件的驱动

电力电子器件的驱动电路是电力电子主电路与控制电路之间的接口，是电力电子装置的重要环节，对整个装置的性能有很大的影响。不同的电力电子器件有不同的驱动信号要求，采用性能良好的驱动电路，可使电力电子器件工作在较理想的开关状态，缩短开关时间、减小开关损耗，对装置的运行效率、可靠性和安全性都有重要的意义。驱动电路的基本任务，就是按照控制目标的要求，将微处理器发出的信号，经过隔离、放大，转换为加在电力电子器件控制端和公共端之间，使其开通或关断的信号。

除了满足电力电子器件对驱动信号幅值和波形的要求以外，驱动电路一般还采用光隔离或磁隔离，以隔绝弱电控制信号和强电信号之间直接电的联系。光隔离一般采用光耦合器，光耦合器由发光二极管或光敏晶体管组成，封装在一个外壳内，其类型有普通、高速和高传输比三种，磁隔离一般采用高频脉冲变压器。

最初的驱动电路由分立元件构成，其电路较复杂，可靠性也较低。驱动电路的具体形式最好采用由专业厂家或生产电力电子器件的厂家提供的专用驱动电路，其形式可能是集成驱动电路芯片，可能是将多个芯片和器件集成在内的混合集成电路，对大功率器件来讲，还可能是将所有驱动电路都封装在一起的驱动模块。对一般的电力电子器件使用者来讲，优先选择所用电力电子器件的生产厂家专门为其器件开发的专用驱动电路，如此容易达到参数的优化配合，也可以节省大量的研发时间和成本。

我们已经知道，不同的电力电子器件所需要的驱动信号不同。晶闸管属于电流驱动型，其导通需要注入电流信号。GTO 属于全控型器件，分别通过注入或抽出电流来控制其导通或关断。IGBT 和电力 MOSFET 属于电压驱动型，在导通期间需要在控制端和公共端之间维持驱动电平信号。

基于此，可以将驱动电路分为电流驱动型和电压驱动型。根据驱动信号的波形，还可以进一步分为脉冲型和电平型。

2.3.1 电流驱动型

晶闸管的驱动属于典型的脉冲型电流驱动，其触发电路应满足以下要求。

① 触发脉冲的宽度应保证晶闸管可靠导通。

② 触发脉冲应有足够的幅度，对户外寒冷场合，脉冲电流的幅度应增大为器件最大触发电流的 3～5 倍，脉冲前沿的陡度也需增加，一般为 $1～2A/\mu s$。

③ 所提供的触发脉冲应不超过晶闸管门极的电压、电流和功率定额，且在门极伏安特性的可靠触发区域之内。

④ 应有良好的抗干扰性能、温度稳定性及与主电路的电气隔离。

常见的晶闸管触发电流波形如图 2-14 所示。触发波形分强触发 t_2 和平台触发 t_3 两部分。强触发是为了加快晶闸管的导通速度，普通要求也可以不需要强触发。强触发电流峰值 I_{GM} 可达额定触发电流的 5 倍，宽度 $t_2 > 50\mu s$。平台触发部分 t_3 电流可略大于额定触发电流以保证晶闸管可靠导通。

GTO 的开通控制与普通晶闸管类似，但对触发脉冲前沿的幅值和陡度要求高，且一般需在整个导通区间施加正门极电流，而关断需要加幅值和陡度更高的反向门极电流，如图 2-15 所示。

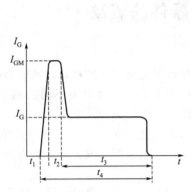

图 2-14　晶闸管触发电流波形

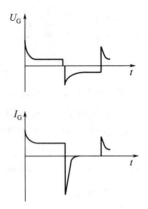

图 2-15　GTO 触发电压和电流波形

2.3.2　电压驱动型

电力 MOSFET 和 IGBT 是电压驱动型器件。电力 MOSFET 栅源极之间和 IGBT 栅射极之间都有数千皮法左右的极间电容，为快速建立驱动电压，要求驱动电路具有较小的输出电阻。电力 MOSFET 开通的栅源极间驱动电压一般取 $10\sim15\mathrm{V}$，IGBT 开通的栅射极间驱动电压一般取 $15\sim20\mathrm{V}$。同样，关断时施加一定幅值的负驱动电压，一般取 $-15\sim-5\mathrm{V}$，有利于减少关断时间和降低关断损耗。在栅极串入一个低值电阻（数十欧）可以减少寄生振荡，该电阻阻值应随被驱动器件电流额定值的增大而减小。

常见的 GTR 驱动模块有 THOMSON 公司的 UAA4002、三菱公司的 M57215BL 等。常用的电力 MOSFET 驱动模块有三菱公司的 M57918。IGBT 驱动模块有三菱公司的 M579系列（例如 M579621、M57959L 等）、富士公司的 EXB 系列（例如 EXB840、EXB841、EXB850、EXB851 等）、西门子 2ED020I12 等。晶闸管触发器有摩托罗拉公司生产的 MOC3041、MOC3061、MOC3081、MOC3083 等光隔离触发器等。

2.4　软开关技术

电力电子器件在工作过程中存在通态损耗、断态损耗和开关损耗。随着现代电力电子装置小型化、轻量化的发展需求，以及对装置的效率和电磁兼容要求的不断提高，电力电子器件高频化趋势越来越明显，开关损耗比重越来越大。从"电路"和"电子学"的有关知识可知，频率越低，滤波电感、电容和变压器在装置的体积和重量中的占比就会越大，即提高开关频率可以减小滤波器的参数，并使变压器、电感和电容小型化，从而有效地减小装置的体积和重量。但在提高开关频率的同时，电力电子器件的开关次数成倍增长，累加的开关损耗也随之增加，电路效率严重下降。此外，电力电子器件开关频率变大，必然产生高频的电磁脉冲和电磁噪声，电磁干扰也增大了，所以简单地提高开关频率是不行的。解决电力电子装置小型化、轻量化、高频化和开关损耗增大、电磁干扰增强、开关噪声增大矛盾的方法是在电力电子器件开关过程中采用软开关技术。

2.4.1　软开关的基本概念

在后续各章节典型电路介绍中，我们总是将开关理想化，如图 2-16 所示，忽略了开关过程对电路的影响，这样的分析方法，便于降低电路分析过程的复杂性、易于理解电路的工作原理。但必须认识到，实际电路中开关过程是客观存在的，开关开通和关断过程中的电压和电流均不为 0，出现了重叠现象，如图 2-17 所示，因此有明显的开关损耗。而且电压和电流变化的速度很快，波形出现了明显的过冲，从而产生了开关噪声，这样的开关过程称为硬开关，主要开关过程为硬开关的电路称为硬开关电路。

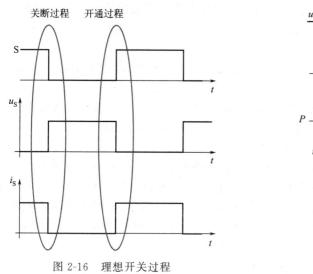

图 2-16　理想开关过程

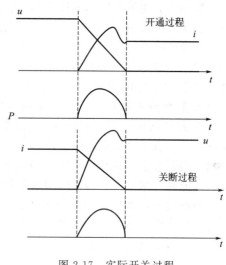

图 2-17　实际开关过程

开关损耗与开关频率之间呈线性关系，因此当硬开关电路的工作频率不太高时，开关损耗占总损耗的比例并不大，但随着开关频率的提高，特别是在斩波电路、逆变电路中引入 PWM 技术后，开关损耗就越来越大，这时候必须采用软开关技术来降低开关损耗。

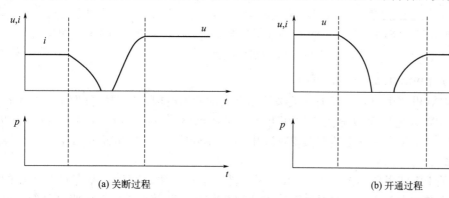

图 2-18　软开关过程中的电压、电流和功率

降低开关损耗，就是在导通时电压快速下降而电流缓慢上升，在关断时电流快速下降而电压缓慢上升。电感有抑制电流变换的作用，电容有抑制电压变换的作用，引入电容和电感构成的谐振电路，就可以做到开关开通前电压先降到零，或关断前电流先降到零，从而消除开关过程中电压、电流的重叠现象，很大程度上减小，甚至消除开关损耗。图 2-18 为加入软开关技术后的关断和开通过程，电压和电流没有重叠，没有开关损耗，同时，谐振过程限

制了开关过程中电压和电流的变化率，这就使得开关噪声也明显减小，这样的开关过程被称为软开关过程，这样的电路被称为软开关电路。

2.4.2　软开关电路的分类

随着技术和理论的不断发展和完善，软开关技术问世以来，先后出现了多种软开关电路，新型的软开关拓扑也将不断出现。根据软开关电路是零电压开通还是零电流关断，可以将软开关电路分成零电压电路和零电流电路两大类。通常，一种软开关电路要么属于零电压电路，要么属于零电流电路，当然也有个别电路是零电压关断、零电流开通的。

根据出现的先后顺序和工作原理，可以将软开关电路分成准谐振电路、零开关 PWM 电路和零转换 PWM 电路。

（1）准谐振电路

准谐振电路是最早出现的软开关电路，有些现在还在大量使用。准谐振电路可以分为：零电压开关准谐振电路（Zero-Voltage-Switching Quasi-Resonant Converter，ZVS QRC）；零电流开关准谐振电路（Zero-Current-Switching Quasi-Resonant Converter，ZCS QRC）；零电压开关多谐振电路（Zero-Voltage-Switching Multi-Resonant Converter，ZVS MRC）；用于逆变器的直流环谐振电路（Resonant DC Link）。

前三种是准谐振软开关电路，如图 2-19 所示。准谐振电路中电压或电流的波形为正弦半波，因此称为准谐振。谐振的引入使得电路的开关损耗和开关噪声都大大减少，但也带来了一些负面问题：准谐振电压峰值很高，要求器件耐压性必须提高；谐振电流的有效值增大，使得电路中存在大量的无功功率的变换，造成电路导通损耗加大；谐振周期随输入电压、负载变化而变化，因此电路只能采用脉冲频率调制（Pulse Frequency Modulation，PFM）方式来控制，变化的开关频率给电路设计带来困难。

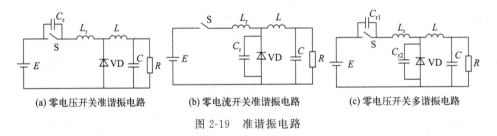

(a) 零电压开关准谐振电路　　(b) 零电流开关准谐振电路　　(c) 零电压开关多谐振电路

图 2-19　准谐振电路

（2）零开关 PWM 电路

零开关 PWM 电路中引入了辅助开关来控制谐振的开始时刻，使谐振仅发生于开关过程前后。零开关 PWM 电路可以分为零电压开关 PWM 电路（Zero-Voltage-Switching PWM Converter，ZVS PWM）和零电流开关 PWM 电路（Zero-Current-Switching PWM Converter，ZCS PWM）。

两种零开关 PWM 电路如图 2-20 所示。同准谐振电路相比，这类电路有很多明显的优势：电压和电流基本上是方波，只是上升沿和下降沿较缓，开关承受的电压明显降低，电路可以采用开关频率固定的 PWM 控制方式。

（3）零转换 PWM 电路

零转换 PWM 电路中谐振电路是与主开关并联的，也是采用辅助开关控制谐振的开始时刻，输入电压和负载电流对电路的谐振过程影响很小，电路在很宽的输入电压范围内和从零负载到满载的情况下都能工作在软开关状态。这种电路中谐振元件之间的能量交换被削减到最小，这使电路效率有了进一步提高。零转换 PWM 电路可以分为零电压转换 PWM 电路

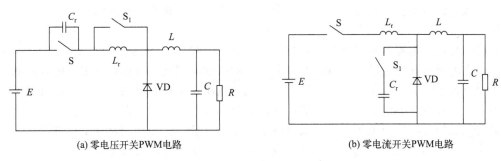

(a) 零电压开关PWM电路　　　　　　　(b) 零电流开关PWM电路

图 2-20　零开关 PWM 电路

（Zero-Voltage-Transition PWM Converter，ZVT PWM）和零电流转换 PWM 电路（Zero-Current-Transition PWM Converter，ZCT PWM）。

两种零转换 PWM 电路如图 2-21 所示。

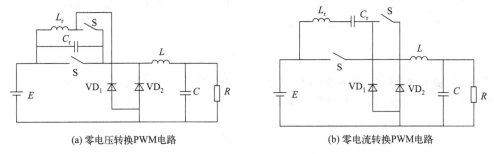

(a) 零电压转换PWM电路　　　　　　　(b) 零电流转换PWM电路

图 2-21　零转换 PWM 电路

软开关技术解决了电力电子装置的小型化、高频化所带来的开关损耗、电磁干扰和开关噪声问题，因此主要应用于斩波电路、PWM 逆变电路、PWM 整流电路中，软开关电路在这几种变流电路中的具体应用，将在后续章节中穿插介绍。

2.5　滤波器

无论哪种变流电路均伴随有谐波的产生，因此在实际应用中，滤波器是大多数电力电子变换器不可或缺的电路元件。根据滤波器安装的位置，可以将滤波器分为输入滤波器、输出滤波器和中继滤波器。输入滤波器也称为线路或前端滤波器，用于防止变换器产生的谐波电流注入电源，同时也用于提高变换器的输入功率因数，这对多数电力电子装置接入电网来说是必需的。输出滤波器用于提高负载的供电质量。中继滤波器常常被称为滤波环节，它将两个变换器级联连接，比如交流-直流-交流电力变换方案中，整流器和逆变器的级联，通常会在直流侧并联一个大电容或串联一个大电感。

电力电子电路中都包含一些由电感和电容元件构成的结构简单的滤波器。通常情况下，输入或输出的全部电流将流经滤波器的电抗器，为了减小电抗器上的损耗，应该使电抗器的电阻尽可能低，这意味着应以粗线绕制的绕组来作为滤波电抗器，且线圈匝数应很小。又由于电感系数与线圈匝数的平方成正比，同时与电抗器的磁阻成反比，因此绕制电抗器的铁芯横截面积要大、磁导率要高。此外，滤波器的电感往往很低，通常约为几毫亨或几十毫亨。

为了尽量减少涡流损耗，电抗器的铁芯由薄叠片叠装而成，这些叠片之间采用清漆或冲胶进行绝缘。

　　滤波电容器的电容值通常都很大，常使用铝箔电解电容器，其电容值可以高达 500mF。此外，电力电子电路使用的电容器需要具有较小的杂散电感和等效串联电阻。电容器的出厂参数表中提供了最大允许工作电压、无重复性浪涌电压、电压和电流纹波系数以及温度等系数，可查表选择合适的滤波电容器。需要注意的是有极性电解电容器单位体积的电容比率最高，但它不能运行在反向电压下，而无极性电容器的容量往往是相同尺寸下有极性电容器容量的一半。在三相系统中，当电容器连接成三角形时，使得线间有效电容值最大，通常为一个电容器电容值的 1.5 倍。

　　电力电子变换器直流侧的滤波器，是用来减少电压和电流纹波的，根据具体应用的不同要求，变换器终端的滤波器可以包含并联电容器或串联电感器，或者两者都有。例如在第 4 章逆变电路中，直流侧并联大电容可以抑制电压纹波，给电压型逆变电路提供等效的恒压源，直流侧串联大电感可以抑制电流纹波，给电流型逆变电路提供等效的恒流源。

　　如果在时间间隔 Δt 内，电容器 C 提供的直流电流为 I_C，那么电容器的电压降为：

$$\Delta U_C = \frac{I_C}{C} \Delta t \tag{2-1}$$

　　可见滤波器电容越大，两端的电压越稳定。同样如果在时间 Δt 内，加在电抗器 L 上的直流电压为 U_L，则电抗器中的电流增量为：

$$\Delta I_L = \frac{U_L}{L} \Delta t \tag{2-2}$$

　　由此可见电感对电流稳定的影响。

　　交流电路中的滤波器用于阻断纹波电流或对纹波电流进行分流，同时允许基频电流流过。如果谐波频率远高于基波频率，比如 PWM 变换器，那么滤波电抗器可以与变换器终端串联，使输入或输出的全部电流均流经该电抗器。由于电抗器的阻抗 Z_L 为：

$$Z_L = 2\pi f L \tag{2-3}$$

　　因此，电抗器可以作为低通滤波器。

　　相比之下电容器的容抗 Z_C 为：

$$Z_C = \frac{1}{2\pi f C} \tag{2-4}$$

　　因此，电容器可以构成高通滤波器。

　　和直流滤波器一样，交流滤波器的电容器与变换器终端并联，对高频电流进行分流。为了避免谐振过电压带来的危险，必须注意 LC 滤波器的谐振频率需要比供电频率高得多。

　　由于相控变流器中含有大量的低次谐波，在滤除相控变换器低频的交流电流谐波分量时，不能采用简单的电感和电容滤波元件的串并联结构，否则在抑制谐波电流的同时基波电流也会受到抑制。当交流线路向基于二极管和晶闸管的整流器供电时，可在交流线路中间安装谐振滤波器，每个滤波器都对应特定的谐波频率，通常为基波的 5 次、7 次等谐波分量，因此至少需要 9 个电抗器和 9 个电容器。

　　如果为了防止电磁干扰，就需要使用特殊的滤波器来保护电力系统。如果高频电流流经系统，它们将会严重污染电磁环境，同时会干扰敏感通信系统。EMI 滤波器，也称为射频滤波器，是开关频率很高时电力电子变换器中不可或缺的器件，常见的高阶 EMI 滤波器中包含多个电阻器、电抗器和电容器。

　　电力电子变换器本身也是辐射电磁干扰的来源，因为运行中开关切换会导致很大的 $di/$

dt，从而产生电磁波。在工程实践中，可以采用缓冲器和金属开关柜来减少这种辐射电磁干扰对环境的影响。缓冲器可以用来减小开关切换电流和电压变化率，金属开关柜用于封装电力电子变换器，进行有效的电磁屏蔽。

2.6　冷　却

电力电子变换器的通态、断态和开关损耗产生的热量必须通过周围环境传输出去，散热不利将导致热量聚集在电力电子器件中，从而使得结温升高，电力电子器件的通流能力将下降，导致使用寿命缩短和可靠性降低。严重的过热会导致电力电子器件在短时间内烧坏。因此在规定电力电子器件额定电流时均规定了其散热条件。为了将电力电子器件的结温保持在安全范围内，电力电子器件必须配备散热片（或散热器），并且至少能进行自然对流冷却。电力电子器件产生的热量通过散热片以传导、对流、辐射的方式转移到周围的空气中，受热空气上升从而远离功率开关器件。图 2-22（a）给出了装有散热片的电力电子器件外形。

实际应用中常常采用强迫空气冷却法，它比自然冷却法更有效。通常在电力电子变换器机柜底部安装风机，在机柜的顶部开槽，空气在风机的作用下由底部向上流动，将热量释放到周围环境中。

如果变换器的功率密度（即额定功率与质量之比）很高，可能就需要采用液体冷却方式。水、汽车冷却剂、油都可以作为冷却介质。将液体冷却散热器固定在器件背部，通常液体冷却系统都配有循环泵，一个口进入液体，一个口流出液体。因为水的比热容很高，所以水冷却方式非常有效，但水冷却方式可能导致器件腐蚀。油的比热容还不及水的一半，但它有更好的绝缘性和保护特性。具体选择哪种液体作为冷却介质，要根据实际情况来确定。图 2-22（b）给出了液体冷却散热器的结构示意图。

(a) 集成功率模块和自然对流散热器

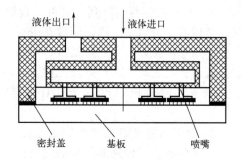

(b) 液体冷却散热器结构图

图 2-22　电力电子器件散热器

2.7　控　制

为了使电力电子变换器能高效、安全地运行，必须加以适当控制，即电力变换的过程必须与信息处理、自动控制的过程同步进行，一方面保证电力电子器件的可靠触发，另一方面保证输出电能的质量满足技术指标。过去的几十年中出现了各种各样的控制技术，由最开始带分布式元件的模拟电子电路，发展到现代集成微电子的数字系统。

在实际应用中，电力电子变换器通常是更大型工程系统（如可调速驱动器或有源电力滤波器）的子模块，因此变换器的控制系统常常隶属于另一个主控制器。电力电子变换器的主要任务是根据主控制器的信号、传感器的信号和操作人员的信号给电力电子器件发出导通或关断信号，从而保证电力电子变流电路的可靠运行，得到期望的输出电压或电流。系统还集成了控制变换器与供电系统之间的机电断路器，提供监测运行环境、关断变换器实现故障的切除和保护、显示故障信息等丰富的功能。控制系统还可以通过显示屏、指示器或记录仪等方式将变换器的运行情况反馈给操作人员，将运行数据进行远程传输和存储。

由于电力电子变换器的控制系统具有强大的功能，控制系统核心往往由微控制器、数字信号处理器和现场可编程逻辑阵列等构成，这些设备的计算能力强大，且随着不断地迭代更新，正在以令人吃惊的速度增长，因此单个处理器就可以对包含多个变换器的整个电力变换系统进行控制。此外，数字处理器的价格在不断下调，已经渗透到低成本的应用场合，而不失其经济性。

电力电子变流器的控制系统核心常常采用 DSP（数字信号处理器）控制器。与微控制器类似，除了基本元件外，DSP 控制器还有专门的功能模块，如 A/D 和 D/A 变换器、嵌入式计时器或 PWM 开关信号生成器。为了进一步提高计算速度和增加功能，单个芯片上放置的内存和外围电路越来越多，因此现代微控制器和 DSP 控制器可能非常复杂。DSP 控制器和微控制器都具有数据处理单元、存储单元和输入/输出电路，因此它们之间的差异更多体现在功能上，而不是结构上。DSP 控制器的 CPU 处理小型简单指令集的速度非常快。高级 DSP 控制器使用浮点运算，它摒弃繁琐的汇编语言，而改用高级语言进行编程。硬件乘法器和移位寄存器能大幅度减少乘法、除法或平方根等代数运算所需的计算步数。

FPGA（现场可编程门阵列）是可编程数字逻辑芯片，它包含数以千计的带触发器和可编程互联结构的小逻辑块。逻辑函数在进行定义并编译后，可以以二进制文件的形式下载到 FPGA 中。如果需要另一个逻辑函数，FPGA 可以轻松地重新进行编译。因此可以将 FPGA 视为虚拟线路板，它既不需要更改元件，也不需要重新焊接，给原型的快速开发带来了极大便利。一般情况下，FPGA 稍次于针对特定应用所开发的集成电路，但它更便宜，更便于使用。

图 2-23 为可调速交流驱动系统示意图，它由一个基于 DSP 控制器的数字系统进行控制。控制系统接收速度传感器传来的速度控制信号，然后向电流调节器发送参考电流信号。电流调节器将参考电流信号与电流传感器监测到的信号进行比较，并形成适当的开关信号，然后对逆变器的各相进行独立控制，最后逆变器向三相电动机提供频率和幅值均可调的电流。因为大多数信号都是数字信号，所以若采用廉价的模拟电流传感器，就必须采用 A/D 转换器。

变换器控制系统的趋势是将半导体电力开关和控制电路整合到一个集成模块中，即集成组件。集成组件是智能功率模块的延伸，它可以包括三相大功率逆变桥、直流电容器组、带有电源的光隔离驱动器、故障监测和保护电路、电流传感器和与外部控制器连接的简单用户界面。

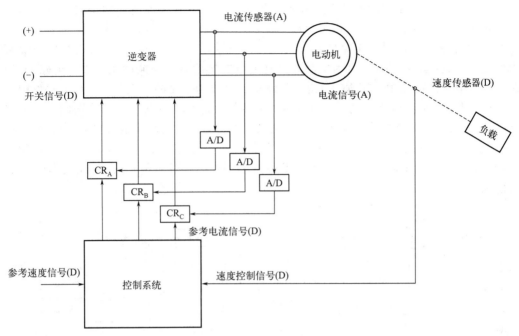

图 2-23　交流调速系统

2.8　电力电子器件的保护

在电力电子电路中，除了电力电子器件及滤波器参数选择合适、驱动电路设计良好、冷却系统设计良好、控制系统功能丰富外，还需要进行过电压保护、过电流保护、$\mathrm{d}u/\mathrm{d}t$ 保护和 $\mathrm{d}i/\mathrm{d}t$ 保护等。

2.8.1　过电压的产生及过电压保护

电力电子装置大多直接应用于电力系统中与电网相连，因此会受到电网中过电压的影响。电网过电压往往电压等级很高，而电力电子器件耐压能力却要低得多，如果没有合适的过电压保护措施，电力电子器件很容易被击穿损坏。电力电子装置中可能产生的过电压分为外因过电压和内因过电压两类。外因过电压主要来自雷击或系统中的操作过程等，包括操作过电压和雷击过电压。

① 操作过电压　是由分闸、合闸等开关操作引起的过电压，电网侧的操作过电压会由供电变压器电磁感应耦合，或由变压器绕组之间存在的分布电容静电感应混合到电力电子装置中。

② 雷击过电压　是由雷击引起的过电压。

内因过电压主要来自电力电子装置内部器件的开关过程，包括换相过电压和关断过电压。

① 换相过电压　由于晶闸管或者与全控型器件反并联的续流二极管，在换相结束后不能立刻恢复阻断能力，因而有较大的反向电流流过，使残存的载流子恢复，而当恢复了阻断能力时，反向电流急剧减小，这样的电流突变会因线路电感而在晶闸管阴阳极之间或与续流二极管反并联的全控型器件两端产生过电压。

② 关断过电压 全控型器件在较高频率下工作，当器件关断时，因正向电流的迅速降低而由线路电感在器件两端感应出过电压。

图 2-24 给出了各种过电压保护措施及其配置位置，各电力电子装置可视具体情况采用其中的几种。其中 RC_3 和 RCD 为抑制内因过电压的措施，其功能已属于缓冲电路的范畴。抑制外因过电压的措施中采用 RC 过电压抑制电路是最为常见的，其典型连接方式如图 2-25 所示。RC 过电压抑制电路可接于供电变压器的两侧（通常供电网一侧称为网侧，电力电子电路一侧称为阀侧），或电力电子电路的直流侧。大容量的电力电子装置可采用图 2-26 所示的反向阻断式 RC 电路。保护电路有关的参数计算可参考相关的工程手册。采用雪崩二极管、金属氧化物压敏电阻、硒堆或转折二极管等非线性元器件来限制或吸收过电压也是较常用的措施。

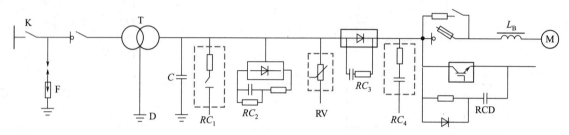

图 2-24 过电压保护措施及配置位置

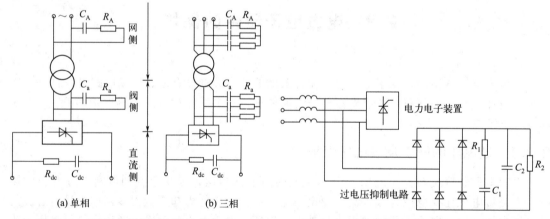

图 2-25 RC 过电压抑制电路连接方式   图 2-26 反向阻断式过电压抑制用 RC 电路

2.8.2 过电流保护

电力电子电路运行不正常或者发生故障时可能会产生过电流，电流过大时热量聚集，很容易使电力电子器件烧毁，过电流分过载和短路两种情况。

图 2-27 给出了各种过电流保护措施及其配置位置。其中采用快速熔断器、直流快速断路器和过电流继电器是较为常用的措施。一般电力电子装置均同时采用多种过电流保护措施，以提高保护的可靠性和合理性。在选择各种保护措施时应注意相互协调。通常电子电路作为第一保护措施，快速熔断器仅作为短路时的不同区段的保护，直流快速断路器整定在电子电路动作之后实现保护，过电流继电器整定在过载时动作。

采用快速熔断器（简称快熔）是电力电子装置中最有效、应用最广的一种过电流保护措施，在选择快熔时应考虑以下几点。

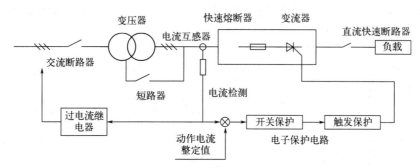

图 2-27 过电流保护措施及其配置位置

① 电压等级应根据熔断后快熔实际承受的电压来决定。

② 电流容量应按其在主电路中的接入方式和主电路连接形式确定。快熔一般与电力半导体器件串联连接，在小容量装置中也可串联于阀侧交流母线或直流母线中。

③ 快熔的 I^2t 值应小于被保护器件的允许 I^2t 值。

④ 为保护熔体在正常过载情况下不熔化，应考虑其时间-电流特性。

快熔对器件的保护方式可分为全保护和短路保护两种。全保护是指不论过载还是短路均由快熔进行保护，此方式只适用于小功率装置或器件使用裕度较大的场合。短路保护是指快熔只在短路电流较大的区域内起保护作用，此方式需与其他过电流保护措施相配合，快熔电流容量的具体选择方法可参考有关工程手册。

对一些重要的且易发生短路的晶闸管设备，或者工作频率较高、很难用快速熔断器保护的全控型器件，需要采用电子电路进行过电流保护。除了对电动机启动的冲击电流等变化较慢的过电流可以利用控制系统本身调节器对电流的限制作用外，还需设置专门的过电流保护电子电路，检测到过电流之后直接调节触发或驱动电路，或者关断被保护器件。

此外常在全控型器件的驱动电路中设置过电流保护环节，这对器件过电流的响应是最快的。

2.8.3 缓冲电路

缓冲电路又称吸收电路，其作用是抑制电力电子器件的内因过电压和过电流，以及 du/dt 和 di/dt，减小器件的开关损耗。缓冲电路可分为关断缓冲电路和开通缓冲电路。关断缓冲电路又称为 du/dt 抑制电路，用于吸收器件的关断过电压和换相过电压，抑制 du/dt，减小关断损耗。开通缓冲电路又称 di/dt 抑制电路，用于抑制器件开通时的电流过冲和 di/dt，减小器件的开通损耗。可将关断缓冲电路和开通缓冲电路结合在一起，形成复合缓冲电路。

缓冲电路还可以用另外的分类方法进行分类：如果缓冲电路中储能元件的能量消耗在其吸收电阻上，则称为耗能式缓冲电路；如果缓冲电路能将其储能元件的能量回馈给负载或电源，则称为馈能式缓冲电路，或称为无损缓冲电路。

图 2-28(a) 给出了典型 di/dt 抑制电路和缓冲电路。L_i 和 VD_i、R_i 组成了 di/dt 抑制电路，在器件导通时，由于电感 L_i 的抑制电流变化作用，限制了开关器件的电流上升率 di/dt，使得电压已经下降，但电流还较小，开关损耗减小。VD_i、R_i 构成了续流回路，使开关过程中 L_i 储能消耗在 R_i 上。C_s 和 R_s、VD_s 构成缓冲电路，器件关断时，当电压恢复到一定数值时，电容 C_s 经二极管 VD_s 充电，不仅分流了器件 V 的关断电流，而且利用电容电压不能突变的原理，限制了器件关断时的 du/dt。在器件导通时，C_s 经 R_s 和 V 放电，恢复初始状态，为下次缓冲做准备。图 2-28(b) 是无缓冲电路和有缓冲电路的器件开

关轨迹。有缓冲电路在开关器件过程中抑制了 $\mathrm{d}u/\mathrm{d}t$ 和 $\mathrm{d}i/\mathrm{d}t$，避免了大电流和高电压同时出现，使得电压增大前，电流已经减小，使开关损耗减小。

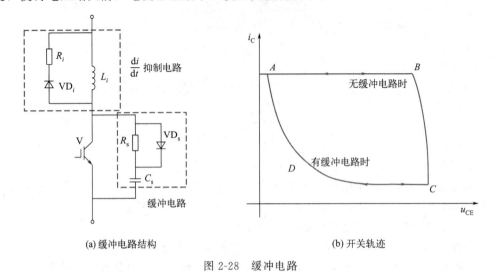

(a) 缓冲电路结构   (b) 开关轨迹

图 2-28   缓冲电路

2.9 电力电子器件的串、并联

对于较大型的电力电子装置，当单个电力电子器件的电压或电流定额不能满足要求时，往往需要将电力电子器件串联或并联起来工作，或者将电力电子装置串联或并联起来工作。

2.9.1 电力电子器件的串联

当晶闸管的额定电压小于实际要求时，可以将两个以上（含两个）同型号器件相串联。理想的串联希望各器件承受的电压相等，但实际上因器件特性的分散性，即使是标称定额相同的器件，它们之间的特性也会存在差异，一般都会存在电压分配不均匀的问题。

串联的器件流过的漏电流总是相同的，但由于静态伏安特性的分散性，各器件所承受的电压是不等的。如图 2-29(a) 所示，两个晶闸管串联，同一漏电流 I_R 下所承受的正向电压是不同的。若外加电压继续升高，则承受电压高的器件将首先达到转折电压而导通，使另一个器件承受全部电压也导通，两个器件都失去控制作用。同理，反向时，因伏安特性不同而不均压，可能使其中一个器件先反向击穿，另一个随之击穿。这种由于器件静态特性不同而造成的不均压问题，称为静态不均压问题。

为达到静态均压，首先应选择参数和特性尽量一致的器件，此外还可以采用电阻均压，如图 2-29(b) 中的 R_P。R_P 的阻值应比任何一个器件阻断时的正、反向电阻小得多，这样才能使每个晶闸管分担的电压取决于均压电阻的分压。

由于器件动态参数和特性的差异造成的不均压问题，称为动态不均压问题。为达到动态均压，同样首先选择动态参数和特性尽量一致的器件，另外，还可以用 RC 并联支路做动态均压，如图 2-29(b) 所示。对于晶闸管来讲，采用门极强脉冲触发可以显著减小器件开通时间上的差异。

与晶闸管串联类似，IGBT 串联时由于器件静态和动态参数的差异，同样存在静态不均压和动态不均压问题，可以通过并联静态均压电阻、并联缓冲电路（如 RC 或 RCD 电路）

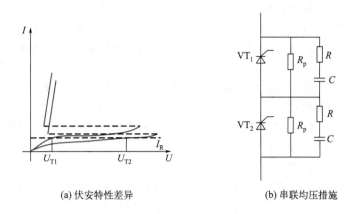

(a) 伏安特性差异   (b) 串联均压措施

图 2-29 晶闸管的串联

来解决问题。与晶闸管串联不同的是，IGBT 还可以通过门极驱动电路实现动态均压。图 2-30 给出了一种通过对关断过程各个阶段门极驱动电流的调整，进行串联 IGBT 动态均压的方法示意图。在调节驱动电流前，串联的 IGBT 间存在延时和 du/dt 差异，导致关断过程中的动态电压存在差异，通过对驱动电流进行调节，可以使串联 IGBT 的关断延时和 du/dt 差异得到补偿，从而实现动态均压。开通过程的原理与关断过程一样，采用类似的电路，也可以通过对门极驱动电压的调节实现串联 IGBT 的动态均压。由于电力 MOSFET 与 IGBT 均属于电压驱动型器件，开关过程类似，因此电力 MOSFET 的串联均压方法与 IGBT 没有本质上的区别，可以互相借鉴。

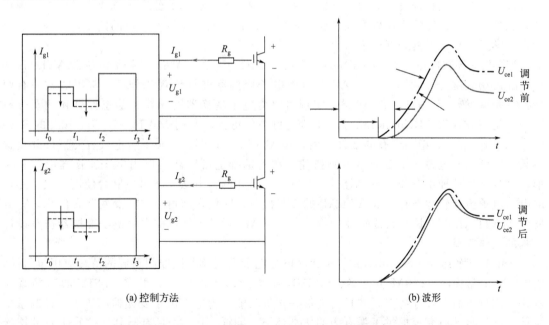

(a) 控制方法   (b) 波形

图 2-30 通过对关断过程各个阶段门极驱动电流的调整进行串联 IGBT 动态均压

2.9.2 电力电子器件的并联

大功率晶闸管装置中，常用多个器件并联来承担较大的电流。同样，晶闸管的并联也会分别因静态和动态特性和参数的差异而存在电流分配不均匀的问题，有的器件电流不足，有的过载，有碍提高整个装置的输出，甚至造成器件和装置损坏。

均流的首要措施是挑选特性和参数尽量一致的器件，此外还可以采用均流电抗器。同样，用门极强脉冲触发电路，也有助于动态均流。当需要同时串联和并联晶闸管时，通常采用先串后并的方法。

电力 MOSFET 的通态电阻 R_{on} 具有正的温度系数，并联使用时具有一定的电流自动均衡能力，因而并联使用比较容易。但也要注意：尽量选用通态电阻 R_{on}、开启电压 U_T、跨导 G_{fs} 和输入电容 C_{iss} 相近的器件并联；并联的电力 MOSFET 及其驱动电路的走线和布局应尽量做到对称，散热条件也尽量一致；为了更好地动态均流，有时可以在源极电路中串入小电感，起到均流电抗器的作用。

IGBT 的通态压降一般在 $1/3 \sim 1/2$ 额定电流以下的区段具有负的温度系数，在以上的区段则具有正的温度系数。因此 IGBT 在并联使用时也具有一定的电流自动均衡能力，与电力 MOSFET 类似，易于并联使用。当然不同的 IGBT 产品及正负温度系数的具体分界点不一样。实际并联使用 IGBT 时，在器件参数和特性选择、电路布局和走线、散热条件等方面也应尽量一致。

2.10　电力电子电路的 MATLAB 仿真

仿真是在计算机平台上用虚拟实际的物理系统与数学模型代替实际的物理器件和电路。随着计算机的出现和普及、数值算法的完善，出现了大量通用的数字仿真语言及软件。现代仿真软件、各种计算的程序以及模块化，使它更适合广大工程技术人员的使用，成为科研设计以及学习的必备工具和好助手。

MATLAB 软件是美国 MathWorks 公司出品的商业数学软件，主要包含 MATLAB 和 Simulink 两大部分。利用 MATLAB 对电力电子变换器进行仿真和分析，常用的方法有两种：一是编程方法，通过编写代码来实现对电力电子变换器的建模、稳态计算和动态分析等；二是在 MATLAB/Simulink 平台上进行可视化仿真。利用 MATLAB/Simulink 的 SimPowerSystems 工具箱中已有的元件模型，在 MATLAB/Simulink 平台上放置元器件并设置参数，即可完成电力电子变换器电路搭建，在此基础上可以获得电力电子变换器的仿真波形，并且进行各种稳态和暂态的分析。实际上，上述两种方法通常可以联合使用。很多专业的电力电子仿真软件都有和 MATLAB 的交互接口，它们之间可以进行交互联合仿真，充分发挥 MATLAB 的专长和其他软件的特点，因此 MATLAB 是目前电力电子变换器仿真设计工具的最佳选择。

PSIM 全称 Power Simulation，是面向电力电子领域及电机控制领域的仿真应用包软件，由 PSIM 电路程序、PSIM 仿真器、SIMVIEW 波形形成过程项目组成。PSIM 具有仿真速度快、用户界面友好等特点，并具有波形解析等功能，为电力电子变换器的解析、控制系统设计、电机驱动研究等提供了强有力的仿真环境。同样，PSIM 具有与其他仿真工具的连接接口，例如主电路可以用 PSIM 实现，控制部分用 MATLAB/Simulink 实现，从而实现更高精度的全面仿真。同时，PSIM 将电力电子器件等效为理想开关能够进行快速仿真。另外，PSIM 软件仿真元件库拥有丰富的元器件模型，可以进行各种电路级和系统级电力电子变换器的建模仿真。作为电力电子技术领域仿真速度较快的软件，PSIM 在全世界范围内得到了广泛的应用。

PSpice 是由 Spice 发展而来的，是一种基于微机系统的通用电路分析程序，于 1972 年由美国加州大学伯克利分校的计算机辅助设计小组利用 FORTRAN 语言开发而成，主要用于大规模集成电路的计算机辅助设计，也可以用于电力电子变换器的仿真。PSpice 软件收敛性好，适于做系统级和电路级仿真，具有快速准确的仿真能力，具有广阔的应用前景。

Saber 仿真软件是美国 Synopsys 公司的一款 EDA 软件，被誉为全球最先进的系统仿真软件，是唯一的多技术/多领域的系统仿真产品，现已成为混合信号、混合技术设计和验证工具的业界标准，可用于电子、电力电子、机电一体化、机械、光电、光学、控制等不同类型系统的混合仿真系统。Saber 仿真软件不足之处在于操作较为复杂、软件价格昂贵。

MATLAB 中使用的是电力电子器件宏模型，主要反映器件的外部特性，但是它有强大的控制功能，用于系统的仿真更方便。本书采用 MATLAB/Simulink 的仿真平台。

2.10.1　Simulink 的启动

在打开 Simulink 时，往往希望首先打开一个空的模型。其打开方式如图 2-31 所示，打开后的界面如图 2-32 所示。打开一个空的模型后，应首先修改文件名称。

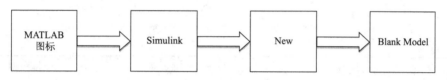

图 2-31　打开 Simulink

2.10.2　仿真的数值算法

在 Simulink 的仿真过程中，选择合适的算法是很重要的，仿真算法是求常微分方程、传递函数、状态方程解的数值计算方法。Simulink 汇集了多种求解常微分方程解的方法，这些方法分为两大类：可变步长类算法和固定步长类算法。可变步长类算法在计算模型时能自动调整步长，并通过减小步长来提高计算的精度。在实际仿真中要注意步长的选择，可变步长仿真时，可能会在很小的步长下收敛，但相同的算法到实际硬件系统中可能无法收敛。这是由于计算机的主频很高，而实际硬件系统的时间步长难以做到很小，往往可选择在微秒级下进行仿真，可以保证仿真算法在硬件系统中的实现。

在图 2-32 初始界面中，点击 "Model Configuration Parameters" 可以打开图 2-33 的参数设置界面，这里可以设置求解时间和求解器。

在 Simulink 中，可变步长类算法有如下几种。

（1）ode45（Dormand-Prince）

这是基于显式 Runge-Kutta（4，5）和 Dormand-Prince 组合的算法，它是一种一步解法。对大多数仿真模型来说，首先使用 ode45 来计算模型是最佳的选择。所以在 Simulink 的算法选择中，将 ode45 设为默认的算法。

（2）ode23（Bogacki-Shampine）

基于显式 Runge-Kutta（2，3）、Bogacki-Shampine 相组合的算法，它也是一种一步算法。在容许误差和计算略带刚性的问题方面，该算法比 ode45 好。

（3）ode113（Adams）

这是可变阶数的 Adams-Bashforth-Moulton PECE 算法，是一种多步算法。ode113 需要知道前几个时间点的值，才能计算出当前时间点的值。

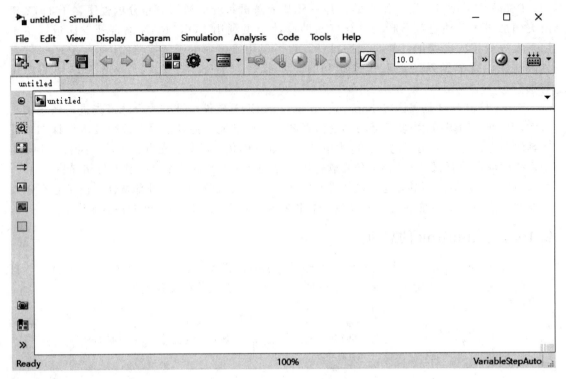

图 2-32　Simulink 初始界面

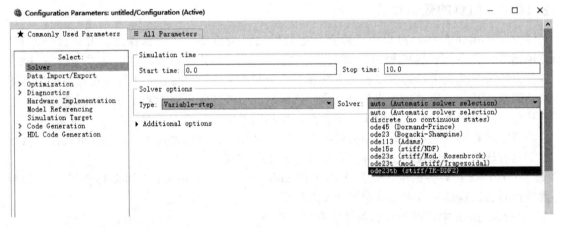

图 2-33　参数配置

（4）ode15s（stiff/NDF）

这是一种可变阶数的 Numerical differentiation formulas（NDFs）算法。当遇到带刚性问题时，或者使用 ode45 算法不行时，可以试试这种算法。

（5）ode23s（stiff/Mod. Rosenbrock）

一种改进的二阶 Rosenbrock 算法，在计算带刚性的问题时，用 ode15s 处理不行的话，可以使用 ode23s 算法。

（6）ode23t（mod. stiff/Trapezoidal）

一种采用自由内插方法的梯形算法，如果模型有一定刚性，又要求解没有数值衰减时可以使用这种算法。

（7）ode23tb（stiff/TR-BDF2）

采用 TR-BDF2 算法，即在隐式龙格-库塔法的第一阶段用梯形法，第二阶段用二阶的后向差分公式算法。在容差比较大时，ode23tb 和 ode23t 都比 ode15s 好。

（8）discrete（No continuous states）

处理离散系统（非连续系统）的算法。

2.10.3　模型库

MATLAB/Simulink 提供了丰富的模型库，在库中可以直接查找相关的元件。在图 2-32 初始界面中，点击"Library Browser"（库浏览器）可以打开元件库界面。

模型库界面含两栏，左侧栏为目录，右侧栏为元件模型。常用的电力电子元件存放目录，如图 2-34 所示，在"Power Electronics"（电力电子）中查找。在同一个界面中，右侧会显示出常用的电力电子器件模块，如图 2-35 所示。

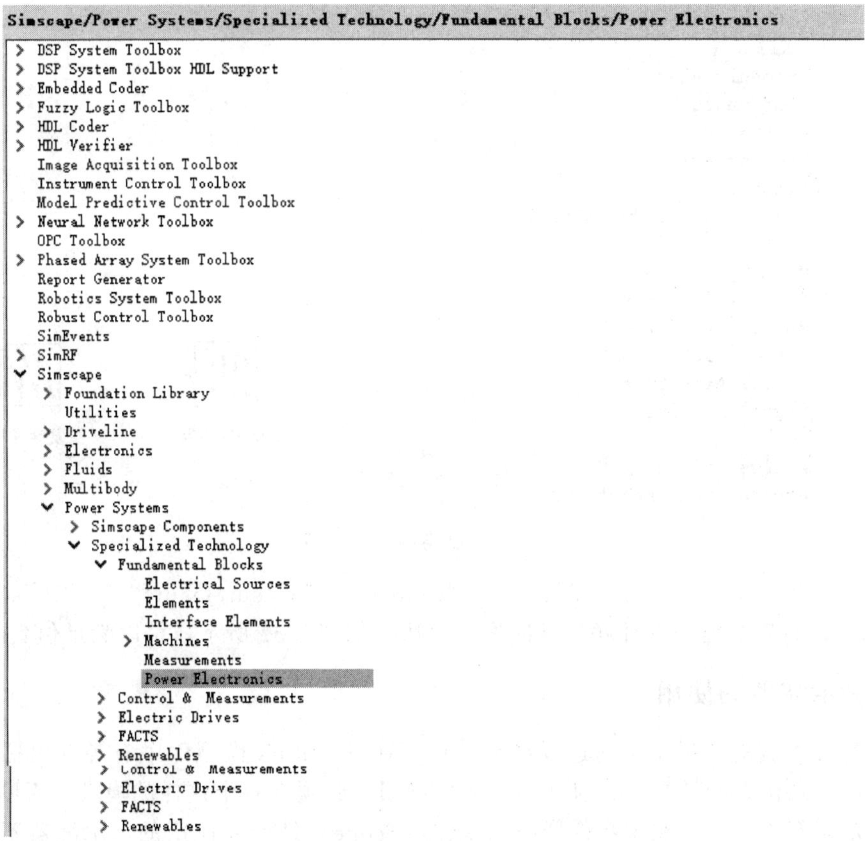

图 2-34　Simulink 模型库

2.10.4　触发信号发生器

电力电子器件的导通和关断是由触发信号控制的，MATLAB/Simulink 有丰富的信号发生器模块。在元件库目录栏，选择"Simulink"—"Sources"，右侧会出现"Pulse Generator""Repeating Sequence"等，如图 2-36 所示。选择"Simulink"—"Simscape"—"Power

升压斩波变换器
降压斩波变换器
晶闸管详细模型
二极管
全桥变换器
可关断晶闸管
半桥变换器
开关
绝缘栅双极晶体管
反并联二极管的绝缘栅双极晶体管
场效应管
三电平桥
中点钳位型三电平变换器
晶体管
二电平变换器
两象限斩波变换器
整流桥

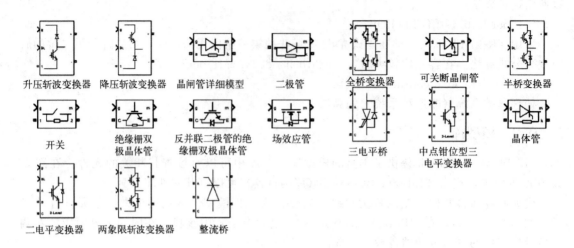

图 2-35 常用电力电子器件模块

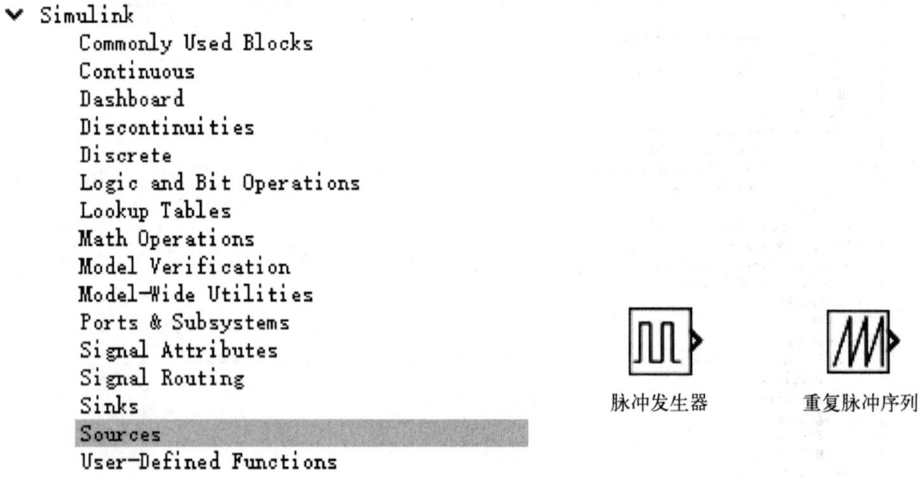

Simulink
Commonly Used Blocks
Continuous
Dashboard
Discontinuities
Discrete
Logic and Bit Operations
Lookup Tables
Math Operations
Model Verification
Model-Wide Utilities
Ports & Subsystems
Signal Attributes
Signal Routing
Sinks
Sources
User-Defined Functions
脉冲发生器
重复脉冲序列

图 2-36 基本脉冲发生器

Systems”—“Specialized Technology”—“Control & Measurements”—“Pulse & Signal Generators”，右侧会出现多种触发脉冲发生模块，如图 2-37 所示，可以满足仿真应用。

2.10.5 示波器的使用

Simulink 仿真的结果主要通过波形来呈现，在 Simulink 模型库中有各种仪器仪表模块用来显示和记录仿真的结果，并且在仿真的模型图中必须有一个这样的模块，否则在启动仿真时会提示模型不完整。在这些仪器中示波器（Scope）是最常使用的，示波器不仅可以显示波形，并且可以保存数据。

在元件库目录栏，选择“Simulink”—“Sinks”，右侧会出现“Display”“Floating Scope”“Scope”等，如图 2-38 所示。示波器的界面如图 2-39 所示。需要注意的是，第一次打开示波器时，其背景可能是黑色的，可通过顶部菜单“View”中的“Style”页面进行设置，将背景、坐标等设置为容易观测并可以复制到论文或报告中的合适形式。图 2-39 中已经将背景颜色设置为一般论文模板要求的白色。

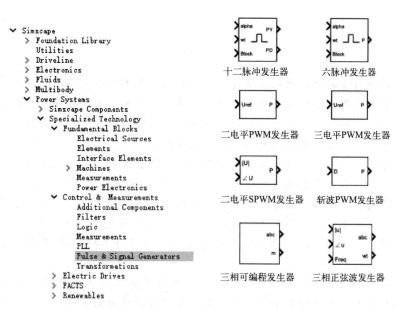

图 2-37　电力电子集成脉冲发生模块

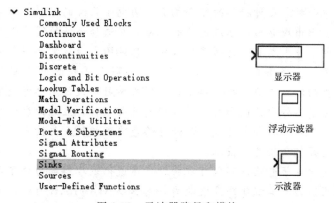

图 2-38　示波器路径和模块

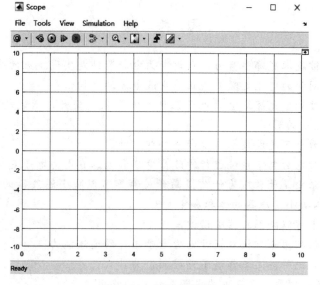

图 2-39　示波器界面

小 结

本章首先通过简单的电路结构和拓扑，介绍了四种基本变流电路实现方法，阐述了实现变流的关键在于开关器件，即电力电子器件。然后介绍了电力电子器件的分类，不可控型电力二极管、半控型晶闸管和典型全控型器件的基本结构和特性，以及碳化硅、氮化镓等新型材料在电力电子器件中的发展状况和器件未来的发展趋势。

根据电力电子电路中所选择的器件类型和对电能质量的需求不同，电力电子系统常采用两种控制方式：相控式和斩控式。在高频斩控式工作方式下，电力电子器件的开关损耗较高，因此在电力电子系统中应设计电力电子器件的冷却装置。由于电力电子电路会产生大量的谐波，在电力电子系统中还应考虑滤波器的选择。控制器是电力电子系统的"大脑"，选择合适的微处理器和控制算法是保证电力电子系统可靠工作和输出高质量电能的关键因素之一。

由于电力电子系统大多应用于电力系统，而电力系统中常常存在过电压和过电流等现象，为了保证电力电子器件的安全可靠性，需要合理选择电力电子器件的过电压保护措施和过电流保护措施。本章给出了典型的电力电子器件过电压保护措施和过电流保护措施，在实际应用中可选择其中一种或几种措施的组合构成电力电子系统的保护。为了避免在电力电子器件开通和关断过程中出现电压和电流过冲的现象，应选择合适的缓冲电路。

为了扩大电力电子技术在高压大功率场合的应用范围，往往需要将电力电子器件并联来提高其通流能力、串联来提高其耐压能力，在器件串联和并联使用时应采取均压和均流措施，本章给出了典型的均压措施和均流措施，以供在学习和设计中参考使用。

为了减小电力电子器件在开通和关断过程中的开关损耗，应选择合适的软开关技术。准谐振电路、零开关 PWM 电路和零转换 PWM 电路是典型的软开关技术。在斩控方式下，电力电子系统可参考选择相关软开关技术。

在仿真中学习电力电子电路，不仅可以帮助学生透彻地理解电力电子电路，还可以培养学生的仿真工具使用能力和工程实践开发能力，本章以 MATLAB 为例，初步介绍了 MAT-LAB 程序的打开、常用元器件的查找和常用分析方法的设置。

思 考 题

2-1 变流的关键技术有哪些？为什么说电力电子器件是实现变流的基础？

2-2 为什么晶闸管的电流定额要用正弦半波电流的平均值？

2-3 结合碳化硅和氮化镓给电力电子器件性能带来的提升，阐述新材料和技术的创新和发展对社会生产生活的影响。

2-4 试分析电力电子集成技术可以带来哪些益处。

2-5 为什么要对电力电子系统进行滤波？电感和电容在电力电子变换器中起什么作用？

2-6 高频化的意义是什么？为什么提高开关频率可以减小滤波器的体积和重量？为什么提高开关频率可以减小变压器的体积和重量？

2-7 有哪些技术可以抑制或消除谐波？

2-8 试分析如何利用冷却技术提升电力电子器件的通流能力。

2-9 电力电子系统的稳定工作离不开控制，为什么？

2-10 试阐述微处理器技术在电力电子系统中的作用。

2-11　是否所有的电力电子系统都必须用软开关技术？

2-12　通过查阅文献资料，阐述仿真技术对于学习电力电子技术课程和开展相关研究的重要性。

习　题

2-1　电力电子器件有哪些分类方式？对典型电力电子器件进行归类。

2-2　试从 PN 结截面积、耐压性、通流能力和工作状态分析信息电子器件和电力电子器件。

2-3　使晶闸管导通的条件是什么？维持晶闸管导通的条件是什么？怎样才能使晶闸管由导通变为关断？

2-4　电力电子器件的驱动电路对整个电力电子装置有哪些影响？

2-5　晶闸管触发电路有哪些基本要求？IGBT、GTR、GTO 和电力 MOSFET 的驱动电路各有什么特点？

2-6　图 2-40 给出了三种晶闸管通态区间的电流波形，各波形的电流最大值均为 I_m，试计算各波形的电流平均值 I_{d1}、I_{d2}、I_{d3} 与电流有效值 I_1、I_2、I_3。

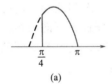 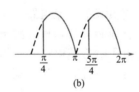

图 2-40　晶闸管导电波形

2-7　如果取 2 倍的安全裕量，图 2-40 中晶闸管电流波形的 I_m 均为 100A，试求三种电流波形下晶闸管的额定电流各是多少。

2-8　为什么要对电力电子主电路和控制电路进行电气隔离？其基本方法有哪些？各自的基本原理是什么？

2-9　晶闸管串联使用时需要注意哪些事项？电力 MOSFET 和 IGBT 各自并联使用时需要注意哪些问题？

2-10　电力电子器件过电压的产生原因有哪些？电力电子器件过电压保护和过电流保护各有哪些主要方法？

2-11　什么是电压型驱动和电流型驱动？这两种驱动各有什么特点？

2-12　软开关电路可以分为哪几类？其典型拓扑分别是什么样的？各有什么特点？

2-13　用软开关方法减少开通损耗、关断损耗各有哪些方法？

2-14　谐振直流环是什么？它与传统逆变器相比有何优势和不足？

2-15　电力电子器件缓冲电路是怎样分类的？全控型器件的缓冲电路的主要作用是什么？试分析 RCD 缓冲电路中各元件的作用。

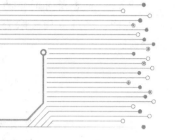

第3章
交流-直流变换电路

3.1 交流-直流变换电路概述

交流-直流变换电路的功能是将交流电转换为直流电，又称整流电路（AC/DC），实现整流的装置称为整流器。典型的机械式整流器有直流发电机的电刷和换向器，而现在广泛应用的整流器则是电力电子器件组成的变换电路，应用于直流电动机、电镀、电解、同步发电机励磁、通信系统电源等。

学习整流电路的重点是分析不同负载下整流电路的工作状态和波形。电力电子电路的一个重要特征是根据电力电子器件的开通和关断，可以将电路分解为不同的拓扑结构，然后分析负载端的电压和电流波形、电力电子器件的电压和电流波形、交流侧电源的电流波形，并给出其计算关系式，能够完成电力电子器件和交流侧变压器的选型。

3.1.1 整流电路的结构和分类

（1）整流电路的结构

整流电路通常由交流电源、整流器和负载三部分组成。

交流电源：有些情况下交流电源可以直接取自电网，但大多数情况下需要通过变压器获得，变压器不仅可以改变交流电压，而且可以实现与电网隔离的作用。

负载：整流电路的负载是各种各样的，常见的工业负载有电阻性负载、阻感性负载、反电动势负载等。其中，属于电阻性负载的典型应用有白炽灯、电焊、电解、电镀等；阻感性负载的典型应用有电磁铁、直流电动机和同步电动机的励磁绕组等；反电动势负载主要有蓄电池和直流电动机的电枢等。

整流器：整流器即为整流电路的主电路，所选用的电力电子器件可以为不可控二极管、半控型晶闸管或全控型器件，主要作用是将交流电转换为直流电供给负载。

整流电路从工频电网吸收电能，然后把它转换成直流电能输送到负载端，通常需要在输入和输出电路中加入滤波器。对于由晶闸管或全控型器件构成的整流电路，还需要有触发电路来控制器件的导通或关断。

一个实际应用的整流电路应具备的特征有：输出直流电压可调范围大、脉动小；器件导通时间尽可能长，承受正反向电压较低；变压器利用率高，尽量防止直流磁化；交流电源功率因数高，谐波电流小。

（2）整流电路的分类

整流电路按电路结构可分为桥式电路和零式电路，零式电路又称为半波电路；按电网电源的相数可分为单相电路、三相电路和多相电路；根据电源相数和电路结构相结合，通常可以分为单相半波整流电路、单相桥式整流电路、三相半波整流电路和三相桥式整流电路等。

当整流电路的器件完全由不可控器件——二极管构成时，整流电路为不可控整流电路。当整流电路的器件为半控型器件——晶闸管时，整流电路常采用相控方式，即通过调节晶闸管触发导通的角度来实现调节输出电压的目的，常称为相控整流电路，有的相控整流电路由晶闸管和二极管混合组成，常称为半控型整流电路。当整流电路的器件为全控型器件时，整流电路常采用斩控方式，称为 PWM 整流电路，通过控制器件的导通关断比来调节输出电压。

3.1.2　不可控整流电路

不可控整流电路是相控整流电路的特例，开关器件为电力二极管。在分析相控整流电路时，其所能输出的最大电压也就是二极管整流电路所输出的电压，因此分析二极管整流电路有助于后续掌握相控整流电路。

单相半波不可控整流电路如图 3-1(a) 所示。为了简化分析过程，电力二极管被看作理想开关，导通时管压降等于 0，截止时漏电流等于 0，不考虑二极管的导通和关断的过渡过程，可认为其导通和关断瞬时完成。图 3-1(a) 中，变压器起升降压和电隔离的作用，其一次侧电压用 u_1 表示，二次侧电压用 u_2 表示，有效值分别用 U_1 和 U_2 表示，负载为纯电阻

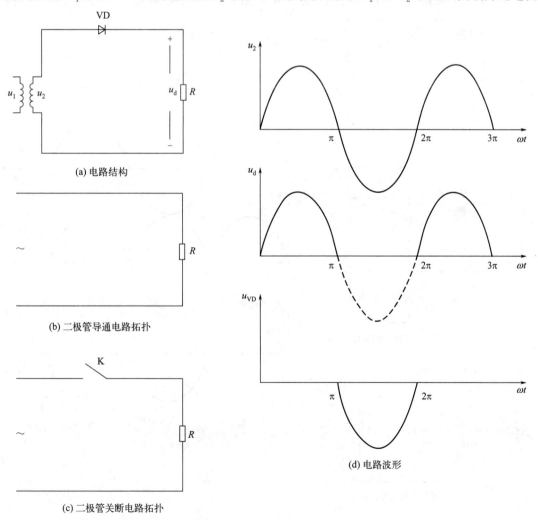

(a) 电路结构

(b) 二极管导通电路拓扑

(c) 二极管关断电路拓扑

(d) 电路波形

图 3-1　单相半波不可控整流电路

R。当电源电压 u_2 为正半周时，二极管 VD 导通，电路转变为图 3-1(b)，二极管两端电压为 0，负载 R 上的电压等于电源电压；当电源电压 u_2 为负半周时，二极管 VD 关断，电路转变为图 3-1(c)，二极管两端电压为电源电压，负载 R 上的电压为 0。

由于在 u_2 为负半周时，二极管不导通，整流电路的输出电压为一个正弦半波电压信号。二极管在 u_2 为正半周时导通，二极管两端电压为 0；在 u_2 为负半周时关断，二极管两端电压为 u_2。电压波形如图 3-1(d) 所示。由于负载为纯电阻，负载的电流波形与电压波形相似，二极管和变压器二次侧电流波形与负载电流波形相同。很明显，二极管承受的最大电压为负半周时的峰值电压，即 $\sqrt{2}U_2$。

由于二极管只在电源电压的正半周导通，负载侧电压为正弦半波信号，电源侧仅在电源电压正半周流过单向电流，即只有一个方向磁化，而没有反向的去磁，变压器存在直流磁化现象，铁芯容易饱和。为使变压器铁芯不饱和，需增大铁芯截面积，增大设备的容量，实际上很少应用此种电路。

由图 3-1 可以看出，电源电压的负半周没有得到利用，电路的效率较低。单相桥式不可控整流电路如图 3-2(a) 所示，VD$_1$～VD$_4$ 组成二极管整流桥，电源电压的正负半周都得到了充分的利用。根据二极管的导通与关断，可将图 3-2(a) 所示电路分解为两种拓扑结构，

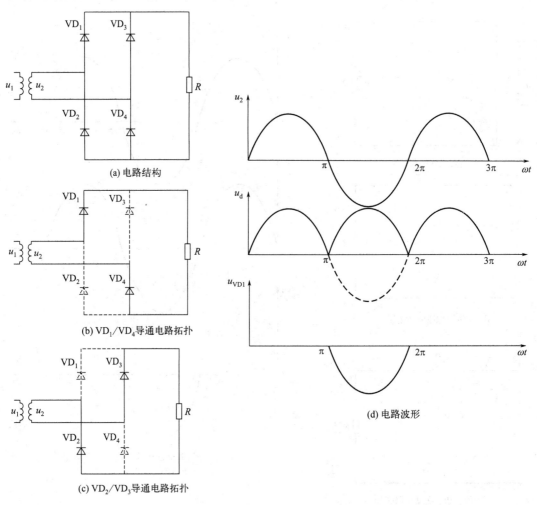

(a) 电路结构

(b) VD$_1$/VD$_4$导通电路拓扑

(c) VD$_2$/VD$_3$导通电路拓扑

(d) 电路波形

图 3-2　单相桥式不可控整流电路及波形

分别如图 3-2(b) 和（c）所示，分别对应两种工作模态。

模态 1：如图 3-2(b)，在 u_2 的正半周期间，VD_1 和 VD_4 承受正向电压导通，VD_2 和 VD_3 承受反向电压关断，整流输出电压 $u_d = u_2$。VD_1 和 VD_4 电流为负载电流，电压为 0。

模态 2：如图 3-2(c)，在 u_2 的负半周期间，VD_1 和 VD_4 承受反向电压关断，VD_2 和 VD_3 承受正向电压导通，整流输出电压 $u_d = -u_2$。VD_2 和 VD_3 电流为负载电流，电压为 0。

单相桥式不可控整流电路电阻性负载的电压波形如图 3-2(d) 所示。与单相半波不可控整流电路相比，在 u_2 的负半周期间，单相桥式不可控整流电路的负载侧电压不再为 0，负载侧电压比单相半波不可控整流电路的提高一倍。单相桥式不可控整流电路在 u_2 的正半周期间，变压器二次侧会流过正向电流，在 u_2 的负半周期间，变压器二次侧会流过负向电流，正负两个方向的电流消除了直流磁化现象，可以减小变压器的体积和设备的体积，并提高整流电路的输出电压。与单相半波不可控整流电路相同，VD_1 所承受最大反向电压为 $\sqrt{2}U_2$。

为了进一步提高负载侧的电压和功率，电源侧可以采用三相电源。图 3-3(a) 给出了三相半波不可控整流电路。

要注意三相电路与单相电路的不同点，二极管具有阳极和阴极间为正向电压时导通，反向电压时关断的特性。单相电路中，当交流侧电压过零点为正时，二极管承受正向电压导通；当交流侧电压过零点为负时，二极管承受反向电压关断。在三相电路中，电源电压波形如图 3-3(e) 所示，三相电压存在重叠，在重叠区哪个管子导通需要具体分析。以 0°～60°区间为例，单独考虑 VD_1 或 VD_3，两者均能导通，但两个管子在一个电路中，相互影响。在 0°～30°区间，$u_c > u_a$，VD_1 实际承受的仍然为反向电压，因此继续维持关断状态；在 30°～60°区间，$u_a > u_c$，VD_1 开始承受正向电压，因此转为导通状态。基于此，某一时刻，哪个管子导通取决于该时刻哪相电压最大。需要强调的是，确定二极管开始导通的时刻即为后续相控电路触发角 0°的时刻，这是分析任何相控整流电路的前提条件。

根据 3 个二极管的导通和关断状态，图 3-3(a) 电路可以分为 3 个模态。

模态 1：30°～150°区间，u_a 最大，二极管 VD_1 导通，VD_2 和 VD_3 关断，电路拓扑如图 3-3(b) 所示，负载电压 $u_d = u_a$。

模态 2：150°～270°区间，u_b 最大，二极管 VD_2 导通，VD_1 和 VD_3 关断，电路拓扑如图 3-3(c) 所示，负载电压 $u_d = u_b$。

模态 3：270°～390°区间，u_c 最大，二极管 VD_3 导通，VD_1 和 VD_2 关断，电路拓扑如图 3-3(d) 所示，负载电压 $u_d = u_c$。

三相半波不可控整流电路的电压、电流波形如图 3-3(e) 所示。以 VD_1 为例，每个二极管仅导通 120°，一个周期内，VD_1 仅在 30°～150°区间导通，$i_{VD1} = i_d$，$u_{VD1} = 0$，其余时间电流为 0，电压为线电压，在 150°～270°区间，$u_{VD1} = u_{ab}$，在 270°～390°区间，$u_{VD1} = u_{ac}$，其最大反向电压为 $\sqrt{6}U_2$。

由于三相半波不可控整流电路只在电源每相电压的正半周有电流输出，变压器二次侧电流含有直流分量，会导致变压器铁芯直流磁化，应用较少。

图 3-4(a) 为三相桥式不可控整流电路，可以进一步提高整流器输出电压，同时消除直流磁化现象，应用最为广泛。

与三相半波不可控整流电路不同，三相桥式不可控整流电路必须有两个二极管同时导通。通常我们将阴极连接在一起的一组二极管称为共阴极组，将阳极连接在一起的一组二极管称为共阳极组。三相桥式不可控整流电路必须有共阴极组的一个二极管和共阳极组的一个

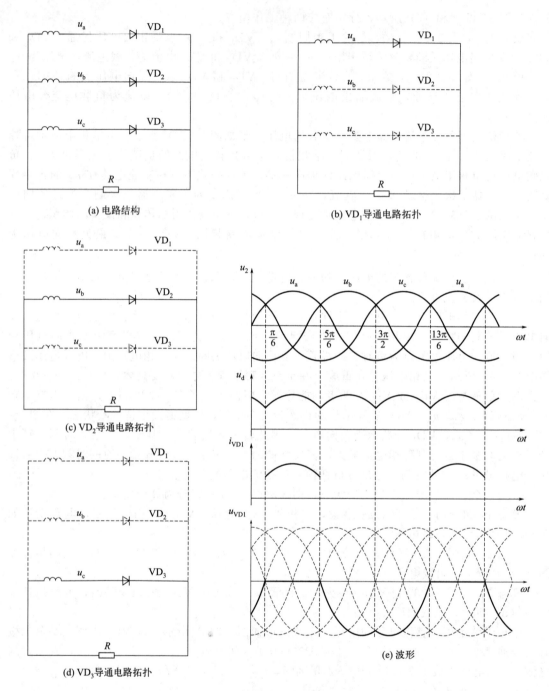

(a) 电路结构

(b) VD$_1$导通电路拓扑

(c) VD$_2$导通电路拓扑

(d) VD$_3$导通电路拓扑

(e) 波形

图 3-3　三相半波不可控整流电路

二极管同时导通才能工作。在这种情况下，哪两个二极管导通取决于电源侧的线电压。根据二极管的导通特性，电压最高的一组二极管导通，图 3-4(a) 所示的电路可以分为 6 个拓扑电路，即 6 种工作模式。

模态 1：30°～90°区间，u_{ab} 最大，二极管 VD$_1$ 和 VD$_6$ 导通，其余二极管关断，电路拓扑如图 3-4(b) 所示，负载电压 $u_d = u_{ab}$。

模态 2：90°～150°区间，u_{ac} 最大，二极管 VD$_1$ 和 VD$_2$ 导通，其余二极管关断，电路

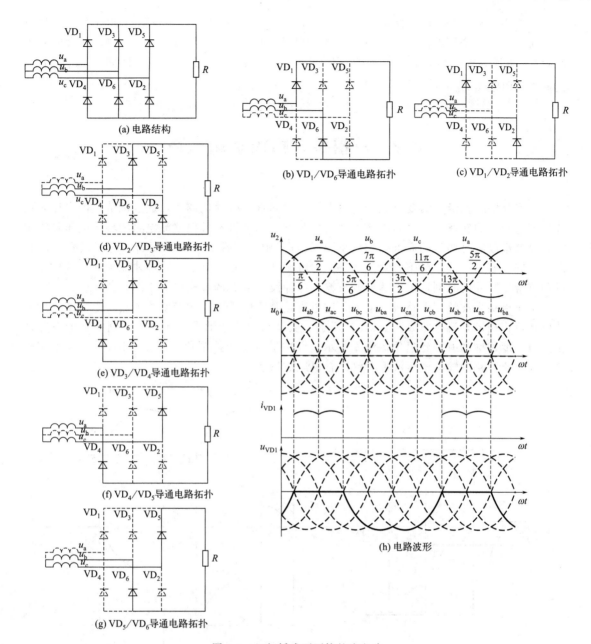

图 3-4 三相桥式不可控整流电路

拓扑如图 3-4(c) 所示，负载电压 $u_d = u_{ac}$。

模态 3：$150° \sim 210°$ 区间，u_{bc} 最大，二极管 VD_2 和 VD_3 导通，其余二极管关断，电路拓扑如图 3-4(d) 所示，负载电压 $u_d = u_{bc}$。

模态 4：$210° \sim 270°$ 区间，u_{ba} 最大，二极管 VD_3 和 VD_4 导通，其余二极管关断，电路拓扑如图 3-4(e) 所示，负载电压 $u_d = u_{ba}$。

模态 5：$270° \sim 330°$ 区间，u_{ca} 最大，二极管 VD_4 和 VD_5 导通，其余二极管关断，电路拓扑如图 3-4(f) 所示，负载电压 $u_d = u_{ca}$。

模态 6：$330° \sim 390°$ 区间，u_{cb} 最大，二极管 VD_5 和 VD_6 导通，其余二极管关断，电路拓扑如图 3-4(g) 所示，负载电压 $u_d = u_{cb}$。

三相桥式不可控整流电路电压和电流波形如图 3-4(h) 所示。以 VD_1 为例，每个二极管仅导通 $120°$，一个周期内，VD_1 仅在 $30°\sim150°$ 区间导通，$i_{VD1}=i_d$，$u_{VD1}=0$，其余时间电流为 0，电压为线电压，在 $150°\sim270°$ 区间，$u_{VD1}=u_{ab}$，在 $270°\sim390°$ 区间，$u_{VD1}=u_{ac}$，其最大反向电压为 $\sqrt{6}U_2$。

3.2 单相桥式相控整流电路

在实际中我们经常需要可调的直流电压，例如直流电动机调速，通过调节直流电压来调节直流电动机的转速。在电源电压不变的情况下，二极管不可控整流电路的输出电压是恒定的，显然难以满足调压的需求。如果将图 3-2(a) 中的二极管换成晶闸管，与二极管承受正向电压即导通不一样，晶闸管除了承受正向电压外，还必须有触发脉冲才能导通。这样，通过调节触发脉冲的时刻，可以达到调节输出脉冲波形从而调节输出电压的目的。

由于单相半波整流电路较少使用，这里直接介绍单相桥式相控整流电路。由晶闸管构成的单相桥式相控整流电路如图 3-5(a) 所示。从晶闸管开始承受正向电压起到施加触发脉冲止的电角度，称为触发延迟角，用 α 表示，也称触发角或控制角。图 3-5(b) 给出了单相桥式相控整流电路的输出电压波形和晶闸管电压波形。

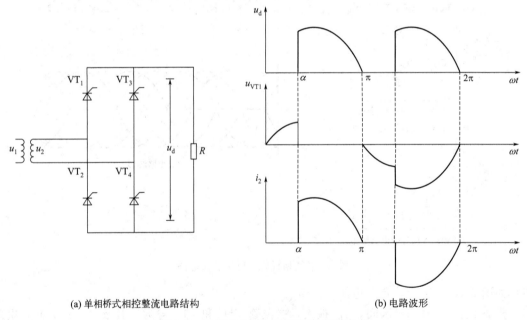

(a) 单相桥式相控整流电路结构　　　　　　(b) 电路波形

图 3-5　单相桥式相控整流电路-电阻负载

当 $\alpha=0°$ 时，晶闸管整流电路输出最大电压与不可控二极管整流电路的输出电压相同，当 $\alpha=180°$，晶闸管整流电路的输出电压为 0。因此单相桥式晶闸管整流电路的移相范围为 $0°\sim180°$。移相范围是指整流电路从输出电压最大到输出电压为 0 时触发角可移动的电角度范围。晶闸管在一个电源周期中处于通态的电角度，称为导通角，用 θ 表示，$\theta=\pi-\alpha$。

单相桥式相控整流电路的工作原理与单相桥式不可控整流电路的工作原理基本相同，但工作模态增加了一个：$0\sim\alpha$ 和 $\pi\sim\pi+\alpha$ 区间，四个晶闸管均不导通，共阴极组的一个管子和共阳极组的一个管子串联起来共同分担电源电压，因此每一个晶闸管的电压为电源电压的 1/2。整流电路输出电压和晶闸管电压波形如图 3-5(b) 所示，电路的基本数量关系如下。

直流平均电压为：

$$U_d = \frac{1}{\pi}\int_\alpha^\pi \sqrt{2}U_2 \sin(\omega t)\,\mathrm{d}(\omega t) = 0.9U_2\frac{1+\cos\alpha}{2} \tag{3-1}$$

直流侧电流平均值为：

$$I_d = \frac{U_d}{R} = 0.9\frac{U_2}{R}\times\frac{1+\cos\alpha}{2} \tag{3-2}$$

晶闸管 VT_1/VT_4 和 VT_2/VT_3 轮流导通，流过晶闸管的电流平均值只有输出直流电流平均值的一半，即：

$$I_{dVT} = \frac{1}{2}I_d = 0.45\frac{U_2}{R}\times\frac{1+\cos\alpha}{2} \tag{3-3}$$

流过晶闸管的电流有效值为：

$$I_{VT} = \sqrt{\frac{1}{2\pi}\int_\alpha^\pi \left[\frac{\sqrt{2}U_2}{R}\sin(\omega t)\right]^2\mathrm{d}(\omega t)} = \frac{U_2}{\sqrt{2}R}\sqrt{\frac{1}{2\pi}\sin(2\alpha)+\frac{\pi-\alpha}{\pi}} \tag{3-4}$$

变压器二次侧电流有效值与输出直流电流有效值相等，为：

$$I = I_2 = \sqrt{\frac{1}{\pi}\int_\alpha^\pi \left[\frac{\sqrt{2}U_2}{R}\sin(\omega t)\right]^2\mathrm{d}(\omega t)} = \frac{U_2}{R}\sqrt{\frac{1}{2\pi}\sin(2\alpha)+\frac{\pi-\alpha}{\pi}} \tag{3-5}$$

可见

$$I_{VT} = \frac{1}{\sqrt{2}}I \tag{3-6}$$

不考虑变压器的损耗时，要求变压器的容量为 $S=U_2I_2$。

实际生产中更常见的负载既有电阻也有电感，当负载中感抗 ωL 与电阻 R 相比不可忽略时即为阻感负载。若 $\omega L \gg R$，则负载主要呈现为电感，称为电感负载，例如电机的励磁绕组。图 3-6 为带阻感负载的单相桥式可控整流电路及其波形。

电感对电流变化有抑制作用，流过电感器件的电流变化时，在其两端产生感应电动势，它的极性是阻止电流变化的，即当电流增加时，它的极性阻止电流增加，当电流减小时，它的极性反过来阻止电流减小。这使得流过电感的电流不能发生突变，这是阻感负载的特点，也是理解整流电路带阻感负载工作情况的关键之一。

电感上的感应电压与电流的关系为：

$$U_L = L\frac{\mathrm{d}i}{\mathrm{d}t} \tag{3-7}$$

根据电感处于充电还是放电，VT_1/VT_4 导通时，图 3-6(a) 电路可以分为图 3-6(b) 和 (c) 2 种模态。当电源电压为正半周且电流增大时，电感要抑制电流的增大，电感处于充电状态，电感感应电压为上正下负，如图 3-6(b) 所示；由于负载为阻感负载，电流滞后于电压一定的相位，当电源电压过峰值后某一时刻，电流达到峰值，然后电流开始减小，此时电感要抑制电流的减小，电感处于放电状态，电感感应电压为上负下正，即使电源电压已经进入负半周，由于电感电压为上负下正，在电感放电的作用下，仍然可以保持晶闸管处于导通状态，一直到电感能量释放完毕，晶闸管 VT_1/VT_4 关断，如图 3-6(c) 所示。VT_2/VT_3 组晶闸管的导通情况类似。由此可以得到图 3-6(d) 所示的直流侧电压波形。

阻感负载下，直流侧电压平均值为：

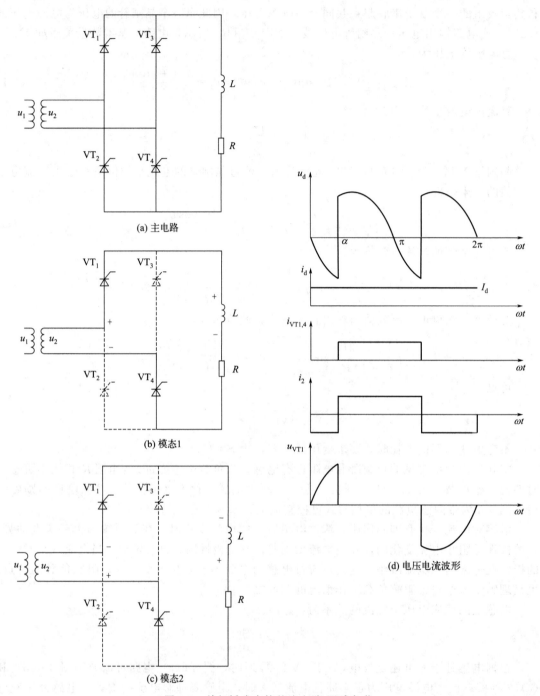

(a) 主电路

(b) 模态1

(c) 模态2

(d) 电压电流波形

图 3-6　单相桥式全控整流电路-阻感负载

$$U_{\mathrm{d}} = \frac{1}{\pi} \int_{\alpha}^{\pi+\alpha} \sqrt{2} U_2 \sin(\omega t) \mathrm{d}(\omega t) = 0.9 U_2 \cos\alpha \tag{3-8}$$

当 $\alpha = 0°$ 时，输出电压最大，$U_{\mathrm{d}} = 0.9 U_2$；当 $\alpha = 90°$ 时，$U_{\mathrm{d}} = 0$。晶闸管的移相范围为 $0° \sim 90°$。

当 $\omega L \gg R$ 时，稳定后，电感 L 的充放电能量相等，电能完全消耗在电阻 R 上，可以认为直流侧电流为一条平直的直线，因此电阻 R 上的电流为：

$$I_d = \frac{U_d}{R} \tag{3-9}$$

VT_1/VT_4 和 VT_2/VT_3 交替导通，每个晶闸管仅在导通期间流过 I_d，其电流波形为矩形波，晶闸管平均电流为：

$$I_{dVT} = \frac{1}{2} I_d \tag{3-10}$$

晶闸管电流的有效值为：

$$I_{VT} = \frac{1}{\sqrt{2}} I_d \tag{3-11}$$

变压器二次侧流过交替的电流，有效值为 I_d。

由于没有 4 个晶闸管均不导通的情况，晶闸管导通时电压为 0，不导通时等于电源电压，晶闸管承受的最大正反向电压均为 $\sqrt{2} U_2$。

在相同的触发角下，阻感负载的电压波形进入负半周，其电压平均值比纯电阻负载时要小。为了保证电流连续的同时电压不降低，可在负载侧反并联一个二极管，如图 3-7(a) 所示。在电源的负半周，电感感应电压极性反向，二极管导通，电流由二极管续流，不再流经电源和晶闸管，晶闸管自然关断。这种电路的输出电压与纯电阻负载的输出电压相等，负载电流仍然为一条平直的直线。以 VT_1/VT_4 为例，晶闸管在 $0 \sim \alpha$ 和 $\pi \sim \pi + \alpha$ 区间关断，在 $\alpha \sim \pi$ 区间导通，其电流为负载电流 I_d；变压器二次侧电流在 $0 \sim \alpha$ 和 $\pi \sim \pi + \alpha$ 区间为 0，在 $\alpha \sim \pi$ 区间为负载电流 I_d，在 $\pi + \alpha \sim 2\pi$ 区间为 $-I_d$。电流波形如图 3-7(b) 所示。

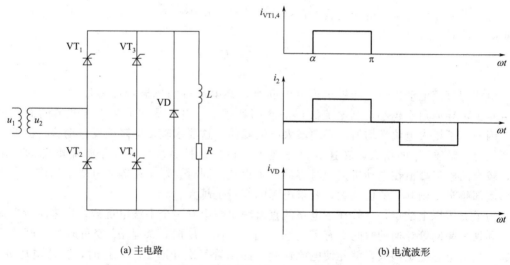

(a) 主电路　　　　　　　　　　　　　　(b) 电流波形

图 3-7　带续流二极管的单相桥式全控整流电路-阻感负载

此时，晶闸管的平均电流和有效值分别为：

$$I_{dVT} = \frac{\pi - \alpha}{2\pi} I_d \tag{3-12}$$

$$I_{VT} = \sqrt{\frac{\pi - \alpha}{2\pi}} I_d \tag{3-13}$$

当负载为蓄电池、直流电动机的电枢（忽略其中的电感）等时，负载可看成是一个直流电压源。对于整流电路，它们就是反电动势负载，如图 3-8(a) 所示。只有当 u_2 的瞬时绝对值大于反电动势 E 时，才有晶闸管承受正向电压，此时才有导通的可能。反电动势 E 不仅使得触发时间有一个延时，还使得晶闸管提前关断。与电阻负载时相比，晶闸管提前了 δ 电角度停止导电，δ 称为停止导电角。

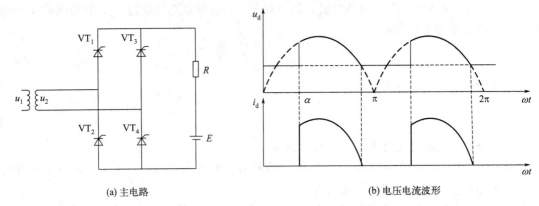

(a) 主电路　　　　　　　　　　　　(b) 电压电流波形

图 3-8　单相桥式全控整流电路-反电动势负载

当 $\alpha < \delta$ 时，触发脉冲到来时，晶闸管承受负电压，不能导通，为了使晶闸管可靠导通，要求触发脉冲有足够的宽度，保证当 $\omega t = \delta$ 时刻晶闸管开始承受正电压时，触发脉冲仍然存在，这样相当于触发角被推迟为 δ。

反电动势负载的负载电压和电流波形如图 3-8(b) 所示。直流侧电压为：

$$U_d = \frac{1}{\pi} \int_{\alpha}^{\pi-\delta} \sqrt{2} U_2 \sin(\omega t) d(\omega t) \tag{3-14}$$

特别需要强调的是，由于负载中含有反电动势，在计算负载电流时一定要考虑反电动势的影响，此时负载电流为：

$$I_d = \frac{U_d - E}{R} \tag{3-15}$$

负载为直流电动机时，如果出现电流断续，则电动机的机械特性将很软，从图 3-8(b) 中可看出，导通角 θ 越小，则电流波形的底部就越窄。电流平均值和电流波形的面积成正比，因而为了增大电流平均值，必须增大电流峰值，这要求较多地降低反电动势。因此当电流断续时，随着 I_d 的增大，转速 n 降落越大，机械特性越软，相当于整流电源的内阻增大，较大的电流峰值在电动机换向时容易产生火花。同时，对于相等的电流平均值，若电流波形底部越窄，则其有效值越大，要求电源的容量也越大。

为了克服以上缺点，一般在主电路的直流输出侧串联一个平波电抗器，用来减少电流的脉动和延长晶闸管导通的时间。有了电感，当 u_2 小于 E 时，甚至 u_2 变负时，晶闸管仍可导通。只要电感量足够大，就能使电流连续，晶闸管每次导通180°，这时，整流电压 u_d 的波形和负载电流 i_d 的波形与电感负载电流连续时的波形相同，u_d 的计算公式也一样，i_d 的计算公式与式 (3-15) 一样。

为了保证电流连续所需的电感量 L，可由下式求出。

$$L = \frac{2\sqrt{2} U_2}{\pi \omega I_{d\min}} = 2.87 \times 10^{-3} \times \frac{U_2}{I_{d\min}} \tag{3-16}$$

在单相桥式全控整流电路中，每一个导电回路有两个晶闸管，即用两个晶闸管同时导通以控制导电的回路，实际上为了对导电回路进行控制，只需一个晶闸管就可以了，另一个晶闸管可以用二极管代替，从而简化整个电路。图 3-9 给出了两种单相桥式半控整流电路。

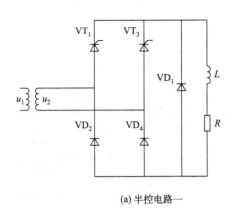

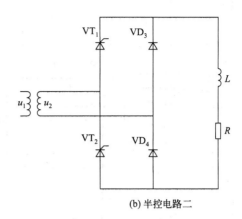

(a) 半控电路一　　　　　　　　　　　　　　　(b) 半控电路二

图 3-9　单相桥式半控整流电路

半控电路与全控电路在电阻负载时的工作情况相同，这里无需讨论。以下针对电感负载进行讨论，与全控电路时相似，负载中电感很大，且电路工作于稳态。

当图 3-9(a) 半控电路一中不含续流二极管时，与传统的单相桥式可控整流电路相比，半控电路增加了 1 个模态：当 u_2 由正变负时，传统的单相桥式可控整流电路中，在电感反极性感应电动势的作用下，电流仍然流过 VT_1/VT_4 和电源。而半控式整流电路，电流将直接由 VD_2/VT_1 流回负载，不再流经电源，相当于一个续流二极管的作用。其电压波形与纯电阻负载时的电压波形相同。

该电路在实际应用中需加设续流二极管，以避免发生可能的失控现象。实际运行中，若无续流二极管，当触发角 α 突然增大至 $180°$ 或触发脉冲丢失时，会发生一个晶闸管持续导通，而两个二极管轮流导通的情况。这使得 u_d 成为正弦半波，即半周期 u_d 为正弦波，另外半周期 u_d 为 0，其平均值保持恒定，相当于单相半波不可控整流电路时的波形，称为失控。

有续流二极管时，续流过程由续流二极管完成，在续流阶段，晶闸管关断，这就避免了某个晶闸管持续导通从而导致失控的现象。同时续流期间导电回路只有一个管压降，有利于降低损耗。单相桥式半控整流电路的另一种接法如图 3-9(b) 所示。这样可以省去续流二极管，续流由 VD_3 和 VD_4 实现。

3.3　三相可控整流电路

3.3.1　直流电动机调速系统组成

由于电枢绕组和励磁绕组天然的解耦结构，在早期的调速场合，可以说直流电动机一统天下。直流电动机调速系统结构如图 3-10 所示，直流电动机主回路中的电源由三相交流经整流电路后供给，励磁回路电源由单相交流经整流后供给。在直流电动机调速过程中，往往励磁回路维持恒定磁通，通过调节主电路中整流电路的输出电压，达到调速的目的。

在《电机学》和《电力拖动自动控制系统》中给出了直流电动机的机械特性方程为：

$$n = \frac{1}{C_e}(U_{d0} - I_d R) \tag{3-17}$$

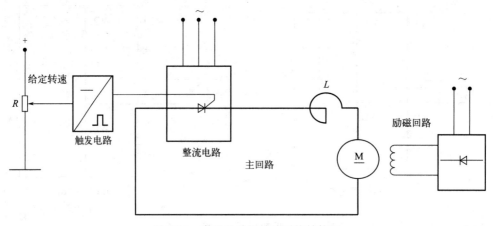

图 3-10　直流电动机调速系统结构图

式中，C_e 为电动势常数。当负载 R 和电压 U_{d0} 恒定时，电动机转速随 I_d 的增大线性下降，即随着 I_d 的增大，转速线性降低，其机械特性是一条直线，如图 3-11(a) 所示。

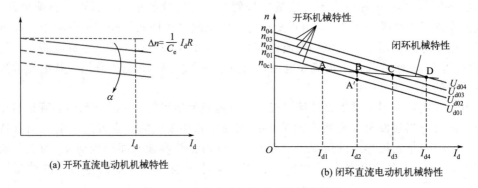

(a) 开环直流电动机机械特性　　　　(b) 闭环直流电动机机械特性

图 3-11　直流电动机调速系统机械特性

当需要提升调速性能，降低转速降落时，就需要通过调节 U_{d0} 来实现，而调节电压显然需要构成闭环控制系统，通过调节三相整流电路的触发角来实现，图 3-11(b) 给出了闭环机械特性，转速随着电流的降低比开环小得多，机械特性更硬。

显然要掌握直流电动机闭环调速系统，首先要掌握相控整流电路的基本原理和分析方法。

3.3.2　三相半波可控整流电路

三相可控整流电路中最基本的是三相半波可控整流电路，应用最为广泛的是三相桥式全控整流电路、双反星形可控整流电路，以及十二脉波可控整流电路等，这些电路均可在三相半波电路的基础上进行分析。

将图 3-3(a) 所示的三相半波不可控整流电路中的二极管换成晶闸管，就可以得到三相半波可控整流电路，如图 3-12(a) 所示，负载为电阻负载，图 3-12(b) 所示负载为阻感负载。

在三相半波不可控整流电路中，我们已经知道，当 $\omega t = 30°$ 时，二极管 VD_1 导通，然后 $VD_1/VD_2/VD_3$ 轮流导通，每个二极管导通 $120°$，此时输出的电压波形为电源电压波形的外包络线，平均值最高。电流由一个二极管向另外一个二极管转移的电角度为相电压的交点，称这些交点为自然换相点。自然换相点是每一个晶闸管触发导通的最早时刻，将其作为

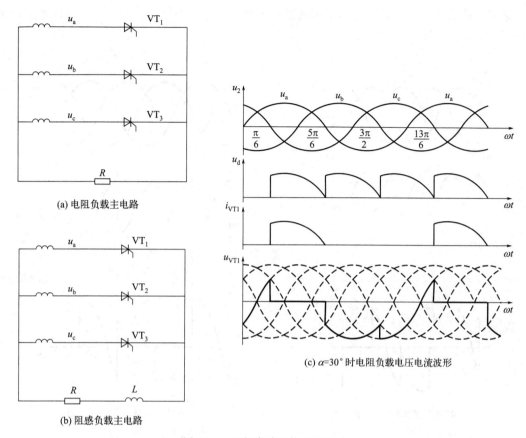

(a) 电阻负载主电路

(b) 阻感负载主电路

(c) $\alpha=30°$ 时电阻负载电压电流波形

图 3-12　三相半波可控整流电路

计算各晶闸管触发角的起点，即 $\alpha=0°$。要通过改变触发角来调节输出电压，只能在此基础上增大 α，即沿着时间坐标轴向右移。当 $\alpha=150°$，即 $\omega t=180°$ 时，电源电压将进入负半周，晶闸管就没有了导通的时间，输出电压为 0。若在自然换相点处触发相应的晶闸管导通，则电路的工作情况与不可控整流电路工作情况一样，输出电压最大，因此三相半波可控整流电路电阻负载时的移相范围为 $0°\sim150°$。

图 3-12(c) 给出了 $\alpha=30°$ 时的电压和电流波形。此时，负载电流处于断续和连续的临界点，当 $\alpha\leqslant30°$ 时电流是连续的，每一个晶闸管导通 $120°$；当 $\alpha>30°$ 时，电流是断续的，每一个晶闸管导通 $\dfrac{5\pi}{6}-\alpha$。由此，整流电压平均值的计算也分两种情况。

当 $\alpha\leqslant30°$ 时，

$$U_d=\frac{1}{2\pi/3}\int_{\frac{\pi}{6}+\alpha}^{\frac{5\pi}{6}+\alpha}\sqrt{2}U_2\sin(\omega t)\mathrm{d}(\omega t)=1.17U_2\cos\alpha \tag{3-18}$$

当 $\alpha>30°$ 时，

$$U_d=\frac{1}{2\pi/3}\int_{\frac{\pi}{6}+\alpha}^{\pi}\sqrt{2}U_2\sin(\omega t)\mathrm{d}(\omega t)=0.675U_2\left[1+\cos\left(\frac{\pi}{6}+\alpha\right)\right] \tag{3-19}$$

需要注意的是，当电流连续时，晶闸管要么导通，电压为 0，要么关断，电压为线电压。当电流断续时，在断续期间，晶闸管上的电压为相电压。晶闸管承受的最大反向电压为变压器二次侧线电压峰值 $\sqrt{6}U_2$。

如果负载为阻感负载，且 L 值很大，则图 3-13(a) 中的负载电流一直是连续的，波形为一条平直的直线，流过晶闸管的电流接近矩形波。由于负载电流连续，负载侧的电压均可以由式（3-18）计算。

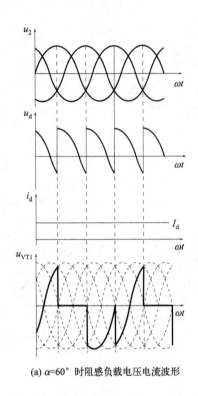 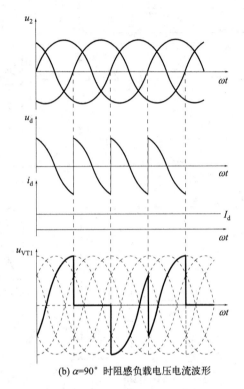

(a) α=60° 时阻感负载电压电流波形　　　(b) α=90° 时阻感负载电压电流波形

图 3-13　三相半波可控整流电路-阻感负载

与单相桥式可控整流电路相同，阻感负载，在电感的作用下，负载电压波形将进入负半周。当 α＝90°时，负载电压波形正负面积相等，输出电压平均值为 0。因此，在大电感负载下，三相半波可控整流电路的移相范围为 0°～90°。

在实际电路中，负载中电感量不可能也不必非常大，往往只要能保证负载电流连续即可，这样实际上 i_d 是有波动的，不是完全平直的水平线。通常为简化分析及定量计算，可以将 i_d 近似为一条水平线，这样的近似对分析和计算的准确性并不会产生很大影响。

三相半波可控整流电路的主要缺点在于其变压器二次侧含有直流分量，因此其应用较少。

3.3.3　三相桥式全控整流电路

目前在各种整流电路中，应用最为广泛的是三相桥式全控整流电路。与单相桥式全控整流电路类似，三相桥式全控整流电路是由一组共阴极（$VT_1/VT_3/VT_5$）的三相半波可控整流电路和一组共阳极（$VT_2/VT_4/VT_6$）的三相半波可控整流电路串联组成，如图 3-14（a）、图 3-14（b）所示。

在三相桥式不可控整流电路中，我们已经知道，当 ωt＝30°时，整流电路输出的电压波形为线电压的包络线，输出电压最大。因此，定义 ωt＝30°对应触发角 α＝0°，各晶闸管均在自然换相点处换相。各自然换相点既是相电压的交点，也是线电压的交点。在分析整流电路输出电压波形时，既可以从线电压分析，也可以从相电压分析。由于三相桥式全控整流电路输出电压波形为线电压，当 ωt＝30°时对应线电压 60°，对于图 3-14（a）所示纯电阻负载

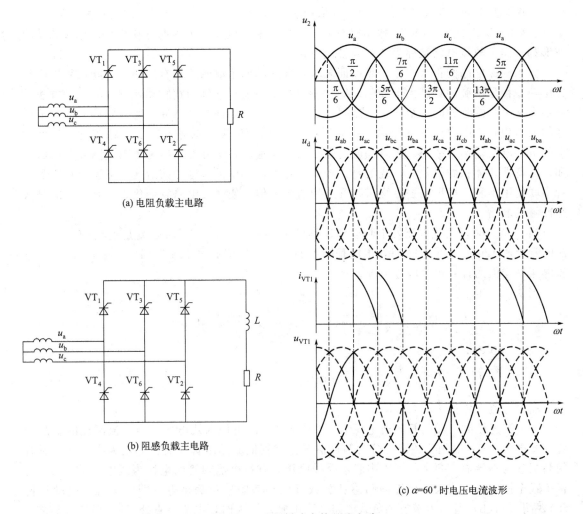

(a) 电阻负载主电路

(b) 阻感负载主电路

(c) α=60° 时电压电流波形

图 3-14　三相桥式全控整流电路

电路，当触发角沿坐标轴向右推移 120°时，对应线电压 180°，线电压将过零点，输出电压的平均值将变为 0，因此移相范围为 0°～120°。

根据输出电压最大的原则，将一个周期分为相等的 6 个时区，将每个时区导通的管子编号和对应的整流输出电压进行整理，如表 3-1 所示。

表 3-1　三相桥式全控整流电路电阻负载晶闸管工作情况

时区	I	II	III	IV	V	VI
共阴极组导通的晶闸管	VT_1	VT_1	VT_3	VT_3	VT_5	VT_5
共阳极组导通的晶闸管	VT_6	VT_2	VT_2	VT_4	VT_4	VT_6
整流输出电压	u_{ab}	u_{ac}	u_{bc}	u_{ba}	u_{ca}	u_{cb}

图 3-14(c) 给出了 $\alpha=60°$ 时的波形。从图中可以看出，每个时刻均需两个晶闸管同时导通，形成向负载供电的回路，其中一个晶闸管是共阴极组的，另一个晶闸管是共阳极组的，且不能为同一相的晶闸管。6 个晶闸管的触发脉冲，按 VT_1、VT_2、VT_3、VT_4、VT_5、VT_6 的顺序发出，依次相差 60°。共阴极组的 VT_1、VT_3、VT_5 的触发脉冲依次相差

120°，共阳极组的 VT_4、VT_6、VT_2 也依次相差 120°。同一相的上下两个桥臂，即 VT_1/VT_4、VT_3/VT_6、VT_5/VT_2 脉冲相差 180°。整流输出电压一个周期脉动 6 次，每次脉动的波形都一样，故该电路又称为六脉波整流电路。

为了确保电路的正常工作，须保证同时要导通的两个晶闸管均有脉冲。为此可采用两种方法：一种是使脉冲宽度大于 60°，脉宽一般取 80°～100°，称为宽脉冲触发；另一种方法是在触发某个晶闸管的同时给前一个晶闸管补发脉冲，即用两个窄脉冲代替宽脉冲，两个窄脉冲的前沿相差 60°，脉宽一般为 20°～30°，称为双脉冲触发。双脉冲触发电路较复杂，但要求的触发电路输出功率小。宽脉冲触发电路虽可少输出一半脉冲，但为了不使脉冲变压器饱和，需将铁芯体积做得较大，绕组匝数较多，导致漏感增大、脉冲前沿陡度不够，对于晶闸管串联使用不利。虽可用去磁绕组改善这种情况，但又使触发电路复杂化，因此常用的是双脉冲触发电路。

当 $\alpha = 60°$ 时，负载电流处于断续和连续的临界点。当 $\alpha \leqslant 60°$ 时电流是连续的，每一个晶闸管导通 120°；当 $\alpha > 60°$ 时，电流是断续的，每一个晶闸管导通 2 $(120° - \alpha)$。由此，整流电压平均值的计算也分两种情况。

当 $\alpha \leqslant 60°$ 时，

$$U_d = \frac{1}{\pi/3} \int_{\frac{\pi}{3}+\alpha}^{\frac{2\pi}{3}+\alpha} \sqrt{6} U_2 \sin(\omega t) \mathrm{d}(\omega t) = 2.34 U_2 \cos\alpha \tag{3-20}$$

当 $\alpha > 60°$ 时，

$$U_d = \frac{1}{\pi/3} \int_{\frac{\pi}{3}+\alpha}^{\pi} \sqrt{6} U_2 \sin(\omega t) \mathrm{d}(\omega t) = 2.34 U_2 \left[1 + \cos\left(\frac{\pi}{3} + \alpha\right)\right] \tag{3-21}$$

输出电流平均值 $I_d = U_d / R$。

当电流连续时，晶闸管导通电压为 0，晶闸管关断电压为线电压。当电流断续时，晶闸管导通电压为 0，晶闸管关断时分为两种情况：有其他的晶闸管导通，电压为线电压；所有的晶闸管均不导通，两个晶闸管串联承受线电压，则每个晶闸管的电压为线电压的 1/2。三相桥式全控整流电路大多用于向阻感负载或反电动势阻感负载供电（即用于直流电动机传动），图 3-14(b) 所示为带阻感负载电路，当电感足够大时，电流一直处于连续状态。

当 $\alpha = 60°$ 时，负载电流连续，电路的工作情况与带电阻负载时十分相似，各晶闸管的通断情况、输出整流电压波形和晶闸管承受的电压波形等都一样，如图 3-15(a) 所示。区别在于由于负载不同，同样的整流输出电压加到负载上得到的负载电流波形不同。电阻负载时，电流波形与电压波形形状一样，而阻感负载时，由于电感的作用，负载电流波形变得平直，当电感足够大的时候，负载电流的波形可近似为一条水平线，因此晶闸管的电流波形为矩形波。当 $\alpha > 60°$ 时，阻感负载时的工作情况与电阻负载时不同，电阻负载时电压 u_d 波形不会出现负的部分，而阻感负载时，由于电感 L 的作用，电压波形会出现负的部分。当 $\alpha = 90°$ 时，若电感 L 值足够大，u_d 中正负面积将基本相等，u_d 平均值近似为 0，如图 3-15(b) 所示。这表明带阻感负载时，三相桥式全控整流电路的触发角移相范围为 0°～90°。

大电感负载时，在整个移相范围内电流均连续，整流电压的计算关系式均为式 (3-20)。对于直流电动机等有反电动势的阻感负载，只需注意触发角 $\alpha > \delta$，在计算电流时，必须考虑反电动势 E 的影响，即 $I_d = (U_d - E)/R$。

在求得负载电压和电流后，可以计算晶闸管和变压器二次侧的电流。以晶闸管 VT_1 为例，晶闸管电流的平均值为：

$$I_{dVT1} = \frac{1}{3} I_d \tag{3-22}$$

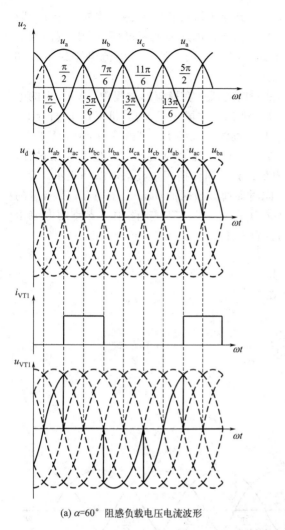

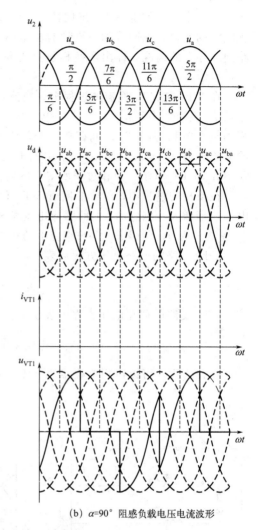

(a) α=60° 阻感负载电压电流波形　　　　　　(b) α=90° 阻感负载电压电流波形

图 3-15　三相桥式全控整流电路-阻感负载

晶闸管电流的有效值为：

$$I_{VT1} = \frac{1}{\sqrt{3}} I_d \qquad (3-23)$$

变压器二次侧电流的有效值为：

$$I_2 = \sqrt{\frac{2}{3}} I_d \qquad (3-24)$$

3.4　变压器漏感对整流电路的影响

前面讨论和计算整流电压的过程中，都忽略了整流器交流侧电抗对换流的影响，将器件的导通和关断看作理想过程。但实际上变压器总存在一定的漏感，交流回路也存在一定的电抗，电流是不可能瞬时变化的。为方便分析，把所有交流侧的电抗都折算到变压器的二次侧，用一个集中的电感 L_B 来代替，它主要表现为整流变压器每相的漏感。这样由于 L_B 阻止电流的变化，晶闸管和整流管的换相都不可能瞬时完成，因此在换相过程中会出现两条支路同时导电的情况，即出现换相重叠现象，考虑漏感时的三相半波可控整流电路如图 3-16（a）所示。

在 VT_1 向 VT_2 换流的过程中，换流过程不能瞬时完成。在换流的过程中，VT_1 中的电流从 I_d 逐渐减小到 0，VT_2 中的电流从 0 逐渐增大到 I_d。这段时间 VT_1 和 VT_2 同时导通，相当于在 VT_1 和 VT_2 之间存在一个环流 i_k，i_k 从 0 逐渐增大到 I_d，当 $i_k = I_d$ 时，VT_1 中的电流降为 0，VT_1 关断。VT_2 中的电流增大到 I_d，VT_2 完全导通，完成整个换流过程，如图 3-16(b) 所示。换相过程所对应的时间以相角计算，叫作换相重叠角，以 γ 表示。

在换相的过程中，两个晶闸管 VT_1 和 VT_2 同时导通。假想的环流 i_k 在 VT_2 支路中的电流逐渐增大。漏感 L_B 上的感应电动势极性为左正右负。在 VT_1 支路中，支路的电流由 I_d 逐渐降为 0，漏感 L_B 上的感应电动势极性为左负右正。

VT_1 支路的回路电压方程可表示为：

$$u_a = -L_B \frac{\mathrm{d}i_k}{\mathrm{d}t} + u_d \tag{3-25}$$

VT_2 支路的回路电压方程可表示为：

$$u_b = L_B \frac{\mathrm{d}i_k}{\mathrm{d}t} + u_d \tag{3-26}$$

综合两式，可以得到负载端的电压：

$$u_d = \frac{u_a + u_b}{2} \tag{3-27}$$

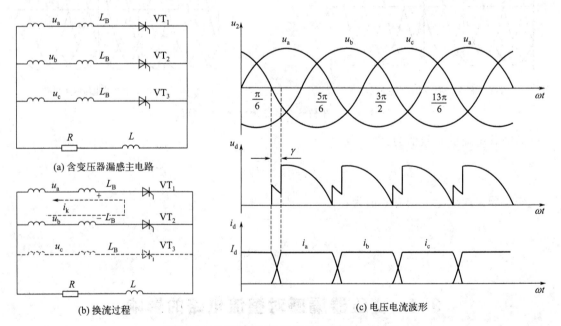

(a) 含变压器漏感主电路

(b) 换流过程

(c) 电压电流波形

图 3-16　考虑漏感时的三相半波可控整流电路

如图 3-16(c) 所示，在换相的过程中，整流电压既不是 u_a 也不是 u_b，而是这两相电压的平均值。与不考虑变压器漏抗相比，整流电压缺少了一块，输出的整流电压降低了。因此，可以说由于重叠的影响，整流输出电压产生了换相压降。

在非换相期间，因为电流 I_d 是恒定的，直流电流 I_d 在漏感 L_B 两端没有自感电动势，但储存了磁场能量，在换相期间释放出磁场能量。

3.5　电容滤波

电力电子装置的使用会带来谐波较大和功率因数较低的问题。谐波的产生会引起电网谐波污染，导致控制系统误动作，以及对通信系统产生干扰，在电气传动系统中产生振动、噪声等不良后果，而功率因数的下降会使电网无功电流增加，产生电压波动等不利影响，因此有必要对谐波和功率因数进行分析，找出相应的改善方法。

（1）谐波和功率因数

晶闸管整流装置的功率因数是指装置交流侧有功功率与视在功率之比，整流装置的功率因数与电压和电流间的滞后角、交流侧的感抗和电流波形有关。晶闸管整流电路由于实际触发时刻和相位的控制造成电压、电流波形非正弦，因此电路的功率及功率因数的计算需按非正弦电路的方法进行。利用傅里叶级数可以对周期性波形进行分解，得到直流分量、基波和各次谐波的有效值。

电压、电流有效值应为各次谐波有效值的均方根值，即：

$$U = \sqrt{U_d^2 + \sum_{k=1}^{n} U_{dk}^2} \tag{3-28}$$

$$I = \sqrt{I_d^2 + \sum_{k=1}^{n} I_{dk}^2} \tag{3-29}$$

上面两式中的 U_d、I_d 为电压、电流的直流平均值，U_{dk}、I_{dk} 为各次谐波电压、电流有效值。

电路的视在功率、有功功率和无功功率分别为：

$$S = UI \tag{3-30}$$

$$P = U_d I_d + \sum_{k=1}^{n} U_{dk} I_{dk} \cos\varphi_k \tag{3-31}$$

$$Q = \sqrt{S^2 - P^2} \tag{3-32}$$

式中，φ_k 为 k 次谐波电压、电流间的相位差。

由于电网电压波形的畸变不大，在实际计算时可将电压近似为正弦波，只考虑电流为非正弦波。设正弦波电压有效值为 U，非正弦波电流有效值为 I，基波电流有效值及与电压的相位差分别为 I_1 和 φ_1，这时有功功率和功率因数分别为：

$$P = UI_1 \cos\varphi_1 \tag{3-33}$$

$$\lambda = \cos\varphi = \frac{P}{S} = \frac{UI_1 \cos\varphi_1}{UI} = \frac{I_1}{I} \cos\varphi_1 = \nu\cos\varphi_1 \tag{3-34}$$

式中，$\nu = I_1/I$ 为电流波形中含有高次谐波的程度，称为电流波形畸变系数，也称为基波因数，与整流变压器、整流电路的形式和负载性质有关，如果电流为正弦波，则电流波形畸变系数为 1；$\cos\varphi_1$ 为位移因数，是基波有功功率与基波视在功率之比。所以晶闸管整流装置的功率因数等于畸变系数与位移因数的乘积。

以单相桥式整流电路为例，设负载为大电感负载，负载电流连续、平直，且不考虑换流重叠，交流侧电压为正弦波，电流为180°宽的正负对称的矩形波。

基波因数为：

$$\nu = \frac{I_1}{I_d} = \frac{2\sqrt{2}}{\pi} = 0.9 \tag{3-35}$$

忽略换流重叠角后，电压、电流基波之间的位移因数 $\cos\varphi_1 = \cos\alpha$，所以单相桥式全控整流电路的功率因数应为：

$$\lambda = \frac{I_1}{I_d}\cos\varphi_1 = 0.9\cos\alpha \tag{3-36}$$

同理，可得三相桥式全控整流电路的基波因数和功率因数：

$$\nu = \frac{I_1}{I_d} = \frac{3}{\pi} = 0.955 \tag{3-37}$$

$$\lambda = \frac{I_1}{I_d}\cos\varphi_1 = 0.955\cos\alpha \tag{3-38}$$

可见随着 α 增大，无论是单相桥式全控整流电路，还是三相桥式全控整流电路，其功率因数均减小。

整流电路输出的脉动直流电压都是周期性的，非正弦函数也可以用傅里叶级数表示。整流电路输出的脉动直流电压，可分为直流电压平均值及各次谐波电压，这些谐波对于负载的工作是不利的。为了描述整流电压中所含谐波的总体情况，定义电压纹波因数为总谐波分量有效值 U_R 与整流电压平均值之比。

$$\gamma_n = \frac{U_R}{U_{d0}} = \frac{\sqrt{U^2 - U_{d0}^2}}{U_{d0}} \tag{3-39}$$

式中，U 为负载上的电压有效值；U_{d0} 为整流电路输出电压的平均值。

（2）电容滤波的不可控整流电路

近年来，在交-直-交变频器、不间断电源、开关电源等应用场合中大都采用不可控整流电路，经电容滤波后提供整流电源，对于小功率的可采用单相交流输入电路，例如目前普及的微机、电视机、手机等家用电器所采用的开关电源中，其整流部分就是单相桥式不可控整流电路。由前面的分析可知，其输出电压波形是脉动的。

电容器具有抑制电压变化的特性，因此可起到滤波的作用，常常在整流电路的输出侧并联电容。图3-17（a）为单相桥式不可控整流电路，负载侧并联电容滤波，直流侧电压波形脉动幅度有了明显的改善。

电容 C 的大小直接决定了整流电路输出电压的纹波大小，对于单相不可控整流电路，如果负载 $R = 48\Omega$，电网频率为50Hz，变压器二次侧电压 $U_2 = 220V$，如果希望整流器输出电压 $U_d = 1.2U_2 = 264V$，可根据经验公式 $RC \geqslant (3 \sim 5)\, T/2$ 选择 C 值，其中 T 为交流电源周期。因此，滤波电容 C 为：

$$C \geqslant \frac{3T}{2R} = \frac{3}{2 \times 48} \times \frac{1}{50} = 625(\mu F)$$

由于滤波电容两端的最大电压为整流输出电压的最大值，取 1.1 倍安全裕量，可得滤波电容的耐压值为：

$$U_C = 1.1U_{dmax} = 1.1 \times \sqrt{2}U_2 = 1.1 \times \sqrt{2} \times 220 = 342(V)$$

因此，可取电容值为 $680\mu F$、耐压值不低于 $400V$ 的电解电容作为滤波电容。

负载和电源参数不变，整流电路改为三相桥式不可控整流电路，如果要求整流输出电压

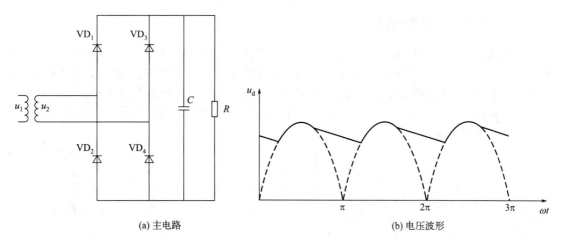

图 3-17　电容滤波的单相桥式不可控整流电路

稳定在 $2.34U_2$，即 514.8V，根据经验取

$$\omega RC = \sqrt{3}$$

则滤波电容为：

$$C = \frac{\sqrt{3}}{\omega R} = \frac{\sqrt{3}}{2\pi f R} = \frac{\sqrt{3}}{2\pi \times 50 \times 48} = 115(\mu F)$$

滤波电容耐压值为：

$$U_C = 1.1U_{d\max} = 1.1 \times 2.45U_2 = 1.1 \times 2.45 \times 220 = 593(V)$$

在实际设计中，整流器的滤波电容通常采用电解电容，因此，可选取电容值为 $120\mu F$、耐压值不低于 600V 的电解电容作为滤波电容。

3.6　PWM 整流电路

由晶闸管构成的传统相控桥式电路，不仅可以实现交流电能到直流电能的转换，而且通过适当的控制可以实现由直流电能到交流电能的变换。在过去的数十年里，相控桥式电路已经广泛应用于不同的工业应用场合，但也带来了一系列问题以待解决，例如：功率因数较低，使得产生的线路损耗较大，电网的容量不能充分利用；注入电网的谐波过大，因此产生了电磁干扰，造成了铁磁材料的涡流损耗及感应电机的力矩扰动；等。为此，国际电工委员会和美国电气工程师协会都制定了相关的用电设备谐波标准，以督促电力电子设备厂家减少谐波，以满足电力系统的使用要求。而采用高功率因数、低谐波的高频 PWM 整流电路，取代传统的二极管不可控整流和晶闸管相控整流装置是大势所趋，PWM 整流器具有体积小、重量轻和动态响应速度快等优点。

PWM 整流电路可以使输入电流接近正弦波，且和输入电压同相位，达到功率因数近似为 1 的目标，在不同程度上解决了晶闸管可控整流器和二极管不可控整流器存在的问题。

PWM 整流电路既可以将电网输入的交流电整流成输出的直流电，也可方便地将直流电逆变为交流电回馈到电网。因而 PWM 整流电路也称为脉冲变流器。由于这种 PWM 整流电路能方便地在整流和逆变的四象限内运行，最初也称它为四象限变流器。

3.6.1 桥式 PWM 整流器

单相桥式 PWM 整流器如图 3-18(a) 所示。其中直流侧电容 C 与负载并联，当 C 足够大时输出电压可近似认为恒定。交流侧电感 L_s 通常还包含交流电源或输入变压器的漏感，电阻 R_s 包含电感 L_s 和交流电源或输入变压器的内阻。PWM 整流器的每个桥臂均由一个全控型开关器件和一个反并联二极管组成，根据流过桥臂电流的方向，桥臂导通包括全控型开关导通和二极管导通两种情况。

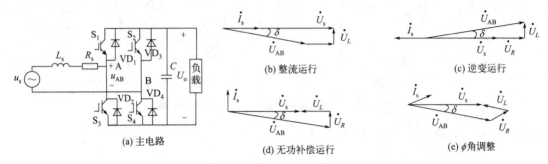

图 3-18 单相全桥 PWM 整流电路

单相桥式 PWM 整流电路除了可以工作在整流状态外，还可以工作在逆变状态，可以实现能量正反两个方向的流动，且两种方式均可以在单位功率因数下运行，这一特点对于需要再生制动运行的交流电动机调速系统很重要。此外，该电路还可以工作在无功补偿状态等。以 $\vec{U}_s$ 为交流电源 u_s 的相量，$\vec{U}_L$ 为电感 L_s 上的电压相量，$\vec{U}_R$ 为 R_s 上的电压相量，$\vec{I}_s$ 为交流电源 i_s 的相量，$\vec{U}_{AB}$ 为 AB 两端的电压向量。通过控制四个二极管和四个开关管的通断可以得到图 3-18(b)～(e) 四种不同运行方式。

（1）整流运行

$\vec{I}_s$ 和 $\vec{U}_s$ 同相位，$\vec{U}_{AB}$ 滞后于 $\vec{U}_s$，且功率因数为 1，如图 3-18(b) 所示。电路工作相当于升压斩波电路。$u_s > 0$，且 $i_s > 0$，当 S_2 和 VD_4 导通 [图 3-19(a)，模态 1]，或者 VD_1 和 S_3 导通 [图 3-19(b)，模态 2]，电感 L_s 储能，电容 C 向负载放电；当 S_2 和 S_3 关断，VD_1 和 VD_4 导通 [图 3-19(c)，模态 3] 时，交流电源 u_s 和电感 L_s 共同向负载和电容 C 放电。$u_s < 0$，且 $i_s < 0$，当 S_4 和 VD_2 导通 [图 3-19(d)，模态 4]，或者 S_1 和 VD_3 导通 [图 3-19(e)，模态 5]，电感 L_s 储能，电容 C 向负载放电；当 S_1 和 S_4 关断，VD_2 和 VD_3 导通 [图 3-19(f)，模态 6] 时，交流电源 u_s 和电感 L_s 共同向负载和电容 C 放电。

（2）逆变运行

$\vec{I}_s$ 和 $\vec{U}_s$ 相位相反，$\vec{U}_{AB}$ 超前于 $\vec{U}_s$，如图 3-18(c) 所示。相当于直流侧存在电势 E，且 $E > u_s$。在正半周，S_1 和 S_4 导通；在负半周，S_2 和 S_3 导通，电路转换为单相桥式逆变电路，能量回馈给电网。

（3）无功补偿运行

$\vec{I}_s$ 超前于 $\vec{U}_s$ 90°，$\vec{U}_{AB}$ 滞后于 $\vec{U}_s$，如图 3-18(d) 所示。此时，负载通常为电容器，电路向电源供给无功功率，电路被称为静止无功发生器，一般不再称为 PWM 整流电路了。

（4）功率因数调节运行

通过对 $\vec{U}_{AB}$ 幅值和相位的控制，使得 $\vec{I}_s$ 超前或滞后于 $\vec{U}_s$ 任意角度，如图 3-18(e) 所

示。电路工作在 PWM 控制方式下，通过调节导通角和触发角，可以方便地调节 $\vec{U}_{AB}$，可以使其大于电源电压，也可以使其小于电源电压，可以使其相位超前于电源电压，也可以使其相位滞后于电源电压，从而使得交流侧电流超前或滞后于电源电压相位任意角度，实现功率因数角的平滑调节。

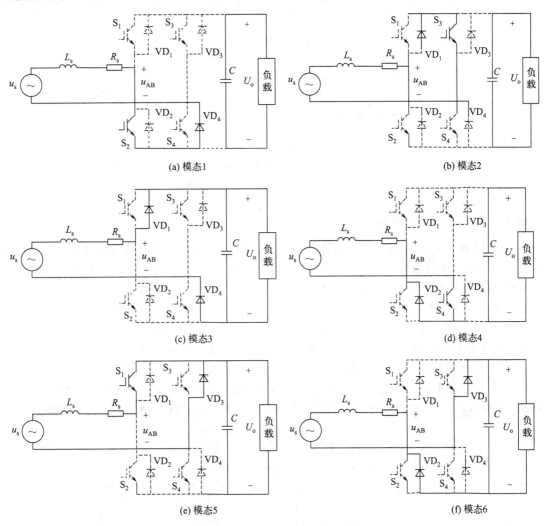

图 3-19　PWM 整流电路的拓扑图

图 3-20 为三相桥式 PWM 整流电路，这也是基本的主流 PWM 整流电路之一，应用也最为广泛，其工作原理和单相全桥 PWM 整流电路相似，只是从单相扩展到三相。对电路进行 SPWM 控制，在桥的交流侧输入端得到 SPWM 电压，通过控制，就可以使各相电流为正弦波，且和电源电压相位相同，功率因数为 1。与单相电路相同，该电路也可工作在逆变运行状态和无功补偿运行状态。

为了使 PWM 整流电路在工作时功率因数近似为 1，即要求输入电流为正弦波，且和电压同相位，可以有多种控制方法。根据有没有引入电流反馈，可以将这些控制方式分为两种：没有引入交流电流反馈的，称为间接电流控制；引入交流电流反馈的，称为直接电流控制。

间接电流控制也称为相位和幅值控制，即按照图 3-18（b）的相量关系来控制整流桥交流输入端电压，使得输入电流和电压同相位，从而得到功率因数为 1 的控制效果。直接电流控制中通过运算求出交流输入电流指令值，再引入交流电流反馈，通过对交流电流的直接控制而使其跟踪指令电流值。最常用的直接电流控制为电流滞环控制。

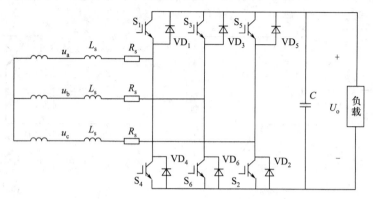

图 3-20　三相桥式 PWM 整流电路

3.6.2　VIENNA 整流器

20 世纪 90 年代初期，为了给电信设备进行供电，研究者开发了 VIENNA 整流器，并用它的起源城市进行命名。由于 VIENNA 整流器在电信行业中的贡献，它在现代 PWM 交流-直流变换器中的地位非常稳固，VIENNA 整流器只使用了三个半导体电力开关，却具有高功率密度、高效率和高可靠性的特点，由于每个开关所承受的电压都只有输出电压的一半，因此 VIENNA 整流器的电压额定值比所采用开关的电压额定值高很多。VIENNA 整流器是一种开关频率很高的升压变换器，但是其电压增益通常不超过 2。

图 3-21 为 VIENNA I 型整流器。每个 IGBT 分别与 4 个二极管连接，并形成 3 个双向开关 SA、SB 和 SC，另外的 6 个二极管用于防止短路对输出电容器造成危险。例如，当开关 SA 导通时，二极管 VD_1 可用于切断短路路径，以防电容器 C_1 因为短路而快速放电。

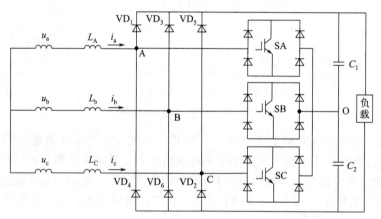

图 3-21　VIENNA I 型整流器

输出电容 C_1 和 C_2 使整流器成为三电平变换器。以 O 为中性点，当 $u_a > 0$，$i_a > 0$，且 SA 关断时，电流流经 VD_1，给 C_1 和负载供电，$u_{AO} = U_d/2$；SA 导通时，VD_1 截止，$u_{AO} = 0$。当 $u_a > 0$，$i_a < 0$，SA 关断时，电流流经 VD_4，$u_{AO} = -U_d/2$；SA 导通时，VD_4 截止，$u_{AO} = 0$。即通过控制 SA 的通和断，可以使得 u_{AO} 分别为 $U_d/2$、0、$-U_d/2$ 三种电

平。同理，u_{BO} 和 u_{CO} 均为三电平。

与三相桥式 PWM 整流器相比，三相 VIENNA 整流器具有以下优点。

① 每相桥臂只需要一个全控型开关器件，一共需要三个，是三相桥式 PWM 整流器的一半。

② 三相桥臂的驱动信号相互独立，不需要设置死区时间，也不存在开关器件的直通现象。

③ 所有开关器件所承受的电压均为整流输出电压的一半，是三相桥式 PWM 整流器的一半。

3.7 整流器的设计

3.7.1 单相桥式可控整流器的设计

某负载参数 $R=10\Omega$，$L=0.1H$，且输出功率 $P_o=2kW$。由于输出功率较小，可以采用单相桥式可控整流器为该负载供电。

已知电网频率为 50Hz，额定相电压为 220V，电网电压波动范围为 $\pm10\%$。整流器输出的最大电压为：

$$U_d=0.9U_2=0.9\times220\times(1+10\%)=217.8(V)$$

整流器输出电流的最大值为：

$$I_o=\sqrt{\frac{P_o}{R}}=14.1(A)$$

晶闸管电流的有效值为：

$$I_{VT}=\frac{I_o}{\sqrt{2}}=0.707\times14.1=10(A)$$

取 1.5～2 倍安全裕量，则晶闸管的额定电流为：

$$I_{VTN}=(1.5\sim2)\times\frac{I_{VT}}{1.57}=9.6\sim12.7(A)$$

带阻感负载单相桥式可控整流器中，晶闸管承受的最大正反向电压为电源电压的峰值，取 2～3 倍安全裕量，则晶闸管的额定电压为：

$$U_{VTN}=(2\sim3)\times\sqrt{2}U_2=(2\sim3)\times\sqrt{2}\times220\times(1+10\%)=684\sim1027(V)$$

因此，可根据上述额定电压和额定电流的范围选取具体的晶闸管型号。

3.7.2 三相桥式可控整流器的设计

已知直流电动机的额定电压 $U_o=440V$，额定电流 $I_o=46A$，要求启动电流限制在 200A，电网频率为 50Hz，额定线电压为 380V，电网电压波动范围为 $\pm10\%$。

负载功率为：

$$P_o=U_oI_o=440\times46=20.2(kW)$$

由于整流器的输出功率大于 5kW，属于大功率应用，故选用三相桥式可控整流器。

已知直流电动机的启动电流不能超过 200A，故以启动电流作为晶闸管电流参数选取依据，晶闸管电流的有效值为：

$$I_{VT} = \frac{I_{omax}}{\sqrt{3}} = 0.577 \times 200 = 115.4(A)$$

取 $1.5 \sim 2$ 倍安全裕量，晶闸管的额定电流为：

$$I_{VTN} = (1.5 \sim 2) \times \frac{I_{VT}}{1.57} = (1.5 \sim 2) \times \frac{115.4}{1.57} = 110.3 \sim 147(A)$$

已知负载电流连续时，三相桥式可控整流器的输出电压为 $U_o = 2.34 U_2 \cos\alpha$，为保证触发的可靠性，通常取 $\alpha = 30°$，再考虑电网电压的波动，变压器二次侧电压的最大值为：

$$U_{2max} = \frac{(1 + 10\%)U_o}{2.34\cos\alpha} = 238.8V$$

晶闸管承受的最大正反向电压为线电压的峰值，取 $2 \sim 3$ 倍安全裕量，得晶闸管的额定电压为：

$$U_{VTN} = (2 \sim 3) \times \sqrt{6} U_{2max} = 1169.9 \sim 1754.8V$$

由设计要求可知，变压器变比为：

$$k = \frac{U_1}{U_2} = \frac{U_1}{\dfrac{U_o}{2.34\cos\alpha}} = 1.01$$

变压器二次侧电流有效值为：

$$I_2 = \sqrt{\frac{2}{3}} I_o = 37.6A$$

因此，变压器的容量为：

$$S_1 = 3U_{2max} I_2 = 26.9kW$$

3.7.3 单相桥式 PWM 整流器的设计

已知输入交流电源的有效值 $U_s = 220V$，频率 $f = 50Hz$，要求单相桥式 PWM 整流器的输出电压 $U_o = 100V$，输出功率 $P_o = 2kW$，全控开关器件采用 IGBT，开关频率 $f_s = 15kHz$。

（1）开关器件选型

由前面原理分析可知，IGBT 承受的电压为整流器输出电压 U_o，即 $100V$。当 IGBT 导通时，流过 IGBT 的电流为交流输入电流：

$$I_{smax} = \sqrt{2} \times \frac{P_o}{U_s} = \sqrt{2} \times \frac{2000}{220} = 12.9(A)$$

同理分析可得到反并联二极管承受的电压和电流均与 IGBT 相同。根据上述结果，并考虑一定的安全裕量，选取合适的 IGBT 和反并联二极管。

（2）交流侧电感

交流侧电感的设计一般需要考虑的因素有以下几个。

交流侧电感压降不能太大，一般小于电网额定电压的 30%，即：

$$\omega L_s \frac{P_o}{U_s} < 30\% U_s$$

由此可得交流侧电感值：

$$L_s < \frac{U_s^2}{\omega P_o} \times 30\% = \frac{220 \times 220}{314 \times 2000} \times 0.3 = 23.1(mH)$$

其次，交流侧电流在一个开关周期内的最大超调量尽可能小，一般小于交流侧电流峰值的 $10\%\sim20\%$，因此最大电感纹波电流为：

$$\Delta I_L = 20\% I_{smax} = 0.2 \times 12.9 = 2.6(\text{A})$$

故电感值应满足：

$$L_s > U_o \times \frac{T_s}{\Delta I_L/2} = \frac{2 \times 100}{2.6 \times 15000} = 5.1(\text{mH})$$

因此，交流侧电感值的选择范围为 $5.1\sim23.1\text{mH}$。

（3）直流侧电容

为了减小直流输出电压的纹波，直流侧电容的大小需满足：

$$\frac{U_o}{RC}T_s < \Delta U_o$$

其中，ΔU_o 为直流侧电容的纹波电压，一般取输出电压的 $5\%\sim10\%$。

根据设计参数，电容值需满足：

$$C > \frac{U_o}{\Delta U_o} \times \frac{P_o}{U_o^2} \times \frac{1}{f_s} = \frac{100 \times 2000}{5 \times 100 \times 100 \times 15000} = 266.7(\mu\text{F})$$

实际中，可选用 $2200\mu\text{F}$ 的电解电容。此外，由于直流侧电容的最大电压为负载电压的最大值，取 1.1 倍安全裕量，可得直流侧电容的耐压值为 110V。

3.8　MATLAB 仿真

3.8.1　单相桥式整流电路仿真

单相交流电源，$U_2 = 100\text{V}$，负载为纯电阻负载，$R = 1\Omega$，利用单相桥式整流电路给负载供电，仿真负载端的电压、电流波形和晶闸管的电压、电流波形。

根据第 2 章介绍的 MATLAB/Simulink 基本内容，可以方便地找到大部分模块，交流电源模块可通过图 3-22 所示模型库的路径寻找。在模型库目录栏，选择"Simscape"-

图 3-22　交流电源模块

"Power Systems" — "Specialized Technology" — "Fundamental Blocks" — "Measure-ments"，可以找到三相电压测量模块、电压测量模块、电流测量模块。在模型库目录栏，选择"Simscape" — "Power Systems" — "Specialized Technology" — "Fundamental Blocks" — "Elements"，可以找到"Series RLC Branch"模块。

然后将模块端子连接起来，就可以得到电路的仿真模型，如图 3-23 所示。

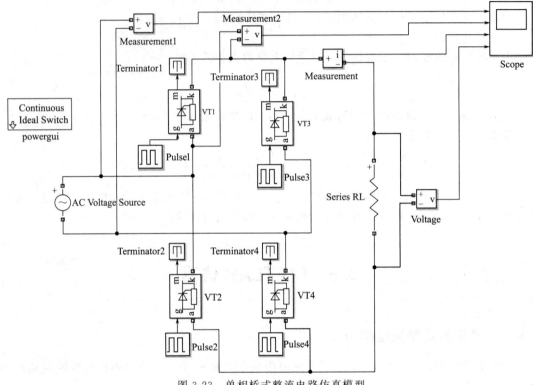

图 3-23　单相桥式整流电路仿真模型

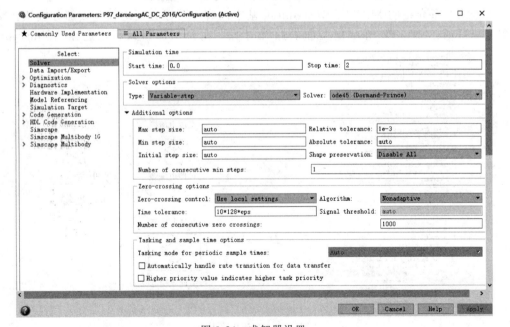

图 3-24　求解器设置

对模型的求解器进行设置，如图 3-24 所示，采用变步长和 ode45 求解算法。双击脉冲发生器，可以打开脉冲发生器的设置窗口，如图 3-25 所示。设置触发脉冲的幅值为 10V，周期为 0.02s，脉冲宽度为 50%，然后设置 VT1/VT4 触发脉冲相位延迟为 0s，VT2/VT3 触发脉冲相位延迟为 0.01s，此时对应的触发角 $\alpha=0°$。

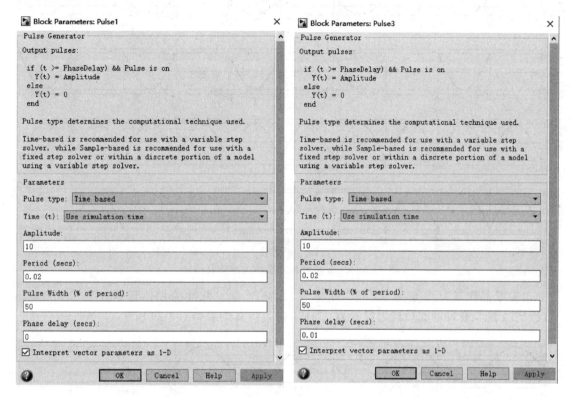

(a) VT1/VT4触发脉冲时刻设置　　　　　　(b) VT2/VT3触发脉冲时刻设置

图 3-25　脉冲发生器设置

图 3-26 为交流电源的属性框，可以设置电压峰值、相位、频率和采样时间。图 3-27 为阻抗支路属性框，可以选择阻抗构成，以及电阻、电感和电容值，这里首先设置为 R 负载。

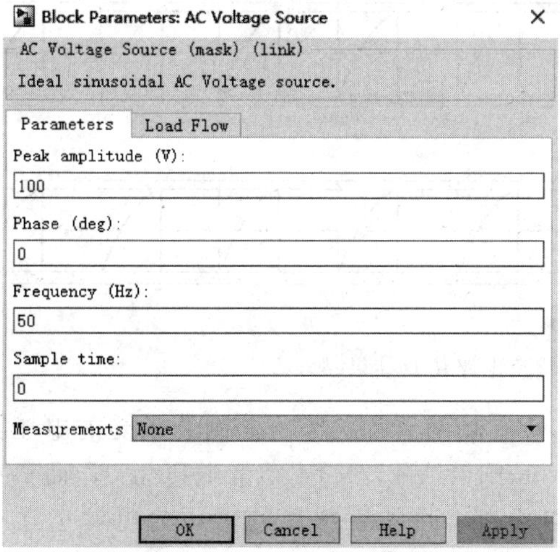

图 3-26　交流电源属性框 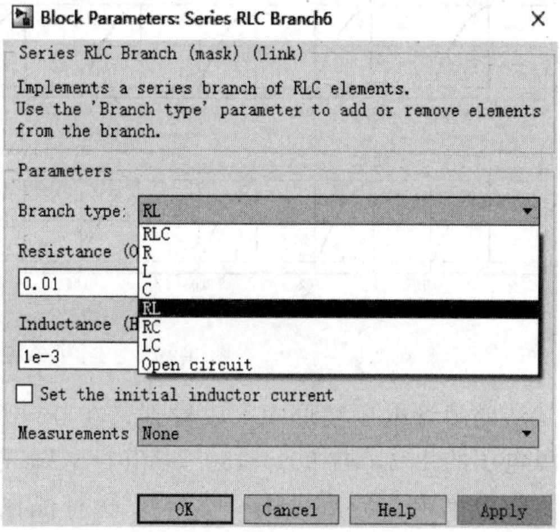　　　　　　　　　图 3-27　阻抗支路属性框

设置仿真时长为 0.1s，仿真结果如图 3-28 所示，依次给出了电源电压波形、晶闸管电压波形、负载电压波形和负载电流波形。

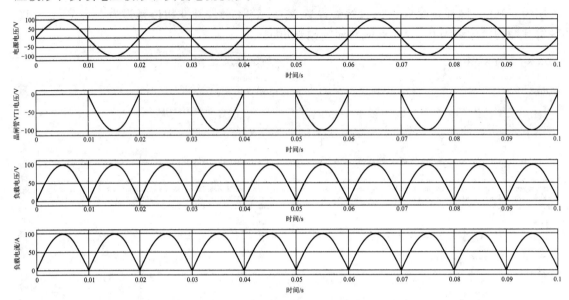

图 3-28　α＝0°单相桥式整流电路仿真结果

当设置晶闸管触发角为 90°时，即将 VT1/VT4 触发脉冲的相位延迟设置为 0.005s，VT2/VT3 触发脉冲的相位延迟设置为 0.015s 时，仿真结果如图 3-29 所示。

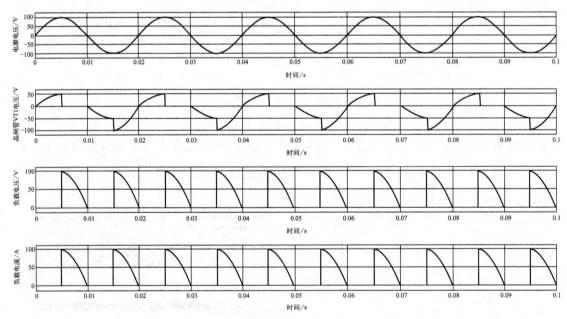

图 3-29　α＝90°单相桥式整流电路仿真结果

从晶闸管电压波形中可以看到，在 0°～90°，所有晶闸管均关断，晶闸管承受的电压为电源电压的 1/2，在 90°～180°，VT1/VT4 导通，晶闸管 VT1/VT4 承受电压为 0，而负载电压为电源电压，在 180°～270°，所有晶闸管均关断，晶闸管承受的电压为电源电压的 1/2，在 270°～360°，VT2/VT3 导通，晶闸管 VT2/VT3 承受电压为 0，而负载电压为电源电压的绝对值。

在图 3-27 阻抗支路属性框中设置为 RL 负载，并取 $R = 10\Omega$，$L = 0.1H$，设置延迟时间为 0.0033s，则仿真结果如图 3-30 所示。可以看出，负载电压波形进入了负半周，说明在电感的作用下，晶闸管延续导通到电源的负半周，导致负载电压出现负的部分，输出平均电压有所降低。同时，由于电流连续，晶闸管电压不再有 1/2 电源电压的部分。负载电流部分为正半周的脉动波形，说明电感量不够大，达不到无穷大，电流波形没有等效为一条直线。当电感足够小时，还会出现断续的部分，具体工况取决于电阻和电感的数值。

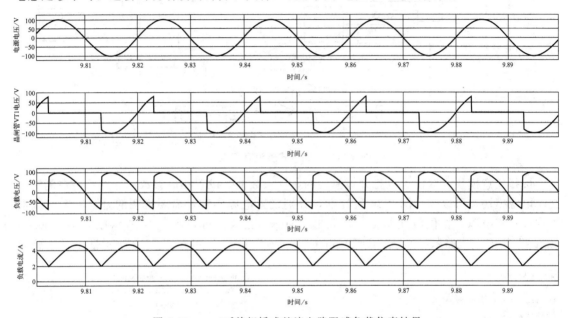

图 3-30 $\alpha = 30°$ 单相桥式整流电路阻感负载仿真结果

3.8.2 三相桥式整流电路仿真

三相整流桥给直流电机供电，直流电机模型等效为 R-L-E 模型，$E = 200V$，$R = 1\Omega$，$L = 20mH$。交流侧电源为三相市电，即频率为 50Hz，相电压为 220V。仿真中加入一个电流反馈控制，模拟电机负载的变化。

图 2-35 已经给出了三相桥整流模块，图 2-37 中已经给出了脉冲发生器，图 2-38 给出了示波器模块，在示波器目录下有"Terminal"模块。

交流电源模块和等效为直流电机感应电动势的直流电源模块可通过图 3-22 所示模型库的路径寻找。在模型库目录栏，选择 "Simscape" — "Power Systems" — "Specialized Technology" — "Control & Measurements" — "PLL"，可以找到 "PLL（3ph）" 模块。在模型库目录栏，选择 "Simulink" — "Commonly Used Blocks"，可以找到 "Mux" 模块、"Constant" 模块、"Gain" 模块和 "Saturation" 模块。在模型库目录栏，选择 "Simulink" — "Continuous"，可以找到 "Integrator Limited" 模块。在模型库目录栏，选择 "Simulink" — "Sources"，可以找到 "Step" 模块。在模型库目录栏，选择 "Simulink" — "Math Operations"，可以找到 "Add" 模块。"powergui" 模块可以在模型库搜索框内输入搜索。

在模型库找到模块后，鼠标右击模块，在弹出选项中选择加入仿真模型中，然后用鼠标移动、排列模块，最后直接用鼠标点击输出端口和输入端口，将所有模块连接起来，构成整个模型，如图 3-31 所示。

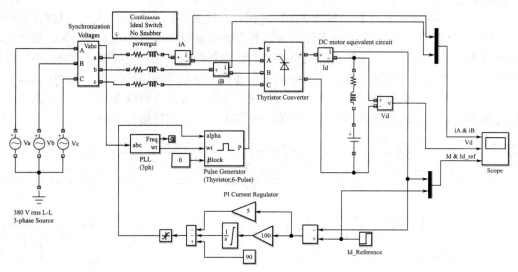

图 3-31 三相桥式整流直流电机

选择任意模块，双击可以打开该模块的属性参数框，设置相应参数。分别双击左侧三个交流电源模块，可以弹出图 3-26 属性框，分别设置电源参数，需要说明的是，三个交流电源构成三相电源，相位应互差 120°。双击 "Mux" 模块，可在图 3-32 所示框 "Number of inputs" 栏输入支路数。双击 "DC Voltage Source" 模块，可在图 3-33 所示框中输入感应

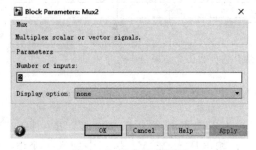

图 3-32 多路信号设置

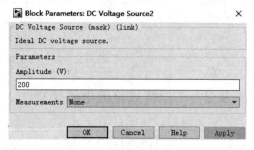

图 3-33 直流电压设置

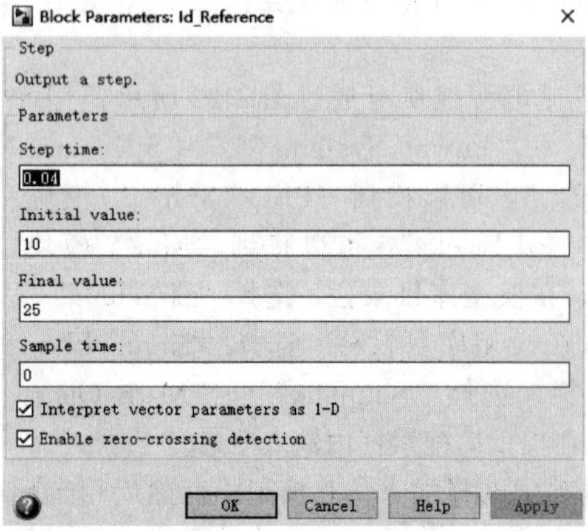

图 3-34 参考电流设置

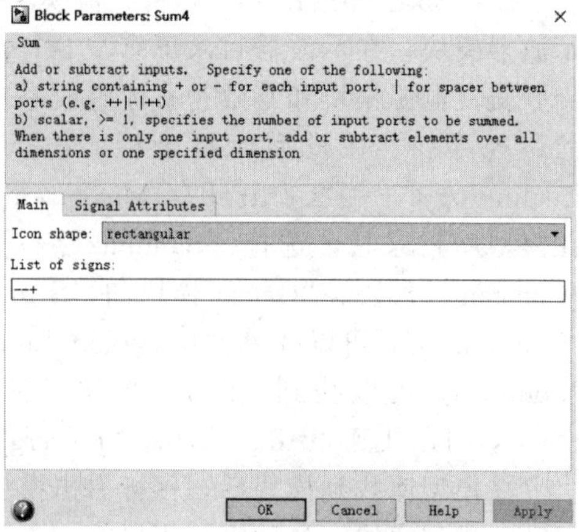

图 3-35 求和框设置

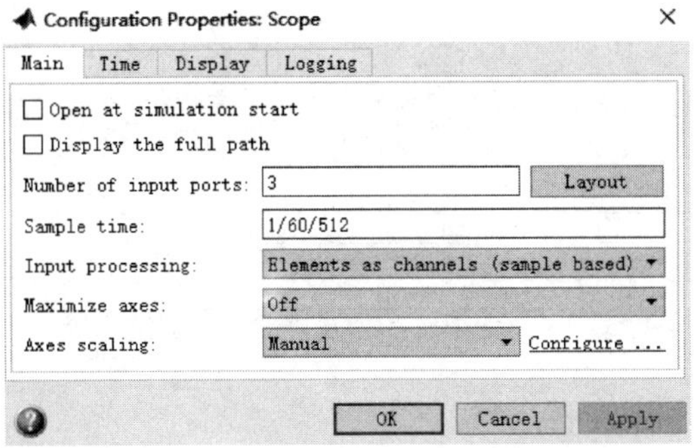

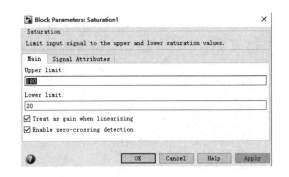

图 3-36　示波器路数设置　　　　　　　　图 3-37　饱和模块上下限设置

电动势电压值。双击"Step"模块，可在图 3-34 所示框中设置参考电流的初始值、阶跃时间和阶跃值。双击"Add"模块，可在图 3-35 所示框"List of signs"栏添加"-"和"＋"号，表征几路信号求和。打开示波器的属性设置，可以打开图 3-36 所示界面，在"Number of input ports"栏可以输入示波器的回路数。双击"Saturation"模块，可以打开属性设置框，如图 3-37 所示，可以设置上限值和下限值。双击"Integrator"模块，可以打开属性设置框，如图 3-38 所示，可以设置初始值、上限值和下限值。

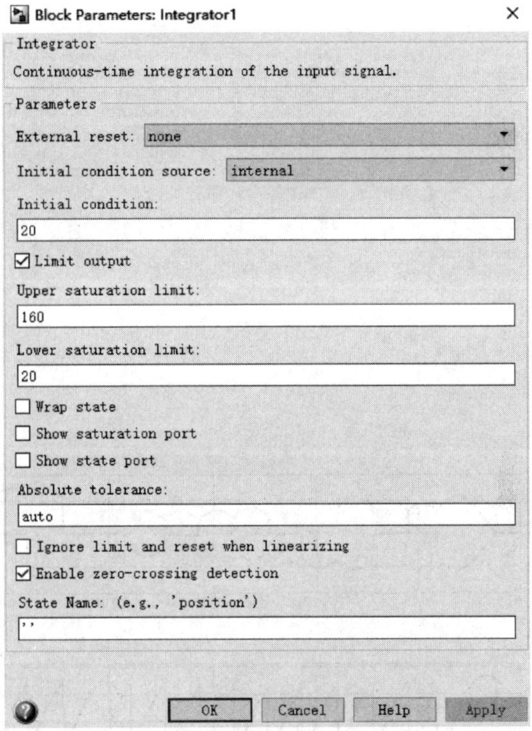

　　所有模块均可以根据实际用途和个人爱好修改其名称。

　　在"Simulation"菜单中选择"Model Configuration Parameters"，弹出图 3-39 所示窗格，在这里可以设置仿真时间和求解器。

　　设置完毕后，在"Simulation"菜单中选择"Run"，或者在快捷按钮中直接

图 3-38　积分器设置

点击"Run"，或者在示波器窗格点击"Run"均可以开始仿真运行。示波器将实时显示运行结果，运行完的结果如图 3-40 所示，图中给出了整流器交流侧 A、B 相的电流波形、直流侧电压波形、直流侧电流波形和参考电流波形。

　　也可以增加示波器，观测触发信号，图 3-41 给出了输入三相整流桥六路触发信号的波形。

　　MATLAB/Simulink 自带了傅里叶波形分析模块，双击"powergui"模块，选择"Tools"，可以弹出图 3-42 所示的窗格，点击"FFT Analysis"可以进行波形的傅里叶分析，并给出时域波形和频谱图。

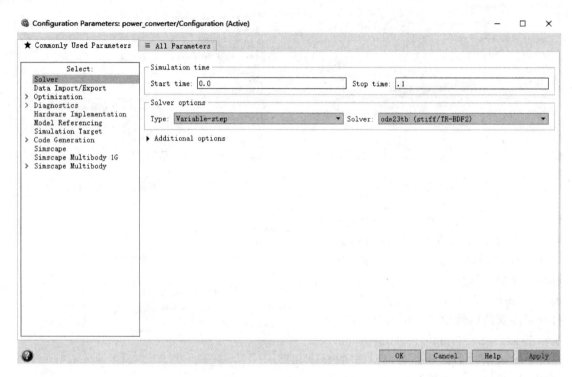

图 3-39　仿真参数设置

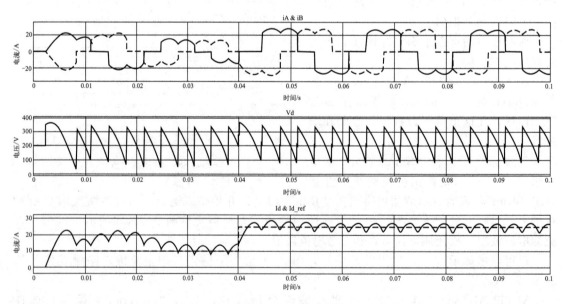

图 3-40　仿真结果

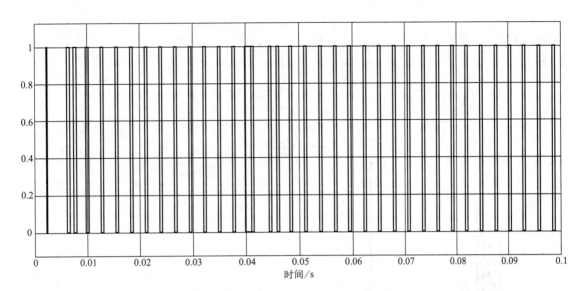

图 3-41　触发脉冲

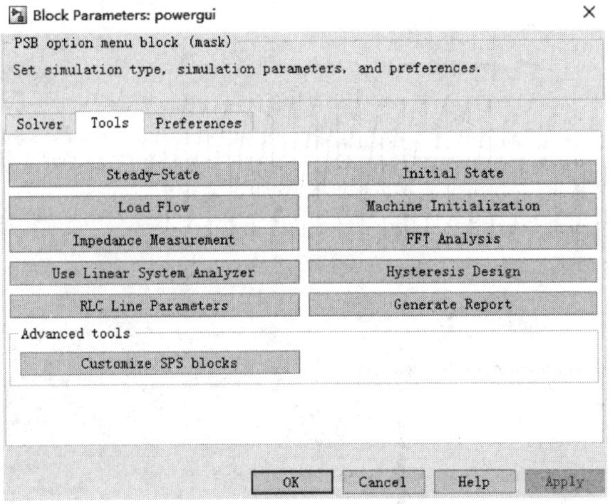

图 3-42　傅里叶分析选择

图 3-43 给出了交流侧电流信号的时域波形和频谱图，可以看出在 50Hz 基波附近有丰富的谐波分量，谐波中 5 次谐波含量最高，总的谐波含有率为 36.57%，谐波分量较大。

图 3-44 和图 3-45 分别给出直流电压和电流的时域波形和频谱图，可以看出除较强的直流分量外，还含有丰富的谐波分量。由于将 50Hz 作为傅里叶分析的基波，导致显示的谐波含有率很高。三个波形均证明了，即使采用三相桥式整流电路，无论是交流侧电流，还是直流侧电压和电流均有较大的谐波分量，这对交流电源和直流电机均是不利的。

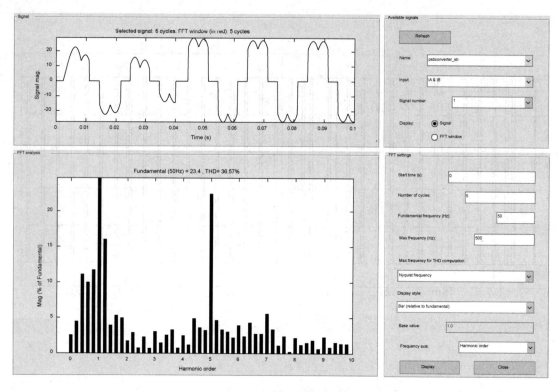

图 3-43　交流侧电流频谱分析

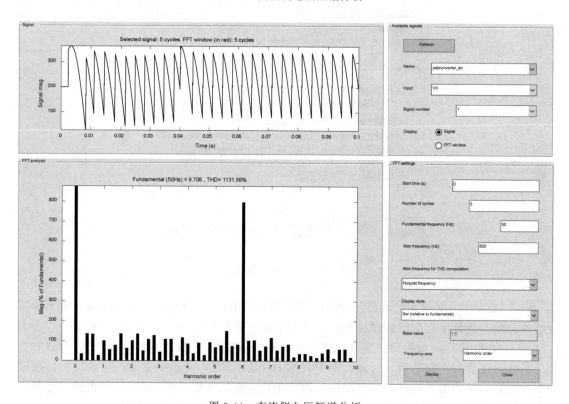

图 3-44　直流侧电压频谱分析

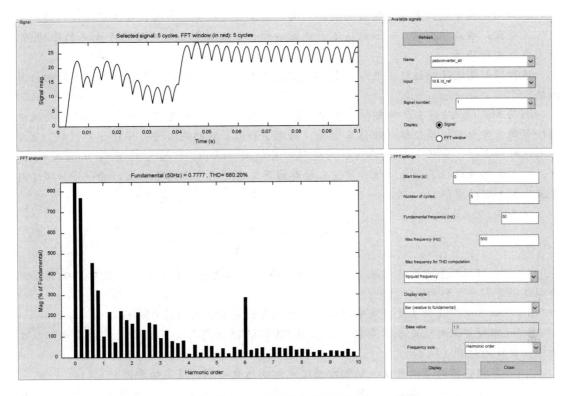

图 3-45　直流侧电流频谱分析

小　结

本章首先介绍了整流电路的结构，包含电源、整流电路和负载。根据电源相数可将整流电路分为单相和三相整流电路，根据负载性质可将整流电路分为电阻负载、阻感负载和反电动势负载等，根据整流电路的形式，可将整流电路分为桥式电路和零式电路，由此出现了典型的单相半波、单相桥式、三相半波、三相桥式四种基本整流电路。

二极管整流电路是相控整流电路的特例。通过对二极管整流电路的介绍，帮助建立电路拓扑和工作模式的概念。二极管整流电路的导通时刻对应相控整流电路触发角为 0° 的时刻，二极管整流电路的分析有助于把握相控整流电路的起始时刻和终止时刻，从而确定相控整流电路的移相范围，并掌握根据晶闸管的导通和关断，将电路分解为不同的拓扑和工作模式的方法，从而建立分析相关电路的基本逻辑。

通过对相控整流电路的分析，明确相控整流电路的输出电压、输出电流、晶闸管电压、晶闸管电流、交流侧电流等相关参数的计算关系式，明确电阻负载、阻感负载和反电动势负载对电路的影响。相控整流电路属于不完整的正弦波，会带来大量的低次谐波，谐波含量较高，功率因数较低。PWM 斩控式整流电路可以得到与相控整流电路相同的调压性能，可以给直流电动机提供可调电压，从而实现直流电动机的调速，另外 PWM 斩控式整流电路的输出电流与电压的相位几乎相同，谐波含量较低，功率因数较高。

相控整流电路的输出电压脉动比较大，谐波含量比较高，可以通过在输出侧并联电容来抑制电压的变化，达到滤波的目的。因此，在整流电路的输出侧往往并联有电容，这一点在交-直-交变频调速系统中得到了广泛的应用，通过直流侧并联大电容来等效恒压源。

在实际应用中还需考虑变压器漏抗的影响，变压器漏抗会使得相控整流电路在换流时出现环流现象，在换相期间，输出电压不再是某一相电压或线电压，而是两个电压的平均值，输出电压有所降低。

通过实例阐述了相控整流电路和 PWM 整流电路器件的选型设计和电容电感参数的计算方法。

利用 MATLAB 建立了单相桥式整流电路给电阻负载和阻感负载供电及三相桥式整流电路给等效直流电动机模型供电的仿真模型，阐述了如何查找相关器件、搭建仿真模型、选择仿真参数和算法、分析电压电流波形的过程，并利用 MATLAB 自带的 FFT 功能对电压、电流波形的谐波进行了分析。仿真实例在培养仿真工具使用能力的基础上，进一步加深了对整流电路知识的理解。

思 考 题

3-1 如何利用整流电路实现直流电动机的调速？相控整流和 PWM 整流对直流电动机的调速性能有什么影响？

3-2 如何确定三相半波整流电路和三相桥式整流电路触发角的零时刻？

3-3 相控整流电路是否需要软开关技术？PWM 整流电路是否需要软开关技术？应该选择什么样的软开关技术？

3-4 有哪些措施可以有效抑制相控整流电路的谐波含量，提高功率因数？

3-5 结合直流电动机调速，思考如何降低直流电动机转速降落？随着负载波动如何保持转速的稳定？

习 题

3-1 以表格的方式归纳整理本章相控整流电路的计算公式，并对不同整流电路和负载时的电压、电流、移相范围、电源侧电流、晶闸管参数选择进行比较分析。

3-2 可控整流纯电阻负载下，电阻上的平均电压与平均电流的乘积 $U_d I_d$ 是否等于负载功率？为什么？大电感 L_d 与电阻 R_d 串联时，负载电阻 R_d 上的 $U_d I_d$ 又是否等于负载功率？为什么？

3-3 单相半波可控整流电路中，如晶闸管不加触发脉冲、晶闸管内部短路、晶闸管内部断路，试分析元件两端与负载电压波形。

3-4 单相半波可控整流电路对电感负载供电，$L = 20\text{mH}$，$U_2 = 100\text{V}$，求当 $\alpha = 0°$ 和 $60°$ 时的负载电流 I_d，并画出 u_d 与 i_d 波形。

3-5 具有续流二极管的单相半波整流电路，交流电压有效值 $U_2 = 100\text{V}$，频率 $f = 50\text{Hz}$，$L = 60\text{mH}$，$R = 8\Omega$，晶闸管控制角 $\alpha = 30°$，试绘出输出电压、电流的波形并计算其平均值。

3-6 单相桥式全控整流电路，$U_2 = 100\text{V}$，负载中 $R = 2\Omega$，L 值极大，当 $\alpha = 30°$ 时，要求：

① 画出 u_d、i_d 和 i_2 的波形；

② 求整流输出平均电压 U_d、电流 I_d 以及变压器二次电流有效值 I_2；

③ 考虑安全裕量，确定晶闸管的额定电压和额定电流。

3-7 整流电路中续流二极管起什么作用？所有的整流电路输出端都需要接续流二极

管吗?

3-8 单相桥式全控整流电路,$U_2 = 100V$,负载中 $R = 2\Omega$,L 值极大,反电动势 $E = 60V$,当 $\alpha = 30°$ 时,要求:

① 画出 u_d、i_d 和 i_2 的波形;

② 求整流输出平均电压 U_d、电流 I_d 以及变压器二次电流有效值 I_2;

③ 考虑 2 倍安全裕量,确定晶闸管的额定电压和额定电流。

3-9 单相桥式半控整流电路,电阻负载时,画出整流二极管在一周内承受的电压波形。

3-10 两个晶闸管串联的单相桥式半控整流电路(VT1/VT2 为晶闸管,VD3/VD4 为二极管),$U_2 = 100V$,电阻电感负载,L 值极大,负载中 $R = 2\Omega$,当 $\alpha = 60°$ 时,求流过 VT1、VT2 的电流有效值,并画出 u_d、i_d、i_{VT}、i_{VD} 的波形。

3-11 单相桥式半控整流电路,接续流二极管,对直流电机供电。$U_2 = 220V$,L 值极大,负载电流为 30A,当 $\alpha = 60°$ 时,计算晶闸管、整流管和续流二极管的电流平均值、有效值、交流侧电流有效值,变压器容量和功率因数。

3-12 在三相半波可控整流电路中,如果 a 相的触发脉冲消失,试画出在电阻负载和电感负载下整流电压 u_d 的波形。

3-13 在三相半波可控整流电路中,$U_2 = 100V$,负载中 $R = 5\Omega$,L 值极大,当 $\alpha = 60°$ 时,计算 U_d、I_d 和 I_{VT},并画出 u_d、i_d、u_{VT2} 的波形。

3-14 三相桥式全控整流电路中,

① 如果晶闸管 VT1 的触发脉冲丢失,电路输出电压波形将有什么变化?画出 $\alpha = 30°$ 时 u_d 的波形。

② 如果晶闸管 VT1 击穿短路,整流器将发生什么情况?并说明原因。

3-15 三相桥式全控整流电路,$U_2 = 100V$,带阻感负载,负载中 $R = 5\Omega$,L 值极大,当 $\alpha = 60°$ 时,要求:

① 画出 u_d、i_d、u_{VT1} 的波形;

② 计算 U_d、I_d、I_{dVT}、I_{VT}。

3-16 单相桥式全控整流电路,反电动势负载,$R = 1\Omega$,L 值极大,$E = 40V$,$U_2 = 100V$,$L_B = 0.5mH$,当 $\alpha = 30°$ 时,求 U_d、I_d 和 γ 的值,并画出 u_d、i_{VT1} 和 i_{VT2} 的波形。

3-17 三相半波可控整流电路,反电动势负载,$R = 1\Omega$,L 值极大,$E = 40V$,$U_2 = 100V$,$L_B = 0.5mH$,当 $\alpha = 60°$ 时,求 U_d、I_d 和 γ 的值,并画出 u_d、i_{VT1} 和 i_{VT2} 的波形。

3-18 三相全控桥式整流电路,反电动势负载,$R = 1\Omega$,L 值极大,$E = 200V$,$U_2 = 220V$,$L_B = 0.5mH$,当 $\alpha = 30°$ 时,

① 当 $L_B = 0mH$ 时,求 U_d、I_d 的值;

② 当 $L_B = 0.5mH$,求 U_d、I_d 和 γ 的值,并画出 u_d、i_{VT1} 和 i_{VT3} 的波形。

3-19 单相桥式全控整流电路,其整流输出电压中含有哪些次数的谐波?其中幅值最大的是哪一次?变压器二次电流中含有哪些次数的谐波?其中主要的是哪几次?

3-20 三相桥式全控整流电路,其整流输出电压中含有哪些次数的谐波?其中幅值最大的是哪一次?变压器二次电流中含有哪些次数的谐波?其中主要的是哪几次?

3-21 试计算第 3-15 题中 i_2 的 5、7 次谐波分量的有效值 I_5、I_7。

3-22 十二脉波、二十四脉波整流电路的整流输出电压和交流输入电流中各含哪些次数的谐波?

3-23 单相半波可控整流电路、单相桥式全控整流电路、三相半波可控整流电路、三相桥式全控整流电路中,当负载分别为电阻负载或电感负载时,要求的晶闸管移相范围分别是多少?

第4章
直流-交流变换电路

4.1 直流-交流变换电路概述

直流-交流变换电路的功能是把直流电变换成交流电，供给交流电网或负载，它是整流的逆过程，又称为逆变电路（DC/AC变换电路），实现逆变过程的装置称为逆变器。

4.1.1 逆变电路的分类

在逆变电路中，按照负载性质的不同，分为有源逆变和无源逆变。

如果逆变器将直流电能变为交流电能，输出给交流电网，依靠交流电网电压周期性的反向，使逆变电路中处于通态的开关器件承受反向电压而关断，那么这种逆变电路中的开关器件就可以不用全控型器件而采用无自关断能力的晶闸管。这种把直流电能变为交流电能，送给交流电网的逆变称为有源逆变。对于相控整流电路，只要满足一定的条件，就可以实现有源逆变，此时将其称为相控有源逆变电路，这种电路既可工作于整流状态，也可工作于逆变状态。相控有源逆变主要用于直流可逆调速、交流绕线式异步电动机串级调速及高压直流输电等场合。

交流侧直接和交流用电负载相接的逆变电路称为无源逆变，又称为变频器。以往的逆变电路采用晶闸管器件，但晶闸管一旦导通就不能自行关断，为此必须设置强迫关断电路。这样就增加了主电路的复杂程度，增加了逆变器的体积、重量和成本，降低了可靠性，也限制了开关频率。目前，绝大多数逆变电路都采用全控型器件，小功率多用电力 MOSFET，中功率多用 IGBT，大功率则用 GTO，开关器件的换流是靠全控型器件本身驱动信号的撤除或加反压实现的，简化了逆变主电路，提高了逆变器的性能。

无源逆变电路的类型很多，分类的方法也很多，其基本的类型有以下几种。

① 根据输入直流电源的类型可分为电压源型逆变电路（Voltage Source Inverter，VSI）和电流源型逆变电路（Current Source Inverter，CSI），它们也分别被称为电压型逆变电路和电流型逆变电路。电压源型逆变电路的输入端并接有大电容，是为了保证电压稳定，形成平稳的直流电压，使电源等效为恒压源，同时为交流侧的无功电流提供通路，桥臂的开关器件并联续流二极管，输出负载电压波形为矩形波，电流波形与负载性质相关。电流源型逆变电路的输入端串接有大电感，是为了保证电流稳定，形成平稳的直流电流，使电源等效为恒流源，同时也为来自逆变侧的无功电压分量提供支撑，维持电路电压平衡，保证无功功率流传，桥臂的开关器件不并联二极管，输出负载电流波形为矩形波，电压波形与负载性质相关。

实际应用中，绝大多数逆变器是电压型，特别是在中小功率应用场合，几乎无一例外是电压型逆变器。导致这种情况的原因主要有二：其一，电容的储能密度远远大于电感，所以同样容量的电压型逆变器体积、重量比电流型小；其二，电流型逆变器需要能承受反向电压的单向导电开关器件，常用的全控器件（如 IGBT、电力 MOSFET）需要串联二极管才能满足要求，需要器件数量多，通态压降大。

② 根据输出交流电压的性质可分为恒频恒压（Constant Voltage Constant Frequency, CVCF）逆变电路和变频变压（VVVF）逆变电路、正弦波逆变电路和方波逆变电路、高频脉冲电压（电流）逆变电路。

方波逆变电路输出的方波电压（电流）与负载无关，虽然直流电压利用率高，但谐波含量大，带来了较大的噪声和转矩脉动。为了减小谐波含量，PWM 控制技术被广泛应用于各种逆变电路中，构成 PWM 逆变电路。在当今应用的逆变电路中，可以说绝大部分都是 PWM 逆变电路。PWM 逆变电路既能调节输出电压的大小，又能消除一些低次谐波。脉宽随正弦变化的 SPWM 逆变电路有单极性和双极性两种控制方式，但三相桥式电路只能是双极性控制。基本的 PWM 逆变电路直流电压的利用率低、器件的开关损耗大，为此可采用优化的 PWM 或改进的 PWM 控制。

③ 根据逆变电路结构的不同可分为半桥式、全桥式和推挽式逆变电路。逆变电路的类型很多，最常用的是单相和三相桥式逆变电路。单相逆变电路有半桥式、全桥式、推挽式和移相式 4 种形式。其中半桥式是一个基础单元电路，适用于小功率的场合；推挽式适用于要求有电气隔离的场合；移相式在不改变电路结构的条件下，利用控制信号的相位变化实现输出电压的调节，并可消去某些谐波分量。

④ 根据所用电力电子器件的换流方式不同，可分为器件换流（也称自关断）、强迫换流（也称强迫关断）、电网换流（有源逆变电路）、负载换流等。

换流方式可分为外部换流和自换流两大类，外部换流包括电网换流和负载换流两种，自换流包括器件换流和强迫换流两种。电网换流要求电路中存在电网交流电压源，为晶闸管提供换流所需要的电压。负载换流要求负载电流的相位超前于负载电压，即当负载为电容性负载时，就可实现负载换流。另外，当负载为同步电动机时，由于可以控制励磁电流使负载呈现为容性，因而也可以实现负载换流。器件换流是指全控型电力电子器件利用自身的关断能力进行换流，适用于采用全控型电力电子器件构成的电路。强迫换流是在晶闸管电路中设置强迫关断电路，给欲关断的晶闸管强迫施加反向电压或反向电流的换流方式。

无源逆变是电力电子技术中最为活跃的部分，在科研、国防、生产和生活领域中得到了广泛的应用。各种直流电源（如蓄电池、干电池、太阳能光伏电池等）向交流负载供电时需先进行逆变，另外，交流电动机调速用变频器、不间断电源、感应加热电源、风力发电机、电解电源、高频直流焊机、电子镇流器等，它们的核心部分都是逆变电路。通常所讲的逆变电路，如果不加说明，一般多指无源逆变电路。

4.1.2　逆变电路的性能指标

逆变电路最重要的特性是输出电压大小可调（频率的调节很简单）、输出电压波形质量好。实际逆变器的输出波形总是偏离理想的正弦波形，含有谐波成分，为了衡量输出波形的品质，从电压角度引入几个参数指标：谐波因数、总谐波畸变因数、畸变因数和最低次谐波等。

（1）谐波因数 HF（Harmonic Factor）

第 n 次谐波系数 HF_n 定义为第 n 次谐波分量有效值同基波分量有效值之比，即：

$$HF_n = \frac{V_n}{V_1} \tag{4-1}$$

（2）总谐波畸变因数 THD（Total Harmonic Distortion Factor）

$$THD = \frac{1}{V_1} \Big(\sum_{n=2}^{\infty} V_n^2 \Big)^{\frac{1}{2}} \tag{4-2}$$

THD 表示了一个实际波形同基波分量的接近程度，输出理想正弦波的 THD 为 0。

（3）畸变因数 DF（Distortion Factor）

$$DF = \frac{1}{V_1} \Big(\sum_{n=2}^{\infty} DF_n^2 \Big)^{\frac{1}{2}} \tag{4-3}$$

式中，DF_n 定义为：

$$DF_n = \frac{V_n}{V_1 n^2}$$

（4）最低次谐波 LOH（Lowest Order Harmonic）

最低次谐波是指与基波频率最接近的谐波。最低次谐波频率越高，谐波滤除所需要的滤波器就越小。

另外，逆变器的性能指标还有逆变器效率、单位重量（或体积）输出功率、可靠性指标、逆变电路输入电流交流分量的数值和脉动频率、电磁干扰 EMI 及电磁兼容性 EMC。

4.2　有源逆变电路

逆变器的交流侧和电网连接，属于有源逆变器。有源逆变器常用于直流电动机调速系统、高压直流输电系统以及可再生能源并网发电系统等场合。当采用半控型器件时，有源逆变器的拓扑结构和可控整流器拓扑结构是一致的，只是在满足一定的工作条件下才能实现电能向电网反馈。因此，电路形式未发生变化，只是电路工作条件转变，有源逆变可看作可控整流器的一种工作状态。

在实际中，很多生产机械要求电动机能正反转运行，并能快速启动、制动和停止，如可逆轧机、龙门刨床、卷扬机等。为了加快过渡过程，它们的拖动电动机都应具有工作于四象限的机械特性，如在电动机减速换向过程中，使电动机工作于发电制动状态，进行快速制动，并将机械能变换成电能回送到交流电网中去。要满足这些要求，拖动系统必须采用可逆调速系统。

可逆调速系统经常采用两组晶闸管装置反并联，图 4-1 为两组晶闸管反并联电路的框图，设 P 为正组，N 为反组，电路有四种状态。

（1）正组整流

P 组整流，在控制角 α 作用下，P 组整流输出电压 $U_{d\alpha}$ 加于电动机 M 接线端，使其正转。当 P 组整流时，反组 N 绝对不能也工作在整流状态，否则将使电流 I_d 不经过负载 M，而只在两组晶闸管之间流通，这种电流称为环流。环流实质上是两组晶闸管电源之间的短路电流。因此，当正组整流时，反组应关断或处于待逆变状态。所谓待逆变，就是 N 组由逆变角 β 控制处于逆变状态，但无逆变电流。要做到这一点，可使 $U_{d\beta} = U_{d0}\cos\beta \geqslant U_{d\alpha} = U_{d0}\cos\alpha$。这样，正组 P 的平均电流供电动机正转，反组 N 处于待逆变状态。由于 $U_{d\beta} \geqslant$

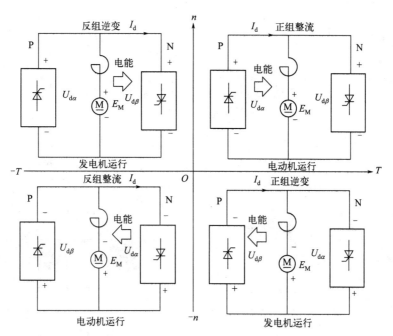

图 4-1　两组晶闸管反并联电路的工作方式和电动机运行状态

$U_{d\alpha}$，故没有电流流过反组，不产生真正的逆变。

（2）反组逆变

当要求正向制动时，流过电动机 M 的电流 I_d 必须反向才能得到制动力矩，由于晶闸管的单向导电性，这只能利用反组 N 的逆变。为此，只要降低 $U_{d\beta}$ 且使 $E_M > U_{d\beta}$，则 N 组产生逆变，流过电流 I_d，电动机的电流 I_d 反向，反组有源逆变将电动势能 E_M 通过反组 N 送回电网，实现回馈制动。

（3）反组整流

N 组整流，使电动机反转，P 组处于待逆变状态或关断状态。

（4）正组逆变

P 组逆变，产生反向制动转矩，N 组处于待整流状态或关断状态。

需要注意的是两组晶闸管变流器分别由两套触发装置控制，正转时可以利用反组晶闸管实现回馈制动，反转时可以利用正组晶闸管实现回馈制动，正反转和制动的装置合二为一，能灵活实现电动机的启动、制动和升速、降速，它是晶闸管变流装置工作于整流和有源逆变状态的典型例子。这种线路对控制电路提出严格的要求，一般不允许两组晶闸管装置同时处于整流状态，否则将造成电源的短路。

下面以单相桥式可控整流器和三相桥式可控整流器为例说明有源逆变器的工作原理。

4.2.1　有源逆变工作原理

（1）单相桥式可控整流器的有源逆变状态

图 4-2 展示了单相桥式可控整流器带直流电动机负载的情况，设整流器输出的电压为 U_d，直流电动机电动势为 E_M。

当电机 M 作电动机运行时，电能从电网侧流向电动机，单相桥式整流器工作在整流状态，直流侧输出电压为正值，$U_d > E_M$，输出电流 I_d 为：

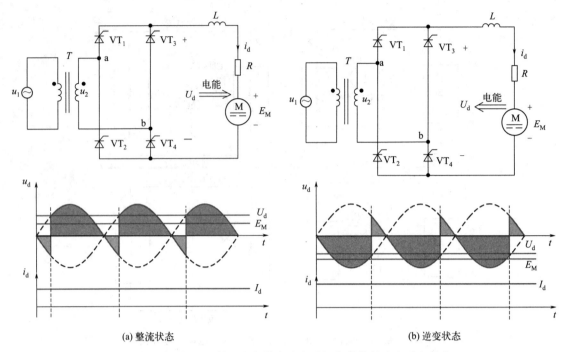

(a) 整流状态　　　　　　　　　　(b) 逆变状态

图 4-2　单相桥式可控整流器带直流电动机负载的整流和逆变状态

$$I_d = \frac{U_d - E_M}{R} \tag{4-4}$$

当电机 M 作发电机回馈制动运行时，电能从直流侧流向交流侧，由于电流方向不变，欲改变电能传输的方向，只能改变 E_M 的极性。为了防止两电动势顺向串联，U_d 的极性也必须反过来，即 U_d 为负值，且 $E_M < U_d < 0$，有：

$$I_d = \frac{U_d - E_M}{R} = \frac{|E_M| - |U_d|}{R} \tag{4-5}$$

已知带阻感负载的单相桥式可控整流器的输出电压平均值为：

$$U_d = 0.9 U_2 \cos\alpha \tag{4-6}$$

可以通过改变 α 来调节 U_d 的大小。当 α 在 $0 \sim \pi/2$ 之间时，U_d 为正值，电路工作在整流状态。当 α 在 $\pi/2 \sim \pi$ 之间时，U_d 为负值，电路工作在逆变状态。

综上所述，实现有源逆变的条件如下。

① 要有直流电动势，其极性须和晶闸管的导通方向一致，其值应大于相控有源逆变电路直流侧的输出电压平均值，即 $|E_M| > |U_d|$；

② 要求晶闸管的逆变角 $\alpha > \pi/2$，使 $U_d < 0$，才能把直流功率逆变为交流功率反送回电网。

逆变和整流的区别仅仅是触发角 α 的不同：$0 < \alpha < \pi/2$ 时，电路工作在整流状态；$\pi/2 < \alpha < \pi$ 时，电路工作在逆变状态。当变流器工作在逆变状态时，常将控制角 α 改用 β 表示，称为逆变角，$\beta = \pi - \alpha$，例如 $\beta = 30°$ 时，对应 $\alpha = 150°$。以 $\alpha = \pi$ 处作为计量角 β 的起点，β 角的大小由计量起点向左计算。

(2) 三相桥式可控整流器的有源逆变状态

已知负载电流连续时三相桥式可控整流器的输出电压平均值为 $U_d = 2.34 U_2 \cos\alpha$，与单相桥式可控整流器一样，当 $\alpha > 90°$ 时，三相桥式可控整流器也会输出负电压。图 4-3 给出了三个触发角下的输出电压波形，均为负值，因此该电路带反电动势负载、阻感负载时也可以工作在有源逆变状态，将直流侧能量回馈给三相交流电网，可用于逆变并网。

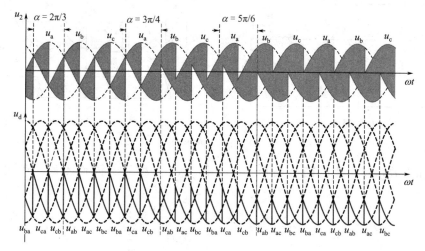

图 4-3 三相桥式可控整流器带直流电动机负载的整流和逆变状态

4.2.2 逆变失败及措施

（1）逆变失败

可控整流电路运行在逆变状态时，一旦发生换相失败，电路又重新工作在整流状态，使变流器的输出平均电压 U_d 和直流电动势 E_M 变成顺向串联，由于变流器的内阻很小，外接的直流电源就会通过晶闸管电路形成短路，将出现很大的短路电流流过晶闸管和负载。这种情况称为逆变失败，或称为逆变颠覆。

造成逆变失败的原因很多，主要有以下几种情况。

① 触发电路工作不可靠，不能适时、准确地给各晶闸管分配脉冲，如脉冲丢失、脉冲延时等，致使晶闸管不能正常通断。

② 晶闸管发生故障。在应该阻断期间，器件失去阻断能力，或在应该导通期间器件不能正常导通，造成逆变失败。

③ 交流电源异常。在逆变工作时，电源发生缺相或突然消失，由于直流电动势 E_M 的存在，晶闸管仍可导通，此时可控整流电路的直流侧失去了同直流电动势极性相反的直流电压，因此直流电动势 E_M 将通过晶闸管使电路短路。

④ 换相的裕量角不足，引起换相失败。

实际中应考虑变压器漏抗引起的换相重叠角对逆变电路换相的影响。以图 4-4 所示三相半波电路为例分析 VT_3 向 VT_1 换相的过程。如果 $\beta > \gamma$，VT_3 经过 γ 关断后，u_u 仍然大于 u_w，VT_1 可以正常导通，VT_3 正常关断，完成换相；但当 $\beta < \gamma$ 时，到达自然换相点时，VT_3 还未完全关断，过了自然换相点后，u_u 小于 u_w，在反压的作用下，晶闸管 VT_1 反而关断，而应关断的晶闸管 VT_3 继续导通，这样会使得 u_d 波形中正的部分大于负的部分，从而使得 u_d 和 E_M 顺向串联，发生短路现象，最终导致逆变失败。

为了防止换相失败，要求逆变电路有可靠的触发电路，选用可靠的晶闸管元件，设置快速的电流保护环节，同时还应对逆变角 β 进行严格的限制。

（2）最小逆变角 β 的确定方法

为防止逆变颠覆，必须限制最小逆变角。确定最小逆变角 β 的大小要考虑以下因素。

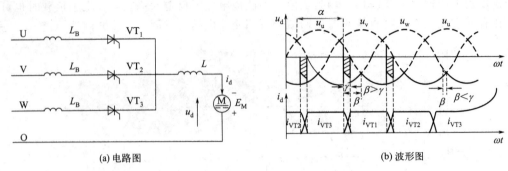

(a) 电路图　　　　　　　　　　　(b) 波形图

图 4-4　逆变失败

① 换相重叠角 γ。此值随电路形式、工作电流大小的不同而不同。可按照下式计算，即：

$$\cos\alpha - \cos(\alpha + \gamma) = \frac{I_d X_B}{\sqrt{2} U_2 \sin\dfrac{\pi}{m}} \tag{4-7}$$

式中，m 为一个周期内的波头数（换相次数），在三相半波电路中 $m=3$，对于三相桥式全控电路 $m=6$。

根据逆变工作时 $\alpha = \pi - \beta$，并设 $\beta = \gamma$，上式可改写成：

$$\cos\gamma = 1 - \frac{I_d X_B}{\sqrt{2} U_2 \sin\dfrac{\pi}{m}} \tag{4-8}$$

γ 为 $15° \sim 20°$ 的电角度。

② 晶闸管关断时间 t_q 所对应的电角度 δ。折算后的电角度为 $4° \sim 5°$。

③ 安全裕量角 θ'。考虑到脉冲调整时不对称、电网波动、畸变与温度等影响，还必须留一个安全裕量角，一般取 θ' 为 $10°$ 左右。

综上所述，最小逆变角为：

$$\beta_{\min} = \delta + \gamma + \theta' \tag{4-9}$$

根据经验，中、小型变流电路，$\beta_{\min}$ 一般可取 $30° \sim 35°$。通常，在触发电路中设置一个保护环节，使触发脉冲不进入小于 $\beta_{\min}$ 的区域内，保证 $\beta > \beta_{\min}$。另外，为了防止逆变失败或避免由于逆变失败而造成短路危害，还可以采用多脉冲触发晶闸管，以及加装缺相保护电路、过流保护电路等措施。

4.3　电压型逆变电路

电压型逆变电路的典型应用是交-直-交变频器，给电动机供电。工厂、企业中往往有大量的电动机，现场提供的电源通常是电网提供的交流电，为了实现把"变压变频交流电供给无源负载"，首先把交流电整流为直流电，经过中间滤波环节后，再把直流电逆变成变压变频的交流电，这一过程称为交-直-交变频，实现变频的装置叫交-直-交变频器，又称为间接变频器。无源逆变器是变频器的直-交部分。

交-直-交变频器就是把工频交流电先通过整流器整成直流，然后再通过无源逆变器，把直流电逆变成频率可调的交流电。根据交-直-交变压变频器的中间滤波环节是采用电容性元件或是电感性元件，可以将交-直-交变频器分为电压型变频器和电流型变频器两大类。

当中间直流环节采用大电容滤波时，直流电压波形比较平直，在理想情况下是一个内阻抗为零的恒压源，输出交流电压是矩形波或阶梯波，这类变频装置叫作电压型变频器，如图 4-5 所示。图示的交-直-交变频器输入采用了二极管不可控整流，输出为采用全控型器件的六拍逆变。

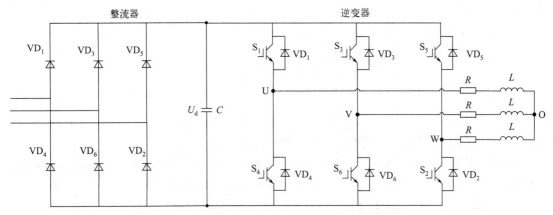

图 4-5　三相桥式电压型交-直-交电压型变频器

无源逆变电路的种类很多，最常见的有单相半桥逆变电路、单相全桥逆变电路、三相全桥逆变电路等，而这些电路又各有电压型和电流型两种形式。下面以电压型逆变电路为例说明它们的工作原理。

电压型逆变电路的特点是直流侧为电压源或并联了大电容。因此，直流侧电压基本无纹波。电压型逆变器可以采用方波调制、移相调制、PWM 调制。

4.3.1　单相电压型逆变电路

（1）单相半桥逆变电路

为了简化电路的分析，突出对电路原理的理解，作如下假设。

① 电力电子开关器件无损耗、无时延，开关状态的切换在瞬间完成。

② 给逆变电路供电的电源为理想直流电压源，直流侧电压无脉动且不受负载影响。

③ 负载为理想负载，变压器和电抗器无直流内阻、铁芯不饱和。

这样假定后电路的分析结果与实际情况有所差别，但需要考虑某些实际因素影响时，运用相关知识对理想结果加以修正即可。

桥式逆变电路的一种最简单结构如图 4-6 所示，它是一种单相半桥电压型逆变电路，它有两个桥臂，每个桥臂由全控型开关器件和反并联二极管组成。在直流侧接有两个足够大的分压电容 C_1 和 C_2，且 $C_1=C_2$，以致开关器件通、断状态改变时电容电压保持为 $U_d/2$ 不变。单相半桥逆变器一共有 4 种工作模态，各模态的等效电路如图 4-7 所示。

模态 1：如图 4-7（a）所示，开关管 S_1 导通，此时输出电压 $u_o=U_d/2$，负载电流为正，$i_o>0$，u_o 和 i_o 同向，故直流电源向负载提供能量。

模态 2：如图 4-7（b）所示，二极管 VD_2 为通态，此时输出电压 $u_o=-U_d/2$，负载电流为正，$i_o>0$，u_o 和 i_o 反向，负载电感储存的无功能量向直流侧反馈。反馈的能量暂时存储在直流侧电容中，故直流侧电容起着缓冲无功能量的作用。由于二极管是负载向直流侧反馈能量的通道，故称为反馈二极管，同时又起着使负载电流连续的作用，因此又称为续流

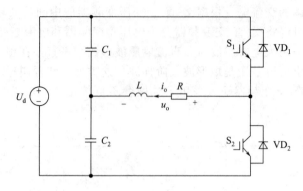

图 4-6　单相半桥电压型逆变器

二极管。

模态 3：如图 4-7(c) 所示，开关管 S_2 导通，此时输出电压 $u_o = -U_d/2$，负载电流为负，$i_o < 0$，u_o 和 i_o 同向，直流电源向负载提供能量。

模态 4：如图 4-7(d) 所示，二极管 VD_1 为通态，此时输出电压 $u_o = U_d/2$，负载电流为负，$i_o < 0$，u_o 和 i_o 反向，负载电感储存的无功能量向直流侧反馈。

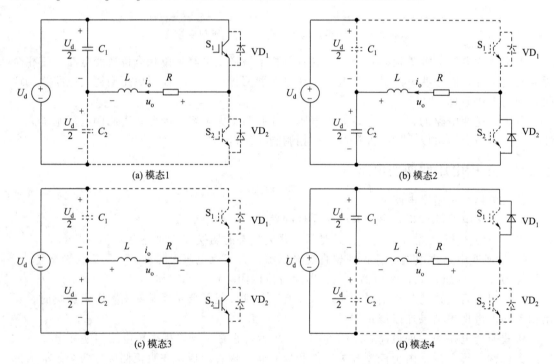

图 4-7　单相半桥逆变器不同工作模态的等效电路

改变开关管的门极驱动信号的频率，输出电压的频率也随之改变。值得注意的是，为保证逆变电路的正常工作，必须保证 S_1 和 S_2 两个开关管不同时导通，否则将出现直流电源短路的情况，这种情况被称为逆变器的贯穿短路。实际的控制电路应采取有效的措施避免这种情况的发生，如对同一桥臂上的两个开关元件，在一个开关关断后另一开关开通之前设置一个驱动脉冲封锁时间，以保证同一桥臂的两个开关不同时导通，从而避免发生贯穿短路的情况。

　　方波调制方式是电压型逆变器基本的调制方式之一，采用方波调制的单相半桥逆变电路波形如图 4-8 所示。工作过程概述如下。

　　$t_1 \sim t_2$ 期间，S_1 导通，S_2 关断，逆变器工作在模态 1，输出电压 $u_o = U_d/2$，输出电流 $i_o > 0$。

　　t_2 时刻，给 S_1 施加关断信号，给 S_2 施加开通信号，则 S_1 关断。由于阻感负载的电流 i_o 不能立即改变方向，于是通过二极管 VD_2 续流，逆变器工作在模态 2，输出电压 $u_o = -U_d/2$。

　　t_3 时刻，i_o 过零点变负，VD_2 截止，S_2 导通，逆变器工作在模态 3，输出电压 $u_o = -U_d/2$。

　　t_4 时刻，给 S_2 施加关断信号，给 S_1 施加开通信号，i_o 不能立即改变方向，于是通过二极管 VD_1 续流，逆变器工作在模态 4，输出电压 $u_o = U_d/2$。

　　t_5 时刻，i_o 过零点变正，VD_1 截止，S_1 导通，又回到模态 1，开始新的工作周期。

　　由图 4-8 可见，单相半桥方波逆变器的输出电压 u_o 是一个幅值为 $U_d/2$，脉宽为 $180°$ 的交变方波，将输出电压 u_o 用傅里叶级数展开，得：

$$u_o = \sum_{n=1,3,5,\cdots}^{\infty} \frac{2U_d}{n\pi} \sin(n\omega t) = \frac{2U_d}{\pi} \left[\sin(\omega t) + \frac{1}{3}\sin(3\omega t) + \frac{1}{5}\sin(5\omega t) + \cdots \right] \quad (4\text{-}10)$$
$$= U_{o1m}\sin(\omega t) + U_{o3m}\sin(3\omega t) + U_{o5m}\sin(5\omega t) + \cdots$$

　　式中，$\omega = 2\pi f$，f 为开关频率。

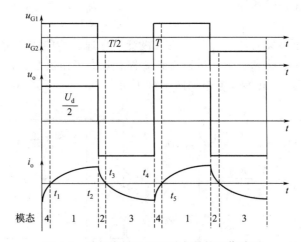

图 4-8　单相半桥电压型逆变器的工作波形

　　输出电压的基波幅值：

$$U_{o1m} = \frac{2U_d}{\pi} \approx 0.637 U_d \quad (4\text{-}11)$$

　　输出电压的基波有效值：

$$U_{o1} = \frac{U_{o1m}}{\sqrt{2}} \approx 0.45 U_d \quad (4\text{-}12)$$

　　输出基波电压增益 A_V：

$$A_V = \frac{U_{o1m}}{U_d} \approx 0.637 \quad (4\text{-}13)$$

从上述分析可知，单相半桥逆变器的优点是结构简单、使用器件少；缺点是输出的交变方波电压幅值仅为 $U_d/2$，且直流侧需要两个电容串联，实际工作时还要控制两个电容电压的平衡。因此，单相半桥逆变器通常用于小功率场合。

（2）单相全桥逆变电路

半桥电路的特点是结构简单，所应用的管子比全桥电路少一半，相应地减少了管压降损耗，但输出电压幅值降低一半，若要获得相同的输出电压，需要带有中间抽头的 $2U_d$ 的直流电源，因此在实际应用中，特别是容量较大的场合，全桥逆变电路使用更为普遍，单相全桥电压型逆变电路如图 4-9 所示。

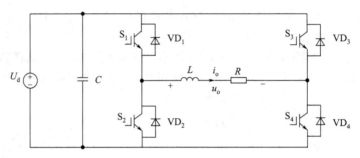

图 4-9　单相全桥电压型逆变器

单相全桥逆变电路有 4 个桥臂，可看成 2 个半桥逆变器，直流电压源与一个大电容并联，负载直接接在两相桥臂的连接点之间，上下 2 个桥臂不能直通，即 S_1 和 S_2 的驱动信号互补，S_3 和 S_4 的驱动信号互补。桥臂 1 和 2 为一相，桥臂 3 和 4 为另一相。在任一时刻，每一相桥臂必须有一个开关器件（开关管或二极管）导通，才能构成完整的负载电流回路。根据两组桥臂开关的通断状态组合，可以得到 8 种有效的工作模态。各个模态的工作状态汇总见表 4-1，各个模态对应的等效电路如图 4-10 所示。

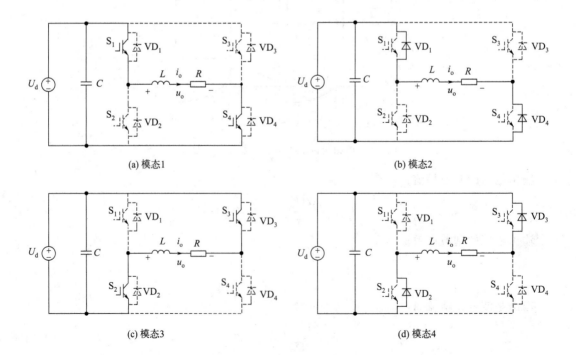

(a) 模态1　　　　　　　　　　　　　　　　(b) 模态2

(c) 模态3　　　　　　　　　　　　　　　　(d) 模态4

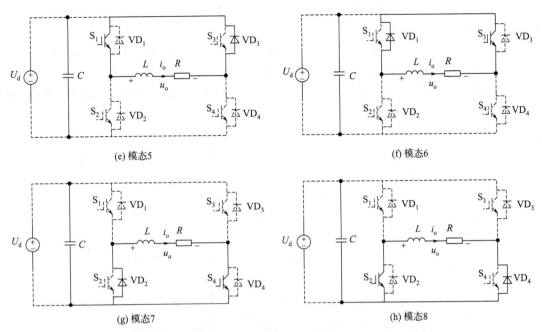

图 4-10　单相全桥逆变电路不同工作模态的等效电路

表 4-1　单相桥式逆变器的工作模态

模态	导通器件	输出电压 u_o	负载电流 i_o 极性
1	S_1,S_4	$+U_d$	+
2	VD_1,VD_4	$+U_d$	−
3	S_2,S_3	$-U_d$	−
4	VD_2,VD_3	$-U_d$	+
5	S_1,VD_3	0	+
6	S_3,VD_1	0	−
7	S_4,VD_2	0	+
8	S_2,VD_4	0	−

　　组合不同的模态可以得到不同的输出电压，调制方法有方波调制、移相调制、正弦脉宽调制和特定谐波消去法等方法。下面重点介绍方波调制和移相调制方法，正弦脉宽调制法见 4.4 节。

　　(1) 方波调制

　　采用方波调制时，同一组桥臂同时导通和关断，且导通时间是开关周期的一半，得到的工作波形如图 4-11 所示。

　　逆变器输出电压幅值为 U_d，宽度为 $180°$（$T/2$）的方波。单相全桥逆变器的工作过程概述如下。

　　$t_1 \sim t_2$ 期间，S_1 和 S_4 导通，阻感负载的电流 $i_o > 0$，逆变器工作在模态 1，输出电压 $u_o = U_d$。

　　t_2 时刻，给 S_1 和 S_4 施加关断信号，S_2 和 S_3 施加开通信号，由于负载电流 i_o 不能立即改变方向，实际上是通过二极管 VD_2 和 VD_3 续流，逆变器工作在模态 4，输出电压 $u_o = -U_d$。

t_3 时刻，i_o 过零点变负，VD_2 和 VD_3 截止，S_2 和 S_3 流过电流，逆变器工作在模态 3，输出电压 $u_o = -U_d$。

t_4 时刻，令 S_2 和 S_3 关断，给 S_1 和 S_4 施加开通信号，$i_o < 0$，且不能立即改变方向，实际是二极管 VD_1 和 VD_4 续流，逆变器工作在模态 2，输出电压 $u_o = U_d$。

t_5 时刻，i_o 过零点变正，VD_1 和 VD_4 截止，S_1 和 S_4 导通，又回到模态 1，开始新的工作周期。

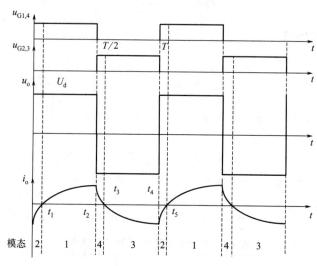

图 4-11　单相全桥电压型逆变器工作波形

单相全桥逆变电路是单相逆变电路中应用最多的，下面对其电压波形做定值分析。把幅值为 U_d 的矩形波利用傅里叶级数展开得：

$$u_o = \sum_{n=1,3,5,\cdots}^{\infty} \frac{4U_d}{n\pi} \times \sin(n\omega t) = \frac{4U_d}{\pi} \times \left[\sin(\omega t) + \frac{1}{3}\sin(3\omega t) + \frac{1}{5}\sin(5\omega t) + \cdots \right] \tag{4-14}$$
$$= U_{o1m}\sin(\omega t) + U_{o3m}\sin(3\omega t) + U_{o5m}\sin(5\omega t) + \cdots$$

其中基波的幅值 U_{o1m} 和基波有效值 U_{o1} 分别为：

$$U_{o1m} = \frac{4U_d}{\pi} \approx 1.27U_d \tag{4-15}$$

$$U_{o1} = \frac{U_{o1m}}{\sqrt{2}} \approx 0.9U_d \tag{4-16}$$

输出基波电压增益 A_V：

$$A_V = \frac{U_{o1m}}{U_d} \approx 1.27 \tag{4-17}$$

全桥电路的开关器件的数量是半桥逆变电路的两倍，但负载可获得的最大电压也是半桥电路的两倍，所以全桥变换器的输出容量较半桥变换器提高了一倍，适用于较大功率应用场合，而半桥型电路的功率应用范围一般不超过 2kW。

单相逆变电路输出电压为 180°定宽方波，缺点是在直流电源电压 U_d 一定时输出电压的基波大小不可控，且输出交流电压中谐波频率低、数值大（3 次谐波系数为 33%，5 次谐波系数为 20%），需要较大的输出滤波器以获得正弦电压。

（2）移相调制

移相调制也叫作移相调压，设单相桥式逆变器中每个开关管均导通半个开关周期，S_1

和 S_2 的驱动信号互补，S_3 和 S_4 的驱动信号互补，为了调节输出电压，使 S_3 的驱动信号比 S_1 滞后一定的电角度 θ（$0<\theta<\pi$）。图 4-12 给出了采用移相调制方式的单相全桥逆变电路带阻感负载情况下的工作波形，电路的工作过程如下。

$t_1 \sim t_2$ 期间，S_1 和 S_4 导通，阻感负载的电流 $i_o>0$，逆变器工作在模态 1，输出电压 $u_o=U_d$。

t_2 时刻，在滞后 S_1 的驱动信号电角度 θ 时给 S_4 施加关断信号，给 S_3 施加开通信号，由于负载电流 $i_o>0$ 且不能立即改变方向，实际上是 S_1 导通和 VD_3 续流，逆变器工作在模态 5，输出电压 $u_o=0$。

t_3 时刻，S_1 关断，S_2 导通，若 i_o 大于 0，实际通过 VD_2 和 VD_3 续流，逆变器工作在模态 4，输出电压 $u_o=-U_d$。

t_4 时刻，i_o 过零点变负，VD_2 和 VD_3 截止，S_2 和 S_3 流过负载电流，电路工作在模态 3，此时输出电压 $u_o=-U_d$。

t_5 时刻，给 S_3 施加关断信号，给 S_4 施加开通信号，由于此时 $i_o<0$，实际是 S_2 导通和 VD_4 续流，逆变器工作在模态 8，输出电压 $u_o=0$。

t_6 时刻，给 S_1 施加导通信号，给 S_2 施加关断信号，若 i_o 仍小于 0，实际通过 VD_1 和 VD_4 续流，逆变器工作在模态 2，输出电压 $u_o=U_d$。

t_7 时刻，i_o 过零点变正，VD_1 和 VD_4 截止，S_1 和 S_4 流过负载电流，电路工作在模态 1，输出电压 $u_o=U_d$，开始新的工作周期。

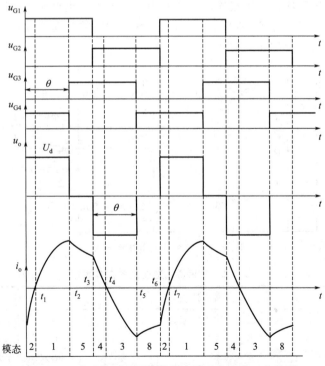

图 4-12 采用移相调压的单相全桥逆变电路工作波形

由图 4-12 可知，采用移相调压时，全桥逆变器的输出电压有 U_d、$-U_d$ 和 0 三种电平，输出电压 u_o 是一个脉冲宽度为 θ 的方波。对输出电压进行傅里叶级数展开后，得：

$$u_o=\sum_n A_n\cos(n\omega t)，n=1,3,5,\cdots \tag{4-18}$$

其中

$$A_n = \frac{2}{\pi} \int_{-\pi/2}^{\pi/2} u_o \cos(n\omega t)\, d(\omega t) = \frac{4U_d}{n\pi} \sin \frac{n\theta}{2}$$

输出基波电压的幅值 U_{o1m} 和基波有效值 U_{o1} 分别为：

$$U_{o1m} = \frac{4U_d}{\pi} \sin \frac{\theta}{2} \tag{4-19}$$

$$U_{o1} = \frac{U_{o1m}}{\sqrt{2}} = \frac{2\sqrt{2}U_d}{\pi} \sin \frac{\theta}{2} \tag{4-20}$$

输出电压的有效值为：

$$U_o = \sqrt{\frac{1}{2\pi} \int_0^{2\pi} u_o^2 \, d(\omega t)} = \sqrt{\frac{\theta}{\pi}} U_d \tag{4-21}$$

因此，通过改变输出电压的脉宽或移相角度 θ 的大小可以调节输出电压。

4.3.2　三相电压型逆变电路

在需要进行大功率变换或者负载要求提供三相电源时，可采用三相桥式逆变电路。由三个单相逆变电路可以组合成一个三相逆变电路，每个单相逆变电路可以是任意形式，只要三个单相逆变电路输出电压的大小相等、频率相同、相位互差120°即可。在三相逆变电路中应用最广泛的是三相桥式逆变电路，如图 4-13 所示，它可以看成由三个半桥逆变电路组合而成。直流侧通常只需要一个电容，通常画作串联的两个电容，并标出假想中性点 O'。三相对称阻感负载为星形连接，负载连接中性点为 O。为了避免直流侧电压源短路，同一相的上下桥臂之间不能直通，即 S_1 和 S_4、S_3 和 S_6、S_5 和 S_2 的驱动信号互补（通常采用"先断后通"的方法，留出一定的死区时间）。

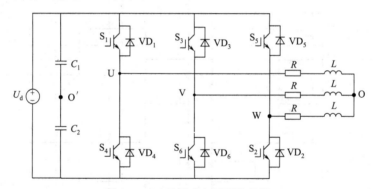

图 4-13　三相桥式电压型逆变器

表 4-2　三相桥式逆变器的工作模态

模态	导通情况	$u_{UO'}, u_{VO'}, u_{WO'}$
1	101	$+U_d/2, -U_d/2, +U_d/2$
2	100	$+U_d/2, -U_d/2, -U_d/2$
3	110	$+U_d/2, +U_d/2, -U_d/2$
4	010	$-U_d/2, +U_d/2, -U_d/2$
5	011	$-U_d/2, +U_d/2, +U_d/2$
6	001	$-U_d/2, -U_d/2, +U_d/2$
7	111	$+U_d/2, +U_d/2, +U_d/2$
8	000	$-U_d/2, -U_d/2, -U_d/2$

　　若三相桥式电压型逆变电路的工作方式是 180°导电方式（也有 120°导电方式，读者可自行分析），即每个桥臂的导通角为 180°，同相（即同一半桥）上下两个桥臂交替导通，各相开始导通的角度依次相差 120°。这样在任何时刻都有三个桥臂同时导通，导通的顺序为 1、2、3—2、3、4—3、4、5—4、5、6—5、6、1—6、1、2。即可能是上面一个桥臂和下面两个桥臂同时导通，也可能是上面两个桥臂和下面一个桥臂同时导通，因为每次换流都是在同一相上下两个桥臂之间进行的，因此被称为纵向换流。

　　根据六个桥臂的通断状态，三相桥式逆变器一共有 8 种工作模态，如表 4-2 所示。表中 "1" 代表上桥臂开通，"0" 代表下桥臂开通，例如模态 1（101）为 S_1、S_6 和 S_5 导通，对应的各相桥臂电压分别为 $u_{UO'}=U_d/2$，$u_{VO'}=-U_d/2$，$u_{WO'}=U_d/2$。若输出电流以从逆变桥流向负载为正向，当输出相电流为正时，负载相电流流过上桥臂的开关管或下桥臂的二极管；当输出相电流为负时，负载相电流流过上桥臂的二极管或下桥臂的开关管。根据负载电流的方向，模态 1（101）共有 4 种电流导通路径，具体如图 4-14 所示。

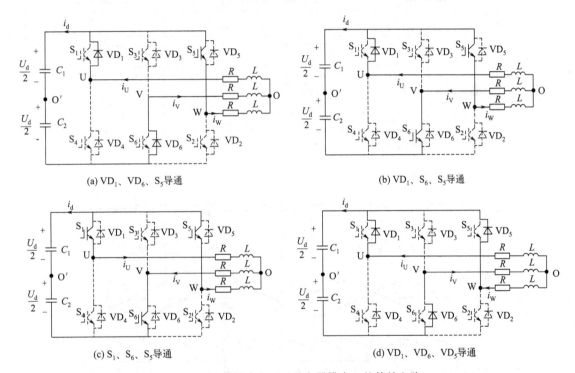

(a) VD_1、VD_6、S_5导通　　　　　　　　　　(b) VD_1、S_6、S_5导通

(c) S_1、S_6、S_5导通　　　　　　　　　　(d) VD_1、VD_6、VD_5导通

图 4-14　三相桥式电压型逆变器模态 1 的等效电路

　　设 i_U、i_V、i_W 分别是三相输出电流，$u_{UO'}$、$u_{VO'}$、$u_{WO'}$ 为三相负载相对于电源中性点 O' 的电压，$u_{OO'}$ 为直流电压源中性点 O' 和三相负载中性点 O 之间的电位差。已知三相阻感负载对称，各工作模态的通用状态方程为：

$$\begin{cases} L\dfrac{\mathrm{d}i_U}{\mathrm{d}t}=u_{UO'}-Ri_U-u_{OO'} \\[2mm] L\dfrac{\mathrm{d}i_V}{\mathrm{d}t}=u_{VO'}-Ri_V-u_{OO'} \\[2mm] L\dfrac{\mathrm{d}i_W}{\mathrm{d}t}=u_{WO'}-Ri_W-u_{OO'} \end{cases} \tag{4-22}$$

　　其中 $u_{OO'}$ 的表达式为：

$$u_{OO'} = \frac{u_{UO'} + u_{VO'} + u_{WO'}}{3} \tag{4-23}$$

当三相桥式逆变器工作在某一工作模态时，根据模态分析可以知道三相输出电压（$u_{UO'}$、$u_{VO'}$、$u_{WO'}$）的大小，将它们代入上式即可得到三相输出电流的大小。

采用方波调制时，开关管均采用180°导通控制，各相上下桥臂的开关管驱动脉冲互补，各相桥臂间驱动脉冲在相位上互差120°，得到的典型工作波形如图4-15所示。

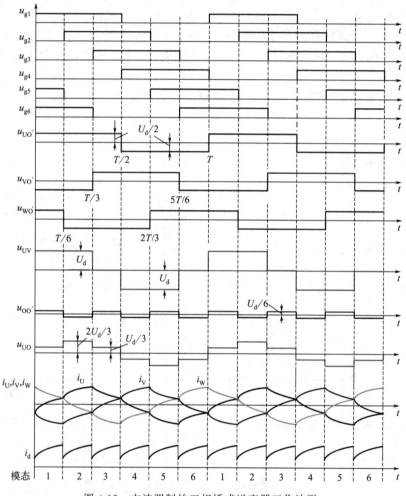

图4-15 方波调制的三相桥式逆变器工作波形

相对直流电源中性点 O′，三相桥式逆变器各桥臂输出电压为 $\pm U_d/2$ 的方波，故输出线电压具有 $+U_d$、$-U_d$ 和 0 三种电平。

已知输出相电压为：

$$u_{UO} = u_{UO'} - \frac{u_{UO'} + u_{VO'} + u_{WO'}}{3} \tag{4-24}$$

故输出相电压具有 $\pm\dfrac{2U_d}{3}$ 和 $\pm\dfrac{U_d}{3}$ 四种电平。

输出相电压和线电压都呈现半波对称奇函数特性，对输出相电压 u_{UO} 和线电压 u_{UV} 进行傅里叶级数展开，可得：

$$u_{UO} = \frac{2U_d}{\pi}\left[\sin(\omega t) + \frac{1}{5}\sin(5\omega t) + \frac{1}{7}\sin(7\omega t) + \frac{1}{11}\sin(11\omega t) + \cdots\right]$$

$$= \frac{2U_d}{\pi}\left[\sin(\omega t) + \sum_n \frac{1}{n}\sin(n\omega t)\right] \tag{4-25}$$

$$u_{UV} = \frac{2\sqrt{3}U_d}{\pi}\left[\sin(\omega t) - \frac{1}{5}\sin(5\omega t) - \frac{1}{7}\sin(7\omega t) + \frac{1}{11}\sin(11\omega t) + \cdots\right]$$

$$= \frac{2\sqrt{3}U_d}{\pi}\left[\sin(\omega t) + \sum_n \frac{1}{n}(-1)^k\sin(n\omega t)\right] \tag{4-26}$$

式中，$\omega = \frac{2\pi}{T}$，T 为开关周期；$n = 6k \pm 1$，$k = 1,2,3,\cdots$。

输出相电压基波幅值：

$$U_{UO1m} = \frac{2U_d}{\pi} \approx 0.637U_d \tag{4-27}$$

输出相电压基波有效值：

$$U_{UO1} = \frac{U_{UO1m}}{\sqrt{2}} \approx 0.450U_d \tag{4-28}$$

相电压有效值：

$$U_{UO} = \sqrt{\frac{1}{2\pi}\int_0^{2\pi} u_{UO}^2 \, \mathrm{d}(\omega t)} = 0.472U_d \tag{4-29}$$

输出线电压基波幅值：

$$U_{UV1m} = \frac{2\sqrt{3}U_d}{\pi} \approx 1.10U_d \tag{4-30}$$

输出线电压基波有效值：

$$U_{UV1} = \frac{U_{UV1m}}{\sqrt{2}} \approx 0.780U_d \tag{4-31}$$

线电压有效值：

$$U_{UV} = \sqrt{\frac{1}{2\pi}\int_0^{2\pi} u_{UV}^2 \, \mathrm{d}(\omega t)} = 0.816U_d \tag{4-32}$$

可以看到，输出线电压基波幅值为相电压基波幅值的 1.732 倍，相位相差 30°，两者都不包含"3"的整数倍次谐波成分，特性与一般三相系统一致。

三相桥式逆变器采用方波调制时，和单相逆变器的特点类似。

① 输出电压谐波含量高，尤其是低次谐波含量成分丰富。输出相电压 THD 约为 26%，在谐波要求敏感的场合不能满足要求。

② 输出相电压不可调，相应的解决办法是在逆变器的直流侧采用传统的相控整流器，或不可控整流器后接 DC/DC 变换器，以改变直流侧电压的大小。

4.4　PWM 逆变电路

1964 年，德国的 A. Schonung 等人率先把通信系统中的调制概念推广应用于变频调速系统，为现代逆变技术的实用化和发展开辟了崭新的道路。经过几十年的发展，PWM 技术日益成熟。近十几年来，随着微处理器技术的飞速发展，数字化 PWM 技术又为传统的 PWM 技术注入了新的内涵，使得 PWM 方法实现不断优化和翻新。当然 PWM 技术也正处在一个不断创新、不断发展的阶段。

在逆变电路的许多应用领域中，除了要求逆变电路输出电压和频率能同时、连续、平滑调节外，还要求输出电压的基波分量尽可能大，谐波含量尽可能小，前面介绍的方波逆变电路很难满足这个要求。当对波形有较高要求时，可采用 PWM 控制方法，以抑制较大的高次谐波。因此，在实际应用中绝大多数采用 PWM 型逆变电路，即把 PWM 控制技术运用到由全控型器件所构成的逆变电路中。

PWM 控制技术就是对脉冲宽度进行调制的技术，通过对逆变电路中的开关器件作高频通、断控制，使逆变电路输出系列等幅不等宽的脉冲。按照一定的规则调制脉冲的宽度，不仅可实现逆变电路输出电压和频率的同时调节，而且能消除输出电压的低次谐波，只剩幅值很小、易于抑制的高次谐波，从而极大地改善逆变电路的输出性能。PWM 逆变电路的主要特点是：电路结构简单、动态响应快、控制灵活、调节性能好、成本低，可以得到相当接近正弦波的输出电压和电流。

4.4.1　单相 SPWM 逆变电路

正弦脉冲宽度调制（Sinusoidal Pulse Width Modulation，SPWM）的基本原理是用一系列幅值相等、宽度按正弦规律变换的脉冲等效正弦波。根据上述 SPWM 的基本原理，再给出正弦波的频率、幅值和半个周期内的脉冲数，就可以准确计算出 PWM 波形各脉冲的宽度和间隔。按照计算结果控制逆变电路中各开关器件的通断，得到所需要的 PWM 波形，这种方法称为计算法。但是，当正弦波的频率、幅值或相位变化时，计算的结果也随之发生变化，因此计算法很繁琐。较为实用的方法是调制法，即把希望输出的波形作为调制信号，也称调制波；把接受调制的信号作为载波，通过对载波的调制得到所期望的 PWM 波形。通常采用等腰三角波作为载波，因为等腰三角波上下宽度与高度呈线性关系，且左右对称，当一条平缓变化的曲线与它相交时，如果在交点时刻控制电路中开关器件的通断，就能得到一组等幅值、脉冲宽度正比于调制波幅值的矩形脉冲，这恰好符合 PWM 的控制要求。当调制波为正弦波时，所得到的就是 SPWM 波形；当调制波不是正弦波而是其他波形时，也可得到与其等效的 PWM 波。

根据调制脉冲的极性，可分为单极性调制和双极性调制两种。

（1）单极性正弦脉宽调制

图 4-16(a) 所示为单相桥式电压型逆变电路，设负载为感性负载。调制信号 u_r 为正弦波，载波 u_c 在 u_r 的正半周为正极性的三角波，在 u_r 的负半周为负极性的三角波。在 u_r 和 u_c 的交点时刻控制开关器件的通断。

在 u_r 的正半周，让 S_1 一直保持通态，S_2 一直保持断态，S_3、S_4 交替导通。当 $u_r > u_c$ 时，使 S_4 导通，输出电压 $u_o = u_d$；当 $u_r < u_c$ 时，使 S_4 关断，但 S_4 关断后，由于感性负载中的电流不能突变，负载电流将通过 S_1、VD_3 续流，输出电压 $u_o = 0$。若负载电流较大，则 VD_3 一直续流导通到 S_4 再一次导通；若负载电流较小，则 VD_3 续流到电流为 0 的时刻。但无论怎样在 S_4 关断期间输出电压 u_o 始终为 0。

在 u_r 的负半周，让 S_2 一直保持通态，S_1 一直保持断态，S_3、S_4 交替导通。当 $u_r < u_c$ 时，S_3 导通，输出电压 $u_o = -u_d$；当 $u_r > u_c$ 时，使 S_3 关断，负载电流将通过 VD_4 续流，输出电压 $u_o = 0$。这样就得到了 SPWM 波形，如图 4-16(b) 所示。像这种在 u_r 半个周期内

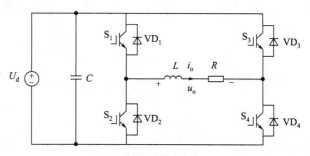

(a) 单相桥式逆变电路

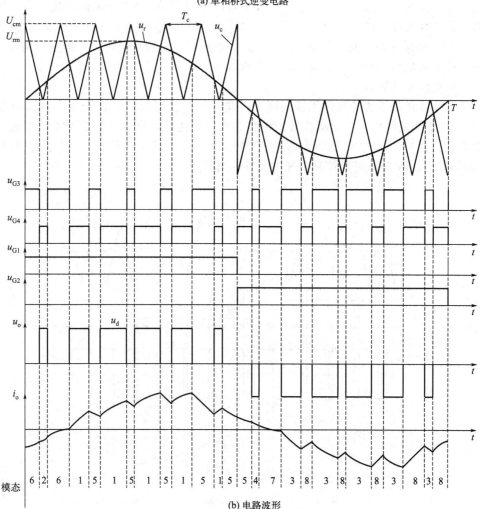

(b) 电路波形

图 4-16　采用单极性 SPWM 调制单相全桥逆变器及工作波形（$m_f = 12$，$m_a = 0.7$）

具有单一极性 SPWM 波形的控制方式称为单极性调制。

单极性 SPWM 采用的载波为单极性的三角波，载波 u_c 在调制波 u_r 的正半周是正极性的三角波，在调制波 u_r 的负半周是负极性的三角波。

正弦调制波 u_r 为：

$$u_r = U_{rm} \sin(\omega t + \varphi) \tag{4-33}$$

式中，$\omega = 2\pi f = 2\pi/T$ 为调制波的角频率，f 是调制波的频率；φ 为调制波初始相位。

载波 u_c 是一个正负幅值均为 U_{cm}、频率为 f_c 的三角波。调制波和载波的幅值调制比或调制度为：

$$m_a = \frac{U_{rm}}{U_{cm}} \tag{4-34}$$

频率调制比为：

$$m_f = \frac{f_c}{f} \tag{4-35}$$

与单相方波逆变电路相比较，SPWM 逆变电路具有输出电压可调、谐波含量低、可消除低次谐波等优点。但也存在一些缺点：直流电压利用率低，采用 SPWM 控制后，输出电压的最大基波有效值（在 $m_a=1$ 时）为 $0.707U_d$，它与 $180°$ 方波的基波有效值 $0.9U_d$ 的比值为 0.7856，即输出电压减小了 21.44%；开关器件的开关损耗高，提高频率调制比可以抑制谐波，但比值越高，开关损耗越大，电路的效率越低。

（2）双极性正弦脉宽调制

采用双极性控制方式时的单相桥式逆变电路，工作波形如图 4-17 所示。在双极性控制方式中 u_r 的半个周期内，三角载波是正负两个方向变化的，所得到的 PWM 波形也是两个方向变化的。在 u_r 的一个周期内输出的 PWM 波形只有 $\pm U_d$ 两种电平。仍然在调制信号 u_r 和载波信号 u_c 的交点时刻控制各开关器件的通断。

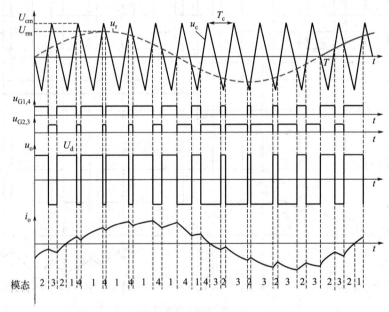

图 4-17　采用双极性 SPWM 调制单相全桥逆变器的工作波形（$m_f=11$，$m_a=0.8$）

在 u_r 的正、负半周，对各开关器件的控制规律相同。当 $u_r > u_c$ 时，输出电压 $u_o = U_d$，如果 $i_o > 0$，则 S_1、S_4 导通，逆变器工作在模态 1；如果 $i_o < 0$，则 VD_1 和 VD_4 导通，逆变器工作在模态 2。当 $u_r < u_c$ 时，输出电压 $u_o = -U_d$，如果 $i_o < 0$，则 S_2、S_3 导通，逆变器工作在模态 3；如果 $i_o > 0$，则 VD_2 和 VD_3 导通，逆变器工作在模态 4，如图 4-18 所示。由于输出电压的波形只有 $+U_d$ 和 $-U_d$ 两种电平，所以这种调制被称为双极性 SPWM。

当频率调制比 $m_f \gg 1$ 且幅值调制比 $m_a \leqslant 1$ 时，根据 PWM 调制原理，有：

$$u_{o1} = m_a U_d \sin(\omega t + \varphi) \tag{4-36}$$

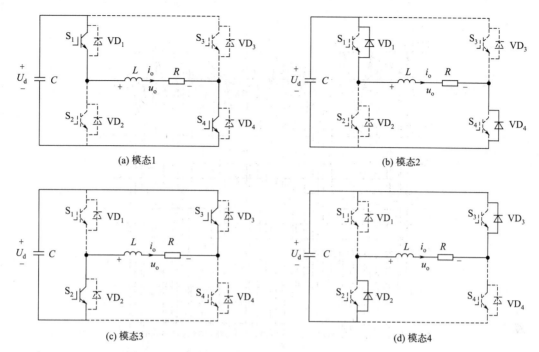

(a) 模态1　　　　　　　　　　　　　　(b) 模态2

(c) 模态3　　　　　　　　　　　　　　(d) 模态4

图 4-18　双极性 SPWM 调制单相全桥逆变器的等效电路

　　调整 m_a 就可以改变输出基波电压的大小。$m_a < 1$ 时，线性调制；$m_a > 1$ 时，过调制；$m_a = 1$ 时，输出基波电压的幅值达到最大值 U_d，基波有效值为 $0.707U_d$，方波调制时输出基波电压的有效值为 $0.9U_d$，因此 SPWM 调制的输出基波电压增益比方波调制低 21.44%。

　　输出电压的谐波角频率为：

$$\omega_h = n\omega_c \pm k\omega \tag{4-37}$$

　　输出电压中不含与调制波角频率 ω 相关的低次谐波，只含有载波角频率 ω_c、$2\omega_c$、$3\omega_c$ 等及其附近的谐波。幅值最高、影响最大的是角频率 ω_c 的谐波分量。一般情况下 $m_f \gg 1$ 或 $\omega_c \gg \omega$，所以输出电压波形中所含的主要谐波频率比基波频率高很多，容易被滤除。

　　可见，单相桥式逆变电路既可采用单极性调制，也可采用双极性调制，由于对开关器件通断控制的规律不同，它们的输出波形也有较大差别。就基波性能（即输出电压的调节性能）而言，双极性 SPWM 和单极性 SPWM 完全一致。由于它们两者的基本原理是类似的，所以单极性电路的特点在双极性电路中仍存在。

4.4.2　三相 SPWM 逆变电路

（1）调制原理

　　前面介绍的三相方波电压型逆变电路，每个开关器件在一个开关周期中通断状态仅转换一次，输出线电压每半周中仅一个脉冲电压，相电压则为阶梯波。逆变电路输出电压中的基波仅取决于直流电压 U_d 的大小，而不能调节控制，最低次谐波为 5 次，且谐波含量大。

　　三相桥式 SPWM 逆变电路与图 4-13 相同，其波形如图 4-19 所示，若三相桥臂需共用载波信号，则采用双极性调制。载波 u_c 是正负幅值均为 U_{cm}、频率为 f_c 的三角波，调制波是三组频率为 f、幅值为 U_{rm}、相位互差 120°的标准正弦波。三相桥式逆变器可看作三个单相半桥逆变器组合工作，开关管的通断控制机理与单相桥式逆变器的双极性 SPWM 相同。

　　现以 U 相为例来说明。当 $u_{rU} > u_c$ 时，S_1 导通，S_4 关断，则 U 相相对于直流电源假

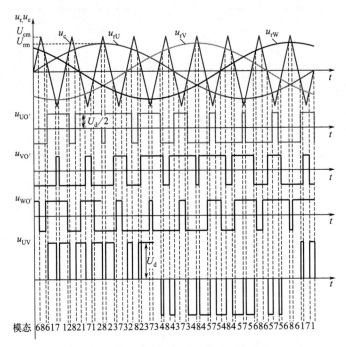

图 4-19 SPWM 调制三相桥式逆变器工作波形（$m_f=9$、$m_a=0.8$）

想中性点 O' 的输出电压 $u_{UO'}=U_d/2$。当 $u_{rU}<u_c$ 时，S_4 导通，S_1 关断，则 $u_{UO'}=-U_d/2$。S_1、S_4 的控制信号始终是互补的。当给 S_1（或 S_4）加导通信号时，可能是 S_1（或 S_4）导通，也可能是二极管 VD_1（或 VD_4）续流导通，这要由阻感负载中原来电流的方向决定。V 相和 W 相的控制方式和 U 相相同，相电压和线电压的波形如图 4-19 所示。可以看出，$u_{UO'}$、$u_{VO'}$、$u_{WO'}$ 为互差 120°的双极性 PWM 波形，且只有 $\pm U_d/2$ 两种电平。线电压 u_{UV} 的波形可由 $u_{UO'}-u_{VO'}$ 得到。逆变电路输出线电压为单极性 PWM 波，由 $\pm U_d$ 和 0 三种电平构成。由于调制信号 u_{rU}、u_{rV}、u_{rW} 为三相对称电压，每一瞬时有的相为正，有的相为负，在共用一个载波信号的情况下，这个载波只能是双极性的。因此，三相桥式 SPWM 逆变电路无法实现单极性控制。

三相桥式电压型逆变电路任何时刻都有 3 个桥臂同时导通。当负载为星形连接时，如果负载的中性点为 O，则 S_1、S_5、S_6 同时导通时，U、W 两点接电源正极，V 点接电源的负极。若为对称三相负载，则 $u_{UO}=U_d/3$。当 S_1、S_3、S_5 同时导通时，U、V、W 三点都连在一起，故 $u_{UO}=0$。用类似的分析方法可画出负载星形连接相电压 $u_{UO'}$ 的波形。

（2）输出电压分析

在载波、调制波的解析表达式和脉冲发生规则确定后，可以精确推导输出电压的傅里叶分解表达式，这个数学分析过程比较繁琐，这里仅给出结论。在 $m_a \leqslant 1$ 时，输出相电压的基波有效值和幅值分别是

$$U_{UO1}=\frac{m_a}{\sqrt{2}}\times\frac{U_d}{2}\approx 0.354 m_a U_d \tag{4-38}$$

$$U_{UO1m}=m_a\frac{U_d}{2}=0.5 m_a U_d \tag{4-39}$$

输出线电压的基波有效值和幅值分别为

$$U_{UV1}=\sqrt{3}U_{UO1}\approx 0.612 m_a U_d \tag{4-40}$$

$$U_{\text{UV1m}} = \sqrt{3} U_{\text{UO1m}} \approx 0.866 m_{\text{a}} U_{\text{d}} \tag{4-41}$$

线电压包含的谐波次数可表达为 $n\omega_{\text{c}} \pm k\omega$，其中 ω_{c} 为载波角频率（$\omega_{\text{c}} = 2\pi f_{\text{c}}$）。当 $n = 1$，$3, 5, \cdots$ 时，$k = 3(2m-1) \pm 1$，$m = 1, 2, \cdots$；当 $n = 2, 4, 6, \cdots$ 时，$k = \begin{cases} 6m+1, m = 0, 1, \cdots \\ 6m-1, m = 1, 2, \cdots \end{cases}$。

三相桥式逆变器采用 SPWM 调制的特点如下。

① 输出电压谐波指标较方波调制大为改善，最低次谐波接近开关频率，输出滤波器尺寸大为缩小，适用于对谐波性能要求较高的逆变场合，但高的开关频率会带来开关损耗和电磁兼容等问题。

② 输出电压可调，尤其适用于交流传动变压变频的应用场合。

③ 直流电压利用率较低，常见的改善方法有过调制、3 次谐波注入、输出变压器匹配等。

4.5　电压型逆变电路参数计算

4.5.1　单相电压型全桥逆变器的设计

输入电压为 400（$1 \pm 10\%$）V 直流电，输出电压为 220V 交流电，额定频率为 50Hz，额定输出功率为 5kW。采用双极性 SPWM 控制，选择开关频率 $f_{\text{s}} = 20\text{kHz}$。

（1）输出 LC 滤波器

对于常用的 LC 低通滤波器，其截止频率为 $f_{\text{L}} = \dfrac{1}{2\pi\sqrt{LC}}$，一般选为开关频率的 $1/10 \sim 1/5$，这里取 $f_{\text{L}} = f_{\text{s}}/10 = 2\text{kHz}$。

滤波器的无功功率大小间接地反映了滤波器的体积、成本等要素。通常电容为定型产品，其容值和体积均有相应的标准，而电感要根据需求自行设计。所以，若按滤波器无功功率最小（滤波器体积最小）来设计，应主要考虑电感对滤波器无功特性的影响。假设电感电流和电容电压所含谐波分量较少，则滤波器无功功率为：

$$Q = \omega_1 L I_L^2 + \omega_1 C U_C^2 \tag{4-42}$$

式中，ω_1 是基波角频率；I_L 为电感基波电流有效值；U_C 为电容基波电压有效值。

当负载为阻性负载时，则

$$I_L^2 = I_o^2 + (\omega_1 C U_C)^2 \tag{4-43}$$

因此，无功功率为：

$$Q = \omega_1 L I_o^2 + \frac{\omega_1^3 U_C^2}{\omega_L^4 L} + \frac{\omega_1 U_C^2}{\omega_L^2 L} \tag{4-44}$$

式中，$\omega_{\text{L}} = 2\pi f_{\text{L}} = \dfrac{1}{\sqrt{LC}}$ 为截止角频率。

以电感 L 为变量，对无功功率 Q 求偏导并使 $\dfrac{\partial Q}{\partial L} = 0$ 时取最小值，则

$$\frac{\partial Q}{\partial L} = \omega_1 I_o^2 - \frac{\omega_1 U_C^2}{(\omega_L L)^2}\left[1 + \left(\frac{\omega_1}{\omega_L}\right)^2\right] \tag{4-45}$$

$$L = \frac{U_C}{I_o \omega_L}\sqrt{1 + \left(\frac{\omega_1}{\omega_L}\right)^2}$$

假设输出功率允许过载 10%，不考虑滤波器影响，则 $I_o = 5000 \times 1.1 \div 220\text{A} = 25\text{A}$，$\omega_L = 2\pi f_L = 12560\text{r/s}$，$\omega_1 = 2\pi f_1 = 314\text{r/s}$，$U_C = 220\text{V}$，得到电感 $L - 0.7\text{mH}$，进而得到电容 $C = 9.06\mu\text{F}$，可取为 $10\mu\text{F}$。

滤波电感的最大脉动电流为

$$\Delta I_{L\max} = \frac{U_d}{2Lf_s} \tag{4-46}$$

当 $L = 0.7\text{mH}$ 时，考虑到输入电压有 $\pm 10\%$ 的波动，可得电感最大脉动电流

$$\Delta I_{L\max} = 400 \times 1.1 \div (2 \times 0.0007 \times 20000)\text{A} = 15.7\text{A} \tag{4-47}$$

已知输出额定电流为 $I_N = 5000 \div 220 = 22.7\text{A}$，此时滤波电感的脉动电流很大，达到了额定电流的 69.2%。L 的取值不合理！

不考虑滤波器体积最小，按电感脉动电流小于额定电流的 10% 设计，则滤波电感取值为

$$L = \frac{U_d}{2f_s \times 0.1 \times I_N} = \frac{400 \times 1.1}{2 \times 20000 \times 0.1 \times 22.7} = 4.85\text{mH} \tag{4-48}$$

因此，取电感 $L = 4.85\text{mH}$，则电容 $C = 1.31\mu\text{F}$，实际取值可为 $1.5\mu\text{F}$。

（2）开关管

单相全桥逆变器开关管承受电压也是输入电压 U_d，考虑到输入电压有 $\pm 10\%$ 的波动，所以 $U_{ds\max} = 400 \times 1.1 = 440\text{V}$，考虑开关管承受电压为额定值的 $50\% \sim 80\%$，选择开关管的额定电压为 800V。

流过开关管的最大电流约为

$$I_{s\max} = \sqrt{2}I_o + \Delta I_L = \sqrt{2} \times 25\text{A} + 0.1 \times 22.7\text{A} = 37.63\text{A} \tag{4-49}$$

考虑一定裕度，选择开关管的额定电流为 80A。实际可选择 $800\text{V}/80\text{A}$ 的 IGBT。

4.5.2 三相桥式电压型逆变器

输入电压为 $900 (1 \pm 10\%)$ V 直流电，输出相电压为 220V 交流电，额定频率为 50Hz，额定输出功率为 5kW。采用双极性 SPWM 控制，选择开关频率 $f_s = 10\text{kHz}$。

（1）输出 LC 滤波器

三相逆变器输出 LC 滤波器的截止频率一般选为开关频率的 $1/10 \sim 1/5$，这里取 $f_L = f_s/10 = 1\text{kHz}$。

LC 的取值计算与 4.5.1 节相同，假设输出功率允许过载 10%，则 $I_o = \frac{5000 \times 1.1}{3 \times 220}\text{A} = 8.33\text{A}$，$\omega_L = 2\pi f_L = 6280\text{r/s}$，$\omega_1 = 2\pi f_1 = 314\text{r/s}$，$U_C = 220\text{V}$，得到电感 $L = 4.21\text{mH}$，进而得到电容 $C = 6.02\mu\text{F}$，可取为 $6\mu\text{F}$。

考虑到输入电压有 $\pm 10\%$ 的波动，可得电感最大脉动电流为

$$\Delta I_{L\max} = \frac{900 \times 1.1}{4 \times 0.00421 \times 10000}\text{A} \approx 5.88\text{A} \tag{4-50}$$

（2）开关管

三相全桥逆变器开关管承受电压也是输入电压 U_d，考虑到输入电压有 $\pm 10\%$ 的波动，所以 $U_{ds\max} = 900 \times 1.1 = 990\text{V}$，考虑开关管承受电压为额定值的 $50\% \sim 80\%$，选择开关管的额定电压为 1600V。

流过开关管的最大电流约为

$$I_{s\max} = \sqrt{2}I_o + \Delta I_L = \sqrt{2} \times 8.33\text{A} + 5.88\text{A} = 17.7\text{A} \tag{4-51}$$

考虑一定裕度，选择开关管的额定电流为 40A。实际可选择 1600V/40A 的 IGBT。

4.6　电流型逆变电路

电流型逆变电路的供电电源为直流电流源。实际上理想的直流电流源并不多见，一般是在逆变电路直流侧串联大电感，由于大电感中的电流脉动很小，因此可近似看成直流电流源。在电流型逆变器中，开关器件的作用仅是改变直流电流的流通路径，因此交流侧输出电流为矩形波。当交流侧为感性负载时，需要提供无功功率，直流侧电感起无功能量的缓冲作用。由于反馈无功能量时，直流电流并不反向，因此不必给开关器件并联二极管。

在电流型逆变器中，采用半控型器件的电路仍应用较多。电流型逆变器按输出相数分为单相逆变器和三相逆变器。

4.6.1　单相电流型逆变电路

图 4-20 是一种单相桥式电流型逆变器的原理图。直流侧由一个电压源串联一个大电感构成，电路由四个桥臂构成，每个桥臂的晶闸管各串联一个电抗器 L_T。L_T 用来限制晶闸管开通时的 $\mathrm{d}i/\mathrm{d}t$，各桥臂的 L_T 之间不存在互感。使桥臂 1、4 和桥臂 2、3 以 $1000 \sim 2500\mathrm{Hz}$ 的中频轮流导通，就可以在负载上得到中频交流电。

该电路是采用负载换相方式工作的，要求负载电流略超前于负载电压，即负载略呈容性。实际负载一般是电磁感应线圈，用来加热置于线圈内的钢料。图 4-20 中 R 和 L 串联即为感应线圈的等效电路。因为功率因数很低，故并联补偿电容器 C 使负载过补偿，负载电路总体上工作在容性并略失谐的情况下。负载中电感 L 和电阻 R 串联再和电容 C 并联，构成并联谐振电路，故这种电路也称为并联谐振式逆变器。

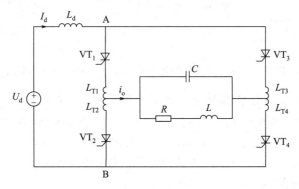

图 4-20　单相桥式电流型逆变器

单相桥式电流型逆变器有 3 种工作模式，各个模态的等效电路和逆变器一个周期的工作波形如图 4-21 所示。其中 $u_{G1} \sim u_{G4}$ 为晶闸管的触发脉冲，电路的工作过程概述如下。

$t_1 \sim t_2$ 期间，晶闸管 VT_1 和 VT_4 稳定导通，逆变器工作在模态 1，晶闸管电流等于负载的电流 $i_{VT1,4} = i_o = I_d$。由于负载呈容性，负载电流相位超前于负载电压，输出电压 u_o 由负变正，t_2 时刻前在电容 C 上建立了左正右负的电压。t_2 时刻触发晶闸管 VT_2 和 VT_3，

因在 t_2 前 VT_2 和 VT_3 的阳极电压等于负载电压，且为正值，VT_2 和 VT_3 导通。由于每个晶闸管都串联了电抗器 L_T，VT_1 和 VT_4 不能立刻关断，电流 $i_{VT1,4}$ 有一个减小的过程，而晶闸管 VT_2 和 VT_3 的电流 $i_{VT2,3}$ 有一个增大的过程。

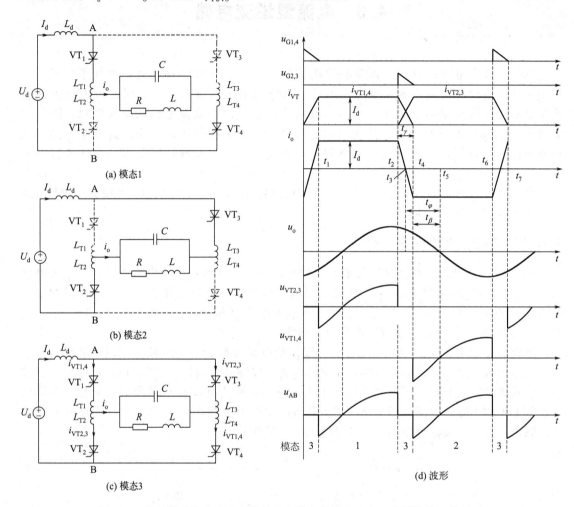

图 4-21　单相桥式电流型逆变器的各个模态等效电路和一个周期的工作波形

$t_2 \sim t_4$ 期间，4 个晶闸管全部导通，电路工作在模态 3，电流 $i_{VT1,4}$ 逐渐减小，电流 $i_{VT2,3}$ 逐渐增大。其中，在 $t_2 \sim t_3$ 时段，$i_{VT1} > i_{VT2}$，$i_o = i_{VT1} - i_{VT2} > 0$，电流正向；在 t_3 时刻 $i_{VT1} = i_{VT2}$，$i_o = i_{VT1} - i_{VT2} = 0$；在 $t_3 \sim t_4$ 时段，$i_{VT1} < i_{VT2}$，$i_o = i_{VT1} - i_{VT2} < 0$，负载电流 i_o 过零点转为负。在 t_4 时刻，VT_1 和 VT_4 电流下降至 0 关断，直流侧电流 I_d 全部从 VT_1 和 VT_4 转移到 VT_2 和 VT_3。

$t_4 \sim t_6$ 期间，晶闸管 VT_2 和 VT_3 稳定导通，电路工作在模态 2，负载电压 u_o 在此期间过零点变负，t_6 时刻前在电容 C 上建立了左负右正的电压。t_6 时刻触发晶闸管 VT_1 和 VT_4，电路工作在模态 3，进入从 VT_2 和 VT_3 导通转移到 VT_1 和 VT_4 的换流阶段。

因为是电流型逆变电路，故其交流输出电流波形接近矩形波，其中包含基波和各奇次谐波，且谐波幅值远小于基波。因基波频率接近负载电路谐振频率，故负载电路对基波呈现高阻抗，而对谐波呈现低阻抗，谐波在负载电路上产生的压降很小，因此负载电压的波形接近正弦波。

如果忽略换流过程，i_o 可近似看成方波，其傅里叶级数展开式为

$$i_o = \frac{4I_d}{\pi}\left[\sin(\omega t) + \frac{1}{3}\sin(3\omega t) + \frac{1}{5}\sin(5\omega t) + \cdots\right] \tag{4-52}$$

其中基波电流有效值为

$$I_{o1} = \frac{4I_d}{\sqrt{2}\,\pi} = 0.9I_d \tag{4-53}$$

输出电压有效值为

$$U_o = \frac{\pi U_d}{2\sqrt{2}\cos\varphi} = 1.11\frac{U_d}{\cos\varphi} \tag{4-54}$$

4.6.2　三相电流型逆变电路

三相电流型逆变电路可以采用晶闸管构成逆变桥，也可以采用全控型器件构成逆变桥，当采用晶闸管时，需要并联电容和串联二极管，晶闸管的关闭采用强迫换流方式。这里介绍采用全控型器件的三相逆变电路，三相负载可按星形或三角形连接。图 4-22 所示为星形负载三相桥式电流型逆变电路。按图示开关器件的标号，控制信号彼此相隔 60°，各桥臂导通 120°，则任何时刻只有两个桥臂导通，导通的顺序为 1、2—2，3—3，4—4，5—5，6—6，1，即上面的一个桥臂和下面的一个桥臂同时导通，但不是同一相的上、下两个桥臂同时导通。换流时在上桥臂组或下桥臂组的组内依次换流，因此被称为横向换流。

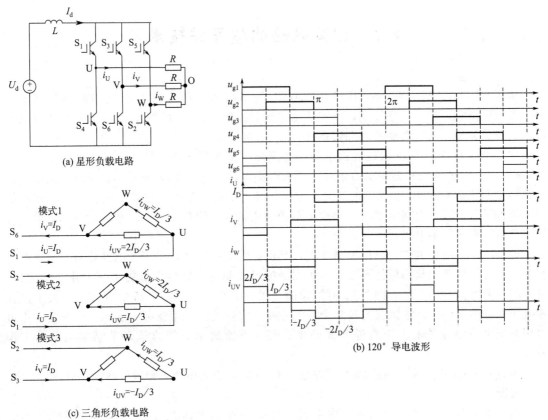

图 4-22　三相桥式电流型逆变电路及波形

图 4-22(a) 所示的电流型逆变电路中，直流输入电感数值很大才能使 I_D 恒定，因此电感的重量、体积都很大，这是电流型逆变器使用不广泛的一个重要原因。

由图 4-22(b) 所示波形图可知，输出电流 i_U、i_V 和 i_W 是 120°宽的方波电流，幅值为 I_D，在输出线电流的半个周期内逆变电路有 3 种工作模式。当负载为星形接法时，线电流等于相电流，很容易求出负载端的相电压和线电压；当负载为三角形接法时，如图 4-22(c) 所示。必须先求得负载相电流，然后才能求得相电压（或线电压），以电阻负载为例说明如下。

模式 1：在 $0 \sim \pi/3$ 期间，S_1、S_6 导通，图 4-22(c) 中 W 点与三相桥断开，$i_U = I_D$，等值电阻 $R_{eq} = \dfrac{R(R+R)}{R+(R+R)} = \dfrac{2}{3}R$，$I_D$ 从 V 点流出，$i_{UV} = \dfrac{u_{UV}}{R} = \dfrac{2}{3}I_D$。

模式 2：在 $\pi/3 \sim 2\pi/3$ 期间，S_1、S_2 导通，图 4-22(c) 中 V 点与三相桥断开，$i_U = I_D$，等值电阻 $R_{eq} = \dfrac{2}{3}R$，I_D 从 W 点流出，$i_{UV} = \dfrac{u_{UV}}{R} = \dfrac{1}{3}I_D$。

模式 3：在 $2\pi/3 \sim \pi$ 期间，S_2、S_3 导通，图 4-22(c) 中 U 点与三相桥断开，$i_V = I_D$，等值电阻 $R_{eq} = \dfrac{2}{3}R$，I_D 从 W 点流出，$i_{UV} = \dfrac{u_{UV}}{R} = -\dfrac{1}{3}I_D$。

按以上分析，图 4-22(b) 中画出了负载三角形接法时的线电流 i_{UV} 为阶梯波，i_{VW}、i_{WU} 与 i_{UV} 波形相同但滞后 $2\pi/3$ 和 $4\pi/3$。线电压 $u_{UV} = Ri_{UV}$，线电压 u_{UV} 与 i_{UV} 一样是阶梯波。

4.7 逆变电路的软开关技术

通用变频器由 AC/DC 变换器和 DC/AC 变换器两部分构成，其中 AC/DC 变换器通常为不可控整流器，工作频率较低，不需要考虑开关损耗，DC/AC 变换器中通常采用 SPWM 控制，开关频率较高，需要考虑开关损耗。

1986 年，D. M. Divan 教授提出了谐振直流环节逆变器 RDCLI（Resonant DC Link Inverter），在交-直-交变频器中的直流环节引入谐振电路，如图 4-23 所示。直流环节谐振电路是适用于变频器 DC/AC 变换器的软开关电路，可以使变频器中的整流或逆变环节工作在软开关条件下。以这种电路为基础，出现了多种性能更好的软开关电路，掌握这一基本电路有助于分析和理解其他电路。

通用变频器逆变电路为电压型逆变器，其负载常为电动机，呈现为感性负载，且谐振过程中，逆变器的开关状态保持不变。由于同谐振过程相比，感性负载的电流变化非常缓慢，可以将负载电流看作常量。图 4-23 中的辅助开关 S，可以使得逆变桥中所有的开关工作在零电压开通的条件下，本图仅为原理分析的方便，实际电路中不需要开关 S，其开关动作可以用逆变电路中开关的上下直通与关断来代替。下面简单介绍直流环节谐振电路的工作原理。

当 S 处于通态时，输入电压加在谐振电感 L_r 两端，电感电流近似线性增加，直到 $i_{Lr} > I_L$ 时，关断 S。

当 S 关断时，L_r 和 C_r 开始发生谐振，开关 S 两端电压是慢慢上升的，因此是零电压关断。

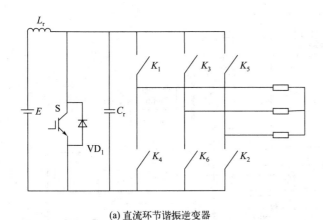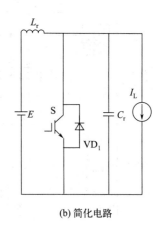

(a) 直流环节谐振逆变器　　　　　　　　(b) 简化电路

图 4-23　直流环节谐振电路

对 C_r 充电，u_{Cr} 电压升高，直到 $u_{Cr}=E$。谐振电流 i_{Lr} 达到峰值，然后开始不断减小，继续向 C_r 充电，u_{Cr} 电压不断升高。当 $i_{Lr}=I_L$ 时，u_{Cr} 电压达到峰值；

u_{Cr} 向 L_r 和负载放电，由于放电电流与 i_{Lr} 方向相反，i_{Lr} 继续减小，到 0 后反向充电，直到 $u_{Cr}=E$。

i_{Lr} 达到反向谐振峰值电流，然后开始衰减，u_{Cr} 继续减小，直到 $u_{Cr}=0$，此时二极管 VD_1 导通，u_{Cr} 被钳位为 0，为逆变桥开关器件的导通创造了条件；

i_{Lr} 继续上升，直到 $i_{Lr}>I_L$，S 导通，为下一个周期做好准备。

直流环节谐振电路中电压 u_{Cr} 的谐振峰值很高，增加了开关器件耐压的要求。

4.8　逆变电路仿真

4.8.1　方波无源逆变电路的 MATLAB 仿真

（1）单相全桥电压型无源逆变电路的仿真

图 4-24 是采用面向电气原理结构图方法构建的单相全桥无源逆变电路的仿真模型。从电气原理图分析可知，该电路的实质性器件是直流电源、电力电子开关和负载等部分。

电路主要模块的参数设置：直流电源取 30V，脉冲信号发生器模块幅值设为 10，周期设为 0.02s，即频率为 50Hz，占空比取 50%，Pulse 和 Pulse1 互补工作，所以 Pulse1 滞后 0.01s。负载 RL 取 $R=2\Omega,L=0.02\mathrm{H}$。

仿真开始时间为 0，停止时间为 0.1s。图 4-25 是其仿真结果，图中自上而下为逆变器输出的交流电压 u_o 和阻感负载电流 i_o。电压为矩形波，电流受负载影响，有上升和下降的过渡过程，仿真波形与理论波形基本一致。

（2）三相全桥电压型（180°导电型）无源逆变电路的仿真

图 4-26 是采用面向电气原理结构图方法构建的三相全桥电压型无源逆变电路的仿真模型。电路主要模块的参数设置：直流电源取 10V，脉冲信号发生器模块幅值设为 10，周期设为 0.02s，即频率为 50Hz，占空比取 50%，IGBT1～IGBT6 分别由 6 个脉冲信号发生器模块 Pulse1～Pulse6 控制，Pulse1 滞后 0s，其他 5 个依次滞后 60°，负载取 $R=2\Omega，L=0.02\mathrm{H}$。

仿真开始时间为 0.02s，停止时间为 0.12s。图 4-27 是其仿真结果，示波器显示逆变器

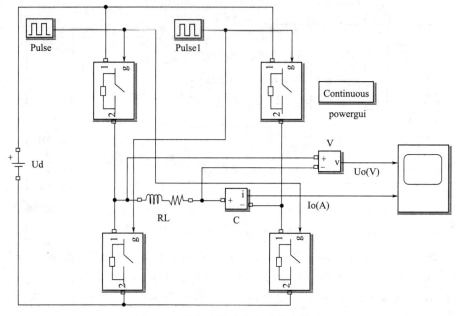

图 4-24　单相全桥逆变电路仿真模型

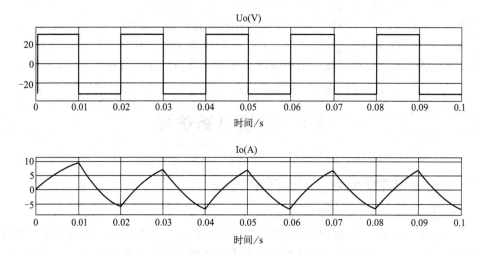

图 4-25　单相全桥逆变电压和负载电流波形

输出的交流相电压和线电压，仿真波形与理论波形基本一致。

（3）无源逆变电路的谐波分析

① 单相全桥电压型无源逆变电路的谐波分析　参数设置与单相全桥电压型无源逆变电路的仿真相同，谐波分析时的示波器采样时间（Sample time）设置为 0.0001s。单相全桥电压型无源逆变电路输出电压的谐波分析结果如图 4-28 所示。图中输出电压成分主要是 1，3，5，7，9 次。随着谐波次数的增加，其幅值下降。比较式(4-14) 和图 4-28 的谐波分析结果，两者是一致的。

② 三相全桥电压型（180°导电型）无源逆变电路的谐波分析　参数设置与三相全桥电压型（180°导电型）无源逆变电路的仿真相同，谐波分析时的示波器采样时间（Sample time）设置为 0.00005s，三相全桥电压型无源逆变电路输出电压的谐波分析结果如图 4-29 所示，和理论分析结果是一致的。

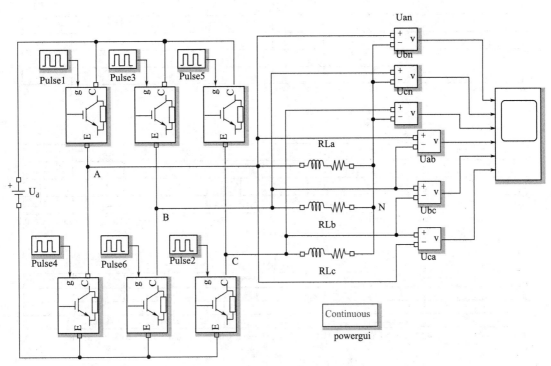

图 4-26　三相全桥逆变电路仿真模型

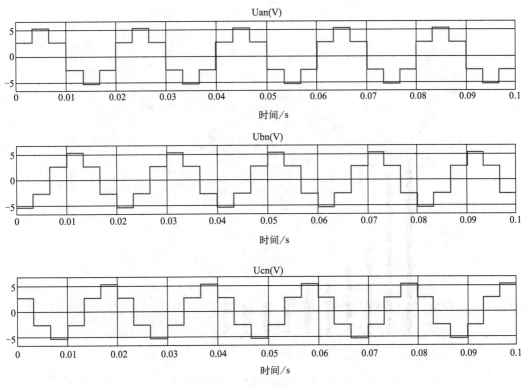

图 4-27

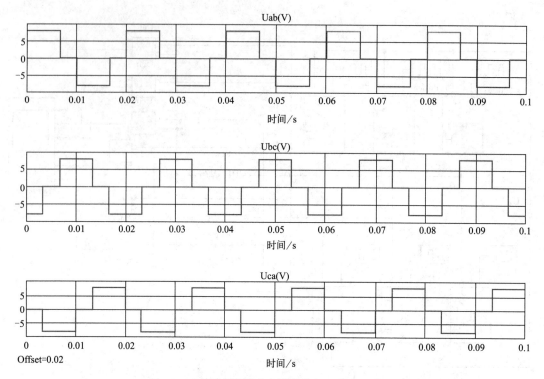

图 4-27　三相全桥逆变电路相电压和线电压模型

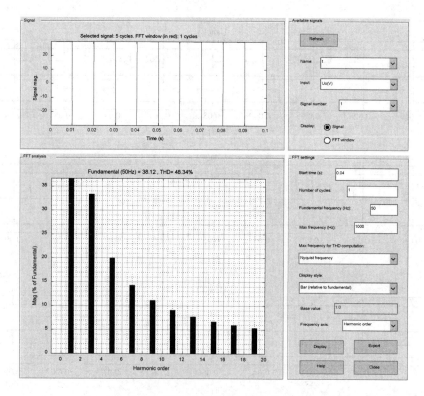

图 4-28　单相全桥电压型逆变电路负载电压谐波分析

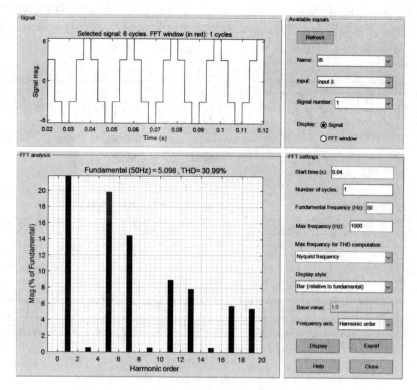

图 4-29　三相全桥电压型逆变电路负载电压谐波分析

4.8.2　PWM 逆变电路的 MATLAB 仿真

（1）单相双极性电压型 SPWM 逆变电路仿真

双极性 SPWM 也采用正弦波调制，仿真模型如图 4-30 所示。电路由直流电源、IGBT 组成的桥式电路、负载等部分组成。PWM 控制信号中三角载波为正负对称的三角波。

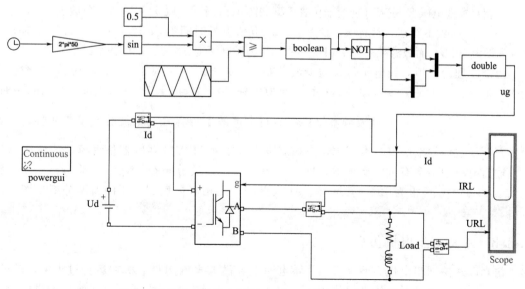

图 4-30　单相双极性电压型 SPWM 逆变电路的仿真模型

取 $u_d=180V$，负载 $R=1\Omega$，$L=0.002H$。选 ode23tb 算法，相对误差设为 1e-3，仿真开始时间为 0，停止时间为 0.06s，输出基波频率设为 50Hz，而载波频率为基波的 10 倍，即为 500Hz。图 4-31 为调制深度 $m=0.5$ 时的仿真结果。

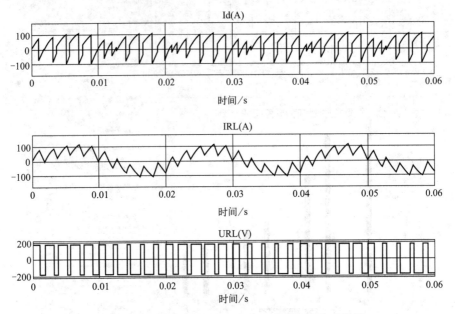

图 4-31　单相双极性电压型 SPWM 逆变电路仿真波形

单相双极性电压型 SPWM 逆变电路的谐波分析如图 4-32 所示，根据谐波分析式(4-37)，输出电压的谐波角频率为

$$n\omega_c \pm k\omega = (nN \pm k)\omega$$

式中，载波比 $N=10$，则输出电压中含有 $nN\pm k$ 次谐波。将 $n=1$、$k=0$，$n=2$、$k=1$ 代入 $nN\pm k$，求得 10、19、21 次谐波影响比较大。

(2) 三相双极性电压型 SPWM 逆变电路仿真

三相双极性电压型 SPWM 逆变器仿真模型如图 4-33 所示，取 $u_d=180V$，负载 $R=1\Omega$，$L=0.002H$。选 ode23tb 算法，相对误差设为 1e-3，仿真开始时间为 0，停止时间为 0.06s，输出基波频率设为 50Hz，而载波频率为 750Hz。图 4-34 为调制深度 $m=0.8$ 时的仿真结果。

由谐波理论分析，线电压包含的谐波分布在 $n\omega_c \pm k\omega=(nN\pm k)\omega$，其中 ω_c 为载波角频率 ($\omega_c=2\pi f_c$)。当 $n=1,3,5,\cdots$ 时，$k=3(2m-1)\pm1$，$m=1,2,\cdots$；当 $n=2,4,6,\cdots$ 时，$k=\begin{cases}6m+1,m=0,1,\cdots\\6m-1,m=1,2,\cdots\end{cases}$ 载波频率整数倍的高次谐波不再存在，谐波分布呈集簇性，一组组分布在整数倍频率两侧。本例中，三相双极性电压型 SPWM 逆变器仿真模型载波比 $N=15$，输出电压中不含有 nN 次谐波，即 15、30、$\cdots$，谐波分布在 $nN\pm k$，将 $n=1$、$k=2$，$n=2$、$k=1$ 代入可得为 13、17 或 29、31 次谐波，三相双极性相电压的谐波分析如图 4-35 所示。

4.8.3　永磁同步电机仿真

仿真以永磁同步电机为例，模拟了蓄电池直接供电永磁同步电机在运行过程中，转速、电流等参数的变化情况。仿真模型如图 4-36 所示，模型中的模块可以根据前面所讲的路径查找，最后将各个模块连接起来，就得到了整个仿真模型。

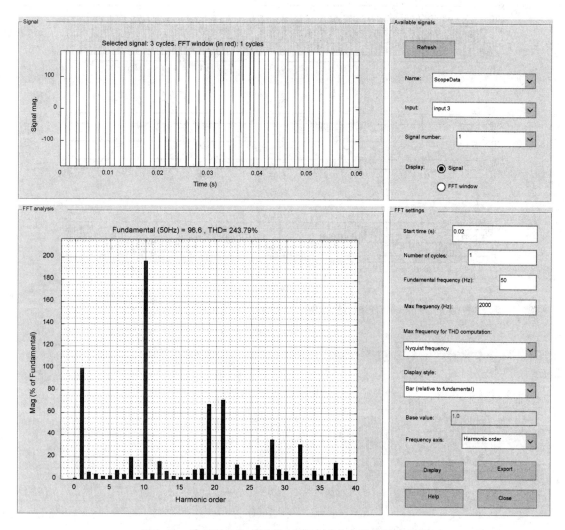

图 4-32 单相双极性电压型 SPWM 逆变电路的谐波分析

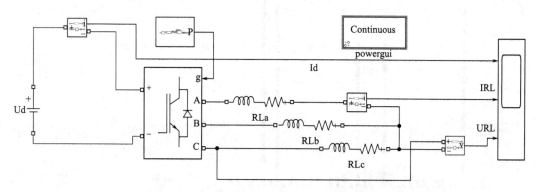

图 4-33 三相双极性电压型 SPWM 逆变器仿真模型

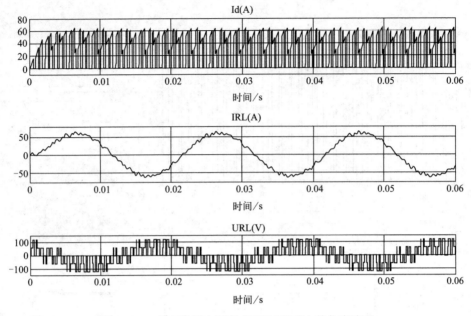

图 4-34 三相双极性电压型 SPWM 逆变电路仿真波形

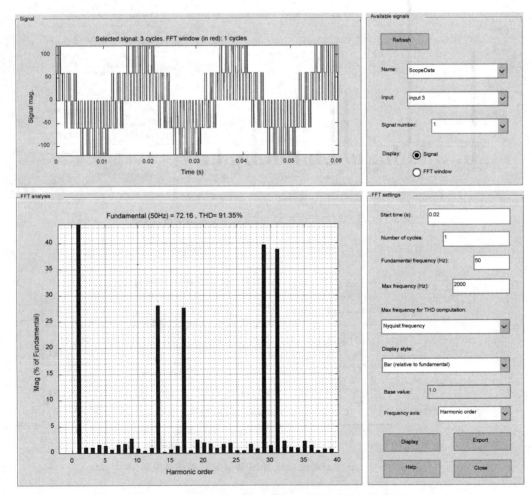

图 4-35 三相双极性电压型 SPWM 逆变电路的谐波分析

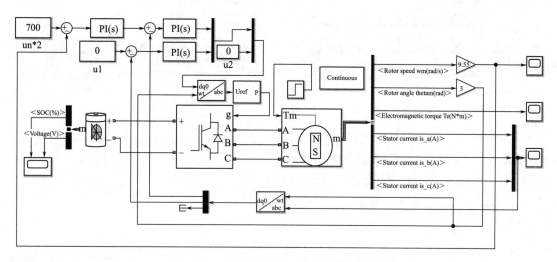

图 4-36　三相永磁同步电机控制仿真模型

　　双击"Battery"模块，可以打开蓄电池参数设置框，如图 4-37、图 4-38 所示，可以自由调节蓄电池相关参数，如工作电压、蓄电池容量等。

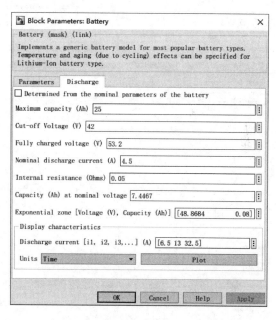

图 4-37　蓄电池参数设置 1　　　　　　　　　图 4-38　蓄电池参数设置 2

　　双击"Permanent Magnet Synchronous Machine"模块，可以打开永磁同步电机参数设置框，如图 4-39～图 4-41 所示，可以自由调节电机的各项参数，如电机相数、反电动势等。

　　双击"Universal Bridge"模块，可在图 4-42 所示框中设置逆变器相关参数。

　　双击"PID Controller"模块，可以调节 PI 调节器各项参数，图 4-43 为转速环 PI 调节器参数设置，图 4-44 为电流环 PI 调节器参数设置。

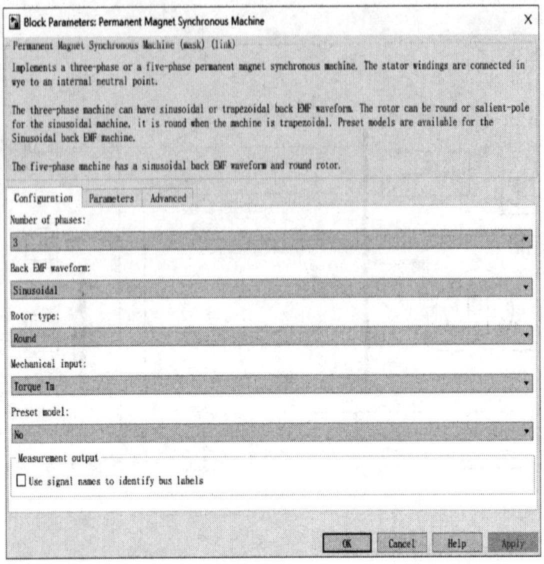

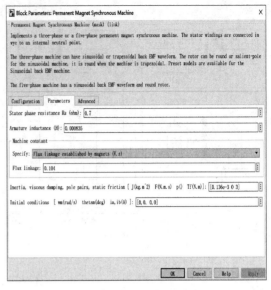

图 4-39 永磁同步电机参数设置 1

图 4-40 永磁同步电机参数设置 2

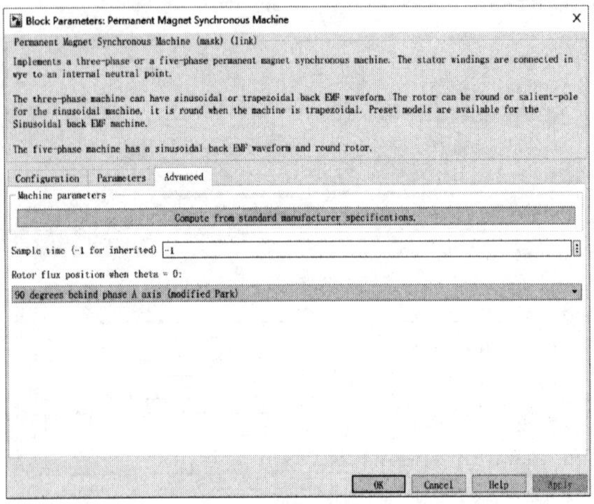

图 4-41 永磁同步电机参数设置 3

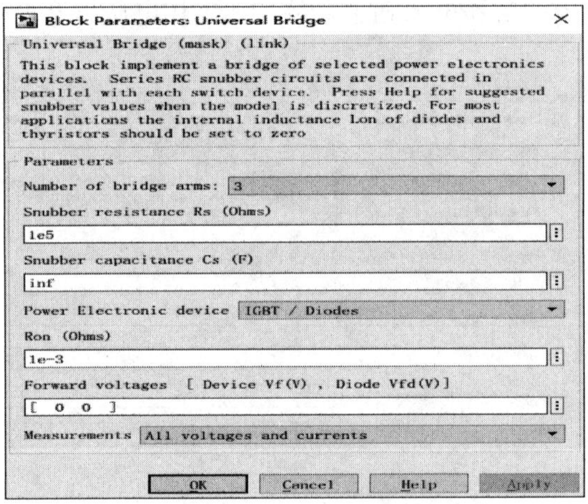

图 4-42 逆变器参数设置

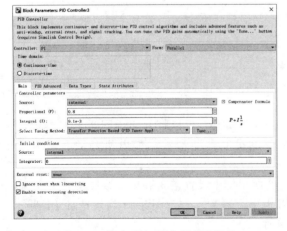

图 4-43 转速环 PI 调节器参数设置

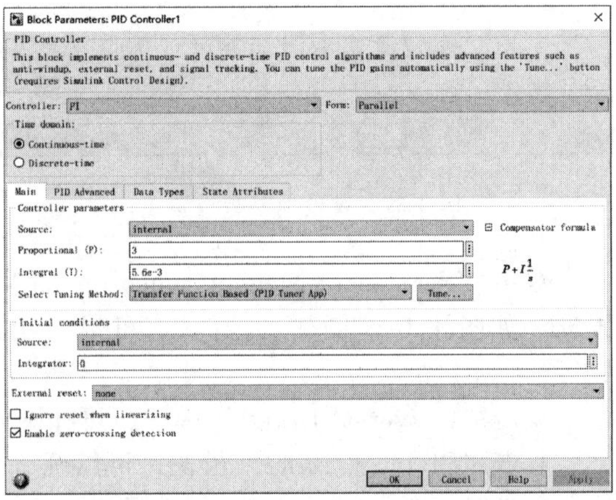

图 4-44 电流环 PI 调节器参数设置

双击"abc to dq0"模块或"dq0 to abc"模块，可在图 4-45 或图 4-46 所示框中设置旋转对齐方式。

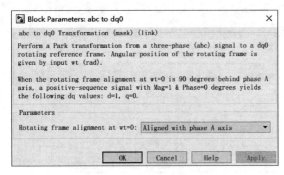 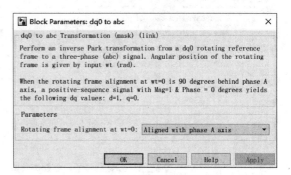

图 4-45　abc-dq0 坐标变换设置　　　　图 4-46　dq0-abc 坐标变换设置

双击"PWM Generator（2-Level）"模块，可以打开 PWM 属性设置框修改相关参数，如图 4-47 所示。

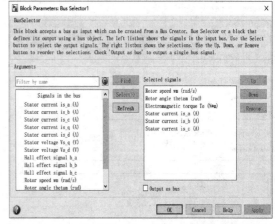

图 4-47　PWM 参数设置　　　　　　　图 4-48　Bus selector 设置

"Bus Selector"模块在使用时必须先连接输入端，才会出现如图 4-48 所示的"Signals in the bus"选择框，否则"Signals in the bus"将会是一片空白，连接输入端之后选中想要输出的元素，点击"Select"即可。

双击"Sum"模块，可在图 4-49 所示框中"List of signs"栏添加"－"和"＋"号，表征哪几路信号求和。

双击"Gain"模块，可在图 4-50 所示框中设置增益数值。

双击"Constant"模块，可在图 4-51 所示框中"Constant value"栏设置输入数值。

双击"Step"模块，可在图 4-52 所示框中设置负载转矩的初始值、阶跃时间和阶跃值。

双击"Mux"模块，可在图 4-53 所示框中"Number of inputs"栏添加输入支路数。

在"Simulation"菜单中选择"Model Configuration Parameters"，弹出图 4-54 所示窗体，在这里可以设置仿真时间和求解器。

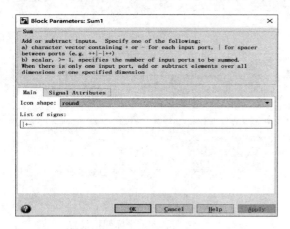

图 4-49　Sum 设置

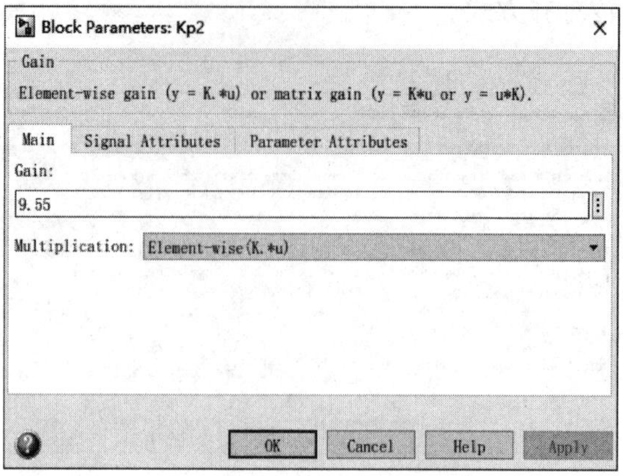

图 4-50　Gain 设置

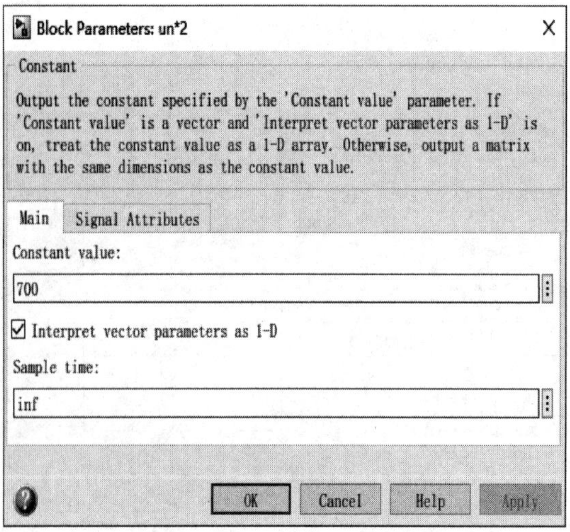

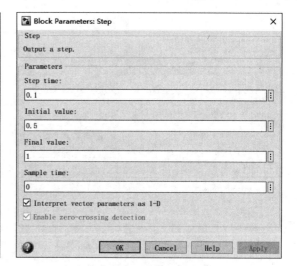

图 4-51　Constant 设置

图 4-52　负载转矩阶跃设置

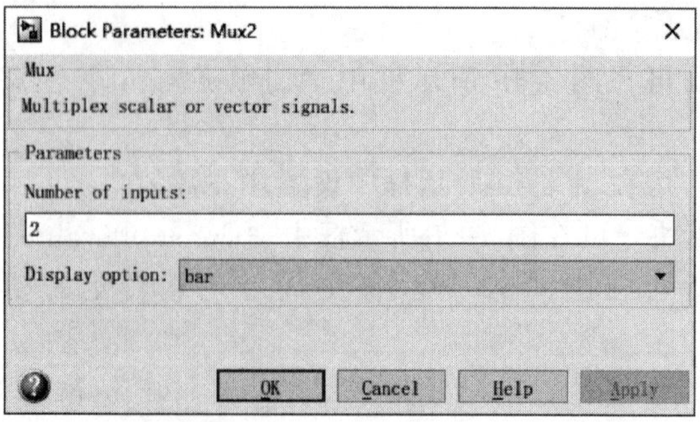

图 4-53　Mux 设置

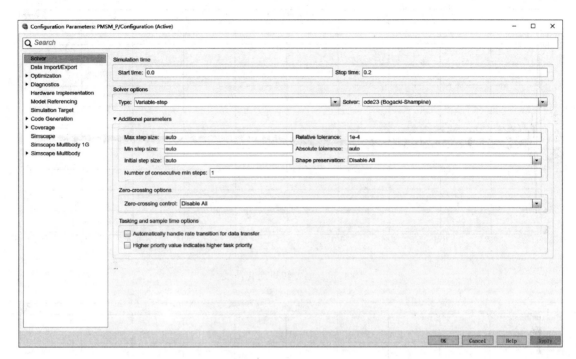

图 4-54　仿真参数设置

　　设置完毕后，在"Simulation"菜单中选择"Run"，或者在快捷按钮中直接点击"Run"，或者在示波器窗体点击"Run"均可以开始仿真运行。示波器将实时显示运行结果，运行完的结果如图 4-55 所示，图中给出了永磁同步电机的转速波形。其中负载转矩在 0.1s 时从 0.5 N·m 突变到 1 N·m。

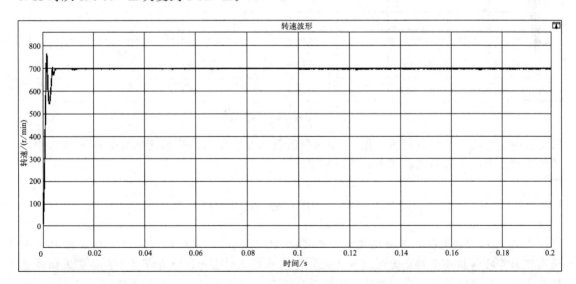

图 4-55　转速变化曲线

　　也可以增加示波器，观测触发信号。图 4-56 给出了永磁同步电机电磁转矩变化曲线波形。图 4-57 给出了永磁同步电机三相电流变化曲线波形。

　　从仿真结果可以看出，电机上升到参考转速时，超调量虽然刚开始比较大，但具有较快

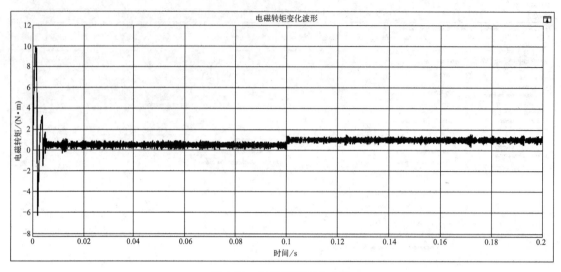

图 4-56　电磁转矩变化曲线

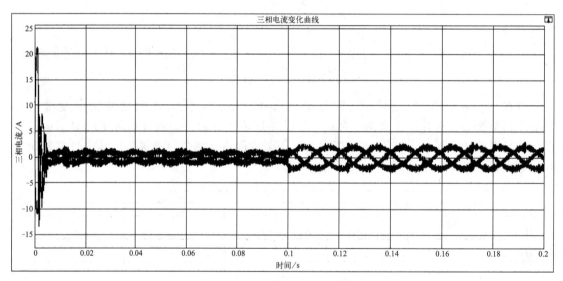

图 4-57　三相电流变化曲线

的动态响应速度，并且负载转矩在 0.1s 突变后仍然能够保持给定参考转速，说明具有较好的抗干扰能力，能够满足实际电机的控制要求。

小　结

直流-交流变换电路，又称逆变电路或 DC/AC 变换器，可以把直流电变换成频率和电压均可调节的单相或三相交流电。当交流侧与电网直接相连时，为有源逆变；当交流侧与负载相连时，为无源逆变。逆变电路可以广泛地应用于逆变并网、交流电机调速、制动能量回收、高压直流输电、便携式电源等多种场合。

有源逆变一般采用晶闸管相控整流电路，通过调节触发角使得整流器电压反向，实现直流侧电压向交流侧供电，可用于逆变并网或能量回收。有源逆变的换流方式为电网换流。有源逆变需满足逆变的条件，否则无法逆变，甚至可能导致电源的顺向串联，发生短路。逆变角应大于设定的最小值，否则容易逆变失败。利用整流和有源逆变电路可以构成直流电动机的四象限调速系统，满足直流电动机正转、反转、正向制动和反向制动的控制要求。

无源逆变分为电压型逆变电路和电流型逆变电路。

电压型逆变电路直流侧并联大电容，等效为恒压源。电路采用全控型器件，换流方式为器件换流。控制方式有方波控制和 PWM 控制等，方波控制简单，但谐波含量大，因此现在广泛采用的是宽度按正弦规律变化的 SPWM 控制。在三相电压型逆变电路中常采用双极性 PWM 控制。电压型逆变电路是通用变频器的主要组成部分，给交流电动机提供可变压变频的交流电，实现高性能交流调速。

电流型逆变电路直流侧串联大电感，等效为恒流源。电路可采用晶闸管，也可以采用全控型器件，当采用晶闸管时，换流方式有负载换流或强迫换流，控制方式有方波控制和滞环比较方式，滞环比较方式通过跟踪给定值控制开关的通断，以输出所需的正弦波电源信号，常用于大功率调速系统中。

PWM 控制逆变电路常工作在高频下，开关损耗较大，在直流环节加入谐振电路可以使得逆变电路工作在软开关模式下，可以有效降低开关损耗，提高变换电路的效率。

本章给出了方波逆变电路和 PWM 逆变电路的仿真案例，通过案例，有助于读者利用 MATLAB 分析典型逆变电路的工作原理，通过仿真波形可以更清晰地解读逆变电路的工作过程，最后通过一个无刷直流电机的仿真案例，进行带控制策略的综合性逆变电路仿真，进一步提升读者实践研究能力。

思 考 题

4-1 为什么逆变电路中晶闸管 SCR 不适于用作开关器件？

4-2 电流源逆变电路为什么不需要反馈二极管？当负载为感性负载时，为什么要在负载端并联电容？

4-3 有哪些方法可以调控逆变器的输出电压？

习 题

4-1 无源逆变电路和有源逆变电路有什么不同？

4-2 逆变电路有哪些类型？有哪些应用领域？

4-3 什么是有源逆变？有源逆变的条件是什么？

4-4 什么是逆变失败？逆变失败的原因是什么？

4-5 有源逆变最小逆变角受到哪些因素限制？

4-6 逆变器输出波形的性能指标有哪些？

4-7 什么是电压源型逆变电路？什么是电流源型逆变电路？各有什么特点？

4-8 电压型逆变电路中反馈二极管的作用是什么？为什么电流型逆变电路中没有反馈二极管？

4-9 单相全桥逆变电路，带阻感负载。已知直流侧电压 $U_d = 110\text{V}$，输出方波电压的频率为 $f = 100\text{Hz}$，负载 $R = 100\Omega$，$L = 0.02\text{H}$。试求：①输出电压基波分量 U_{o1}；②输出电流基波分量 I_{o1}；③输出功率 P_o。

4-10 有哪些方法可以调控逆变电路的输出电压？

4-11 无源逆变电路给一台 380V、40kW 交流电动机供电，设电动机工作在额定状态，求直流侧的电压和平均电流值。

4-12 正弦脉宽调制中，调制信号和载波信号常用什么波形？

4-13 单极性和双极性 PWM 调制有什么区别？在三相桥式 PWM 型逆变电路中，输出相电压（输出端相对于直流电源中性点的电压）和线电压各有几种电平？

4-14 试为单相小型风力发电系统设计一个正弦波逆变电路，已知输入直流电压为 135V，要求交流输出电压为 220V，电流为 10A，过载能力为 1.5，频率变化范围为 40~60Hz。

4-15 试用 IGBT 设计一个电压源型三相交-直-交变频器的主电路。已知交流输入为 380V/50Hz（三相），交流输出为 380V/30A，过载能力为 1.5，频率变化范围为 1~400Hz。

4-16 三相桥式全控整流电路，反电动势阻感负载，$R=1\Omega$，$L=\infty$，$U_2=220V$，$L_B=1mH$，当 $E_M=-400V$、$\beta=60°$时，求 U_d、I_d 和 γ 的值，并画出 u_d、i_{VT1} 的波形，此时送回电网的有功功率是多少？

第5章▶▶
直流-直流变换电路

5.1 直流-直流变换电路概述

直流-直流变换电路可将一种直流电变换为另外一种具有不同幅值或极性的直流电，为直流负载提供电能，又称斩波电路或 DC/DC 变换器。从是否含有脉冲变压器来区分，DC/DC 变换器可以分为非隔离型 DC/DC 变换器和隔离型 DC/DC 变换器；从对电压的变换角度来区分，可以分为降压 DC/DC 变换器、升压 DC/DC 变换器和升降压 DC/DC 变换器；从能量流动的方向来划分，可以分为单向 DC/DC 变换器和双向 DC/DC 变换器。这些电路中有的是基本的斩波电路，有的是多种斩波电路，以及与其他种类的变换电路相组合而构成的组合电路。

5.1.1 DC/DC 变换器的基本控制方式

在图 2-1 中，通过调节一个周期内开关 K 的导通时间，就可以调节输出电压，这种控制方式是 DC/DC 变换器中采用最多的控制方式，它通过改变斩波器的导通时间 T_{on} 和关断时间 T_{off} 来连续控制输出电压平均值的大小，称为时间比控制。

时间比控制，又分为脉冲宽度调制、脉冲频率调制和混合调制三种方式。

斩波频率固定（T 不变），通过改变导通时间 T_{on}，实现占空比 D（导通时间 T_{on} 与斩波周期 T 之比）变化，控制输出电压 U_o 平均值大小，常称为定频调宽，或脉冲宽度调制（Pulse Width Modulation，PWM），也称为直流 PWM。由于斩波器开关频率固定，这种控制方式为消除开关频率谐波的滤波器设计提供了方便。

固定斩波器导通时间 T_{on}，改变斩波周期 T 来改变占空比 D 的控制方式，称为脉冲频率调制（Pulse Frequency Modulation，PFM）。这种控制方式的实现电路比较简单，但由于斩波频率变化，消除开关谐波的滤波电路设计较难。

混合调制是一种既改变斩波频率（T 变），又改变导通时间 T_{on} 的控制方式。其优点是可较大幅度地改变输出电压平均值，但也由于斩波频率变化致使滤波器设计困难。

在 DC/DC 变换器中，除时间比控制外，还有一种控制方式为瞬时值控制，瞬时值控制通常设定输出电压、电流或功率恒定，例如给蓄电池充电时，根据蓄电池充电管理策略，可以采用恒压充电、恒流充电等不同策略。此时将期望的电压 U^* 或电流 I^* 作为参考值，规定一个控制误差 ε，当斩波器输出瞬时值达到指令值上限时，关断斩波器，当斩波器输出瞬时值达到指令值下限时，导通斩波器，从而形成围绕参考值在误差带范围内的斩波输出，这种方式也称为滞环比较控制方式。在实际中还可以通过调节占空比 D 来保持期望输出电压和电流恒定，需要加一个反馈控制器，常采用 PI（比例-积分）或 PID（比例-积分-微分）控制方式。

此外，根据实际应用场合可以选择不同的控制方式，例如为保证光伏板输出最大功率，常采用电导增量法、扰动观察法等实现最大功率跟踪 MPPT；在能量路由器中需要平衡各个端口之间功率的分配，可能在某些端口采用 MPPT，而在另外一个端口采用恒功率输出；为了提升控制效果，还可能采用预测控制等。

5.1.2 DC/DC 变换器的应用

DC/DC 变换器广泛地应用于直流电动机调速、蓄电池充放电、开关电源、智能电网、微电网、家用电器等多种场合。例如由新能源构成的微电网中，光伏发电的输出电压为直流电压，光伏组件的输出功率与输出电压密切相关，往往需要进行最大功率跟踪，此时就需要 DC/DC 变换器。

某光伏板型号为 SPR-305E-WHT-D，最大功率为 305.226W，开路电压为 64.2V，短路电流为 5.96A。光伏板的输出电压、电流和功率与负载有关，如果不对其进行控制，则难以输出最大功率，也就无法对光伏板的太阳能进行最大利用。

该光伏板的 I-V 曲线和 P-V 曲线如图 5-1 所示，当光伏板的输出电压比较低时，光伏板的输出电流较恒定，当光伏板的输出电压超过一定数值时，光板的输出电流将快速下降。因此，光伏板的输出功率有一个最大点。在该点以前，光伏板的输出功率随电压几乎呈线性增长，超过该工作点以后，虽然光伏板的输出电压在增长，但输出功率在快速下降。因此在实际工作中必须设计相关电路和控制方法，以保证光伏板的输出电压在最大功率点附近，从而保证光伏板能够输出最大功率，最大程度地利用太阳能。该光伏板的最大功率点电压为 54.7V，电流为 5.58A。

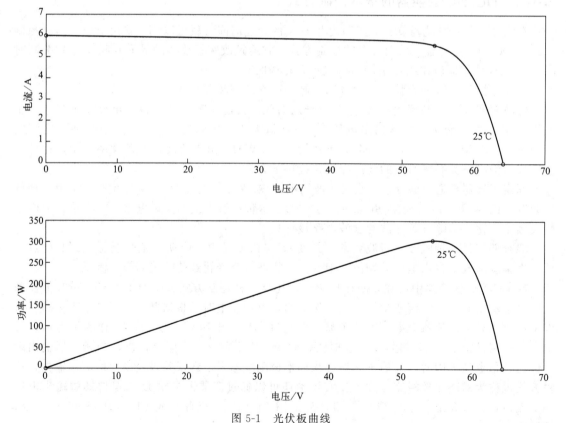

图 5-1 光伏板曲线

由图 5-1 可知，光伏板的最大功率跟踪对于充分利用光伏的发电能力具有重要的作用。另外，光伏组件的输出电压与负载所需电压或电网电压不匹配时，首先需要进行 DC/DC 变换，然后再进行逆变换，这些都离不开 DC/DC 变换器。

图 5-2 给出了一个电动汽车的能量管理系统，可以看到电动汽车能量管理系统中需要多个 DC/DC 变换器。因此 DC/DC 变换器是目前应用最广泛的电力电子技术。

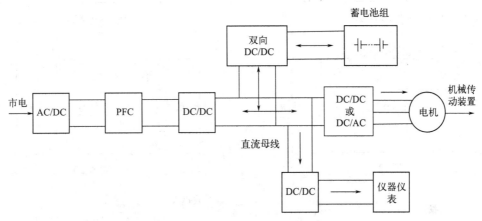

图 5-2 家用电动汽车能量管理系统

5.2 非隔离型 DC/DC 变换器

非隔离型斩波电路有降压 DC/DC 变换器、升压 DC/DC 变换器和升降压 DC/DC 变换器，有基本 DC/DC 变换电路，也有由基本 DC/DC 变换电路演变来的桥式 DC/DC 变换电路。

5.2.1 Buck 变换器

Buck 变换器是一种降压型 DC/DC 变换器，其输出电压小于输入电压。Buck 变换器的基本电路如图 5-3 所示，由全控型开关器件 S、二极管 VD、电感 L 和电容 C 构成。图中的开关器件 S 大多采用电力 MOSFET，也可以是 IGBT 等全控型器件。

根据全控型器件 S 的导通与关断，以及电感电流是否连续和负载电流是否连续可以将电路分为 4 种工作模式。

模态 1：如图 5-3(b)，当 S 导通时，受电源电压极性影响，二极管 VD 关断，电源经过开关器件 S 向 L、C 和负载 R 供电，此时电感 L 和 C 均处于储能阶段，电感 L 上的电压极性为左正右负。由于 C 较大，输出电压近似不变，电容电压可以近似认为保持其平均值 U_o 不变，因此 T_{on} 期间加在 L 上的电压为 $U_i - U_o$，电感电流线性增长，有：

$$L \, \mathrm{d}i_L / \mathrm{d}t = U_i - U_o \tag{5-1}$$

模态 2：如图 5-3(c)，当 S 关断时，电源与负载线路断开，此时电感 L 处于放电阶段，电感 L 上的电压极性为左负右正，电感 L 向 C 和 R 放电，电流通过二极管 VD 返回。此时，电感电流线性下降，有：

$$L \, \mathrm{d}i_L / \mathrm{d}t = U_o \tag{5-2}$$

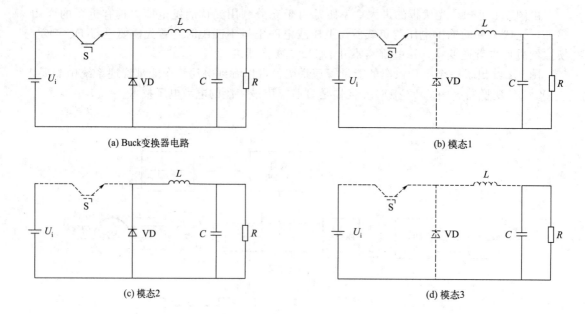

图 5-3 Buck 变换器等效电路

模态 3：如图 5-3(d)，当一个周期内 S 导通时间过短时，或者电感 L 储能不足时，当电感 L 能量释放完毕后，S 仍然没有导通，电感 L 线路中的电流断续，此时负载 R 可由电容 C 供电。

模态 4：当电感 L 储能不足，电容 C 也不能保证负载电流连续时，电路中所有元件均不工作。

实际运行中，后 2 种模态（特别是第 4 种模态）要尽量避免出现。

根据电感电流是否为 0，Buck 变换器的工作模式可以分为电流连续模式和电流断续模式，电感电流处于连续和断续的临界状态，被称为电流临界连续模式。

电流连续模式下，根据电感伏秒平衡原理，即电感在整个通电周期内充电等于放电，本身不消耗能量，可得

$$(U_i - U_o) T_{on} = U_o T_{off} \tag{5-3}$$

即

$$U_o = D U_i \tag{5-4}$$

由于占空比 $D \leqslant 1$，总有 $U_o \leqslant U_i$，因此 Buck 变换器是降压变换器，且输出电压只与占空比 D 有关，与负载电流大小无关。

忽略电路的损耗，电感和电容在整个周期内充电等于放电，则负载电流的平均值为：

$$I_o = \frac{U_o}{R} \tag{5-5}$$

如果负载有反电动势 E，则负载电流的平均值为：

$$I_o = \frac{U_o - E}{R} \tag{5-6}$$

假设 I 为输入电流的平均值，在忽略电路损耗的情况下，有：

$$U_i I = U_o I_o \tag{5-7}$$

可得变换器输入、输出电流关系为：

$$\frac{I_{\mathrm{o}}}{I}=\frac{U_{\mathrm{i}}}{U_{\mathrm{o}}}=\frac{1}{D} \tag{5-8}$$

因此，电流连续时，Buck 变换器完全可以当作一个直流变压器，变压比 $M=D$。

实际运行中，电感电流存在一定的波动，在 $0\sim T_{\mathrm{on}}$ 区间，S 导通，电感电流 i_L 逐渐增大，当 $t=T_{\mathrm{on}}$ 时，i_L 达到最大值 $I_{L\max}$，如图 5-4(a) 所示，i_L 的增量 Δi_{L+} 为

$$\Delta i_{L+}=\frac{U_{\mathrm{i}}-U_{\mathrm{o}}}{L}T_{\mathrm{on}}=\frac{U_{\mathrm{i}}-U_{\mathrm{o}}}{L}DT_{\mathrm{S}}=\frac{U_{\mathrm{i}}-U_{\mathrm{o}}}{Lf_{\mathrm{S}}}D \tag{5-9}$$

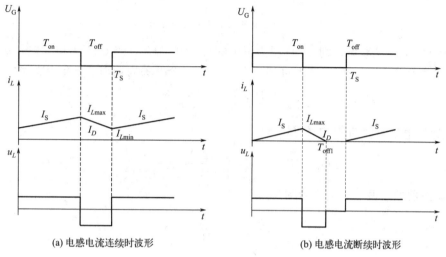

(a) 电感电流连续时波形　　　　(b) 电感电流断续时波形

图 5-4　Buck 电路波形

在 $T_{\mathrm{on}}\sim T_{\mathrm{S}}$ 区间，S 关断，电感电流 i_L 逐渐减小，$t=T_{\mathrm{S}}$ 时，i_L 减小到最小值 $I_{L\min}$，i_L 的减少量 Δi_{L-} 为

$$\Delta i_{L-}=\frac{U_{\mathrm{o}}}{L}T_{\mathrm{off}}=\frac{U_{\mathrm{o}}}{L}(T_{\mathrm{S}}-T_{\mathrm{on}})=\frac{U_{\mathrm{o}}}{L}(1-D)T_{\mathrm{S}}=\frac{U_{\mathrm{o}}}{Lf_{\mathrm{S}}}(1-D) \tag{5-10}$$

可知，在电感电流连续时，电感纹波电流的脉动幅值为 $\Delta I_L=\Delta i_{L+}=\Delta i_{L-}$。

稳态时，根据电容安秒平衡原理，滤波电容 C 的平均充电电流和平均放电电流相等，变换器输出的负载电流平均值 I_{o} 就是 i_L 的平均值 I_L，即

$$I_{\mathrm{o}}=I_L=\frac{I_{L\max}-I_{L\min}}{2}=\frac{U_{\mathrm{o}}}{R} \tag{5-11}$$

取 $\Delta I_L=I_{L\max}-I_{L\min}$，则

$$I_{L\max}=\frac{U_{\mathrm{o}}}{R}+\frac{\Delta I_L}{2} \tag{5-12}$$

$$I_{L\min}=\frac{U_{\mathrm{o}}}{R}-\frac{\Delta I_L}{2} \tag{5-13}$$

开关管 S 的最大电流与电感电流最大值 $I_{L\max}$ 相等，最小电流与电感电流最小值 $I_{L\min}$ 相等，开关管 S 截止时，所承受的电压都是输入电压 U_{i}，在设计 Buck 变换器时，可按以上电流和电压值选用开关管。

在电感电流连续时，$i_C=i_L-I_{\mathrm{o}}$。当 $i_L>I_{\mathrm{o}}$ 时，i_C 为正值，C 充电，输出电压 u_{o} 升高；当 $i_L<I_{\mathrm{o}}$ 时，i_C 为负值，C 放电，u_{o} 下降，如图 5-5(a) 所示。因此电容 C 一直处于周期性充放电状态。

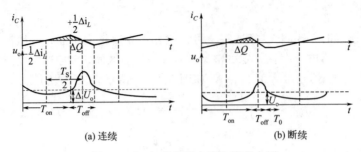

图 5-5　Buck 变换器电容电流和电压

若滤波电容 C 足够大，则 u_o 可视为恒定的直流电压 U_o，当 C 不是很大时，u_o 则有一定的脉动，由图 5-5(a) 中 i_C 波形可知，电容 C 在一个开关周期内的充电电荷 ΔQ 为

$$\Delta Q = \frac{1}{2} \times \frac{\Delta i_L}{2} \times \frac{T_S}{2} = \frac{\Delta i_L}{8 f_S} \tag{5-14}$$

因此输出电压的脉动量 ΔU_o 为

$$\Delta U_o = U_{omax} - U_{omin} = \frac{\Delta Q}{C} = \frac{(1-D)U_o}{8 L C f_S^2} \tag{5-15}$$

LC 滤波器的谐振（截止）频率为

$$f_C = \frac{1}{2\pi\sqrt{LC}} \tag{5-16}$$

故有

$$\frac{\Delta U_o}{U_o} = \frac{(1-D)}{8 L C f_S^2} = \frac{\pi^2}{2}\left(\frac{f_C}{f_S}\right)^2 (1-D) \tag{5-17}$$

当 $f_C / f_S > 10 \sim 20$ 时，负载电压的纹波就很小了（$\Delta U_o / U_o \approx 1\% \sim 5\%$）。由此可见，增加开关频率 f_S、加大 L 和 C（减小谐振频率 f_S）都可以减小输出电压脉动。

当负载电流 I_o 减小时，I_{Lmax} 和 I_{Lmin} 都减小，当负载电流 I_o 减小到使 I_{Lmin} 达到 0 时，在一个周期 T_S 中 S 导通的 T_{on} 期间，电感电流从 0 升至 I_{Lmax}，然后在 S 关断的 T_{off} 期间，电感电流从 I_{Lmax} 下降到 0。这时的负载电流称为临界负载电流 I_{OB}，电感电流处于临界连续模式，此时，I_{Lmax} 就是导通期间电感电流的增量 Δi_L，即 $I_{Lmax} = \Delta i_L$。因此临界负载电流 I_{OB} 为

$$I_{OB} = \frac{1}{2} I_{Lmax} = \frac{1}{2} \Delta i_L = \frac{1}{2} \times \frac{U_i - U_o}{L} D T_S = \frac{1}{2} \frac{U_i - U_o}{L f_S} D \tag{5-18}$$

电感电流临界连续工作情况下，$U_o = D U_i$、$M = D$ 的关系仍然成立，由于 $U_o = D U_i = M U_i$，临界负载电流也可表达为

$$I_{OB} = \frac{U_i}{2 L f_S} D(1-D) = \frac{U_o}{2 L f_S}(1-D) \tag{5-19}$$

当 $D = 0.5$ 时，最大的临界负载电流 I_{OBm} 为

$$I_{OBm} = \frac{U_i T}{8 L} \tag{5-20}$$

临界负载电流 I_{OB} 与输出电压 U_o、电感 L、开关频率 f_S 以及占空比 D 都有关，输出电压 U_o 越低、开关频率 f_S 越高、电感 L 越大，则 I_{OB} 越小，越容易实现电感电流连续运行工作。

若负载电流进一步减小，$I_{L\max}$ 减小，则在 $T_{\text{off1}} < T_{\text{S}} - T_{\text{on}}$ 时，i_L 已衰减到 0，这种运行情况就是电感电流断续运行情况，此时 $I_{\text{o}} < I_{\text{OB}}$。

根据电感伏秒平衡原理，即电感在整个通电周期内充电等于放电，本身不消耗能量，可得

$$(U_{\text{i}} - U_{\text{o}})T_{\text{on}} = U_{\text{o}}T_{\text{off1}} \tag{5-21}$$

即

$$U_{\text{o}} = \frac{T_{\text{on}}}{T_{\text{on}} + T_{\text{off1}}}U_{\text{i}} \tag{5-22}$$

令 $D_1 = T_{\text{off1}}/T_{\text{S}}$，则输出电压为

$$U_{\text{o}} = \frac{D}{D + D_1}U_{\text{i}} \tag{5-23}$$

显然，占空比 D 相同时，电感电流断续时的输出电压比电感电流连续时高。

稳态时，S 导通器件电感电流的增量 Δi_{L+} 仍可由式（5-9）计算，但 S 关断器件电感电流的下降量 Δi_{L-} 应重新计算。在 $T_{\text{off1}} = D_1 T_{\text{S}}$ 期间，i_L 从 $I_{L\max}$ 线性下降到 0，电流下降量为

$$\Delta i_{L-} = \frac{U_{\text{o}}}{L}T_{\text{off1}} = \frac{U_{\text{o}}}{L}D_1 T_{\text{S}} = \frac{U_{\text{o}}D_1}{Lf_{\text{S}}} \tag{5-24}$$

电感电流断续的时间为 $T_{\text{o}} = T_{\text{S}} - T_{\text{on}} - T_{\text{off1}} = T_{\text{S}}(1 - D - D_1)$，此时电容 C 和电阻 R 形成回路，电容释放电能，在此期间 i_L 保持为 0。

一个周期中电容 C 电流平均值为 0，电感电流平均值为 I_{o}，就是负载电流的平均值 I_{o}，$I_{\text{o}} = I_L$。电流断续时负载电流平均值 I_{o} 应是 i_L 三角形波形的面积在整个周期 T_{S} 时间内的平均值 I_L，因此

$$I_L = \frac{1}{T_{\text{S}}}\left[\frac{1}{2}\Delta I_L(T_{\text{on}} + T_{\text{off1}})\right] = \frac{1}{2}(D + D_1)\Delta I_L = I_{\text{o}}$$

由式（5-9）和式（5-24）可知

$$\Delta I_L = \frac{U_{\text{i}} - U_{\text{o}}}{L}T_{\text{on}} = \frac{U_{\text{o}}}{L}T_{\text{off1}} \tag{5-25}$$

可得

$$I_{\text{o}} = \frac{U_{\text{o}}}{R} = \frac{T_{\text{on}}(T_{\text{on}} + T_{\text{off1}})}{2LT_{\text{S}}}(U_{\text{i}} - U_{\text{o}}) \tag{5-26}$$

可求得

$$M = \frac{U_{\text{o}}}{U_{\text{i}}} = \frac{2}{1 + \sqrt{1 + \dfrac{8L}{RT_{\text{S}}D^2}}} = \frac{2}{1 + \sqrt{1 + \dfrac{4K}{D^2}}} \tag{5-27}$$

式中，$K = 2L/(RT_{\text{S}})$。

Buck 变换器在电流断续工作情况下，其变压比 M 不仅与占空比 D 有关，还与负载电阻 R、电感 L、开关频率 f_{S} 等有关。

由上述分析可知，Buck 变换器工作在连续的条件是 $I_{\text{o}} > I_{\text{oB}}$，即

$$\begin{cases} K > 1 - D, \text{电感电流连续} \\ K < 1 - D, \text{电感电流断续} \end{cases} \tag{5-28}$$

可得完整的 Buck 变换器输出特性

$$\frac{U_o}{U_i} = \begin{cases} D, & K > 1-D \\ \dfrac{2}{1+\sqrt{1+4K/D^2}}, & K < 1-D \end{cases} \tag{5-29}$$

5.2.2 Boost 变换器

Boost 变换器是一种升压型 DC/DC 变换器，其输出电压大于输入电压。Boost 变换器的基本电路如图 5-6 所示，由全控型开关器件 S、二极管 VD、电感 L 和电容 C 构成。图中的开关器件 S 大多采用电力 MOSFET，也可以是 IGBT 等全控型器件。

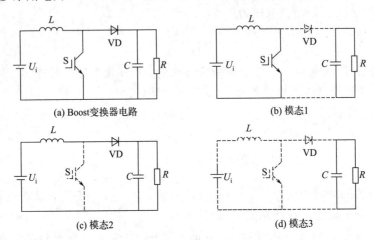

(a) Boost变换器电路   (b) 模态1

(c) 模态2   (d) 模态3

图 5-6　Boost 变换器等效电路

根据全控型器件 S 的导通与关断，以及电感电流是否连续和负载电流是否连续可以将电路分为 3 种工作模态。

模态 1：如图 5-6(b)，当 S 导通时，受电源电压极性影响，二极管 VD 关断，电源经过开关器件 S 向 L 充电，L 处于储能阶段，电感 L 上的电压极性为左正右负，同时 C 向负载 R 供电。由于 C 较大，输出电压近似不变，电容电压可以近似认为保持其平均值 U_o 不变，因此 T_{on} 期间加在 L 上的电压为 U_i，有：

$$L\,\mathrm{d}i_L/\mathrm{d}t = U_i \tag{5-30}$$

此时，电感电流线性增长，有：

$$\Delta i_{L+} = \frac{U_i}{L}T_{on} = \frac{U_i}{L}DT_S = \frac{U_i}{Lf_S}D \tag{5-31}$$

模态 2：如图 5-6(c)，当 S 关断时，电感 L 处于放电阶段，电感 L 上的电压极性为左负右正，电源和电感 L 共同向 C 和 R 放电，有：

$$U_i + L\,\mathrm{d}i_L/\mathrm{d}t = U_o \tag{5-32}$$

此时，电感电流线性下降，有：

$$\Delta i_{L-} = \frac{U_o-U_i}{L}T_{off} = \frac{U_o-U_i}{L}(T_S - T_{on}) = \frac{U_o-U_i}{L}(1-D)\cdot T_S \tag{5-33}$$

稳态时，$\Delta I_L = \Delta I_{L+} = \Delta I_{L-} = U_i DT_S/L$。

模态 3：如图 5-6(d)，当一个周期内 S 导通时间过短，或者电感 L 储能不足时，电感 L 能量释放完毕后，S 仍然没有导通，电感 L 中的电流断续，此时负载 R 由电容 C 供电。

当电感电流连续时，根据电感伏秒平衡原理，有：

$$U_i T_{on} + (U_i - U_o) T_{off} = 0 \tag{5-34}$$

可得输出电压为：

$$U_o = \frac{U_i}{1-D} \tag{5-35}$$

由于 $D \leqslant 1$，总有输出电压 $U_o \geqslant U_i$，因此 Boost 变换器为升压变换器。

Boost 变换器也可以看作一个升压直流变压器，其变压比 M 为 $1/(1-D)$。

与 Buck 变换器类似，Boost 变换器也可以分为电感电流连续、电感电流断续状态，如图 5-7 所示。

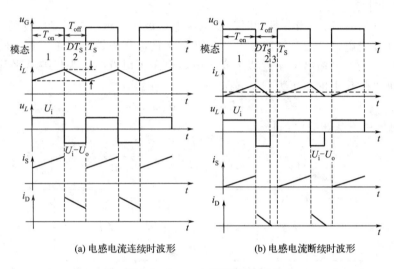

(a) 电感电流连续时波形　　　(b) 电感电流断续时波形

图 5-7　Boost 电路工作波形

Boost 电路中输出电压脉动量 ΔU_o 等于开关管导通期间电容 C 向负载放电引起的电压变化量。ΔU_o 可近似地由下式确定。

$$\Delta U_o = U_{omax} - U_{omin} = \frac{\Delta Q}{C} = \frac{1}{C} I_o D T_s = \frac{D}{C f_s} I_o \tag{5-36}$$

因此

$$\frac{\Delta U_o}{U_o} = \frac{D I_o}{C f_s U_o} = D \frac{1}{f_s} \times \frac{1}{RC} = D \frac{f_C}{f_s} \tag{5-37}$$

式中

$$f_C = \frac{1}{RC} \tag{5-38}$$

由此，可根据电容电压纹波要求选择合适的电容值。

Boost 电路的电感电流的临界电流计算公式与 Buck 电路类似，也是在 $D = 0.5$ 时取最大值，其表达式相同。在电感电流断续模式下，Boost 电路的变压比为：

$$M = \frac{U_o}{U_i} = \frac{1 + \sqrt{1 + \frac{4D^2}{K}}}{2} \tag{5-39}$$

完整的 Boost 电路的输出特性为：

$$\frac{U_o}{U_i}=\begin{cases}\dfrac{1}{1-D},K>D(1-D)^2\\[3mm]\dfrac{1+\sqrt{1+4D^2/K}}{2},K<D(1-D)^2\end{cases} \tag{5-40}$$

5.2.3 Buck-Boost 变换器

Buck-Boost 变换器电路如图 5-8(a) 所示，由全控型开关器件 S、二极管 VD、电感 L 和电容 C 构成。图中的开关器件 S 大多采用电力 MOSFET，也可以是 IGBT 等全控型器件。

根据全控型器件 S 的导通与关断，以及电感电流是否连续和负载电流是否连续可以将电路分为 3 种工作模态。

模态 1：如图 5-8(b)，当 S 导通时，受电源电压极性影响，二极管 VD 关断，电源经过开关器件 S 向 L 充电，L 处于储能阶段，电感 L 上的电压极性为上正下负。同时 C 向负载 R 供电。由于 C 较大，输出电压近似不变，电容电压可以近似认为保持其平均值 U_o 不变，因此 T_{on} 期间加在 L 上的电压为 U_i，有：

$$L\,\mathrm{d}i_L/\mathrm{d}t=U_i \tag{5-41}$$

此时，电感电流线性增长，有：

$$\Delta i_{L+}=\frac{U_i}{L}T_{on}=\frac{U_i}{L}DT_S=\frac{U_i}{Lf_S}D \tag{5-42}$$

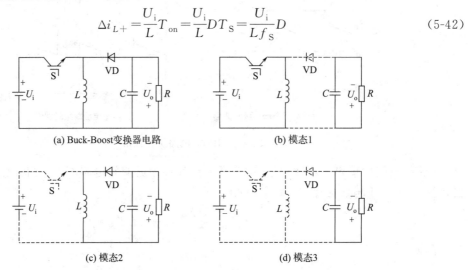

(a) Buck-Boost变换器电路 　　　　　　(b) 模态1

(c) 模态2 　　　　　　　　　(d) 模态3

图 5-8　Buck-Boost 变换器等效电路

模态 2：如图 5-8(c)，当 S 关断时，电感 L 处于放电阶段，电感 L 上的电压极性为上负下正，电感 L 经过二极管 VD 向 C 和 R 放电，有

$$L\,\mathrm{d}i_L/\mathrm{d}t=U_o \tag{5-43}$$

此时，电感电流线性下降，有

$$\Delta i_{L-}=\frac{U_o}{L}T_{off}=\frac{U_o}{L}(T_S-T_{on})=\frac{U_o}{L}(1-D)T_S \tag{5-44}$$

稳态时，$\Delta I_L=\Delta I_{L+}=\Delta I_{L-}$。

模态 3：如图 5-8(d)，当一个周期内 S 导通时间过短，或者电感 L 储能不足时，电感 L 能量释放完毕后，S 仍然没有导通，电感 L 中的电流断续，此时负载 R 由电容 C 供电。

当电感电流连续时，根据电感伏秒平衡原理，有

$$U_iT_{on}=U_oT_{off} \tag{5-45}$$

可得输出电压为

$$U_o = \frac{D}{1-D} U_i \qquad (5\text{-}46)$$

当 $D<0.5$ 时，输出电压 $U_o<U_i$，Buck-Boost 变换器为降压变换器；当 $D>0.5$ 时，输出电压 $U_o>U_i$，Buck-Boost 变换器为升压变换器。Buck-Boost 变换器也可以看作一个直流变压器，其变压比 M 为 $D/(1-D)$。

Buck-Boost 变换器也可以分为电感电流连续、电感电流断续状态，如图 5-9 所示。

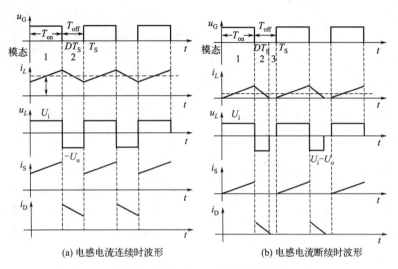

(a) 电感电流连续时波形　　　　(b) 电感电流断续时波形

图 5-9　Buck-Boost 电路工作波形

5.2.4　Cuk、Sepic 和 Zeta 变换器

Cuk 变换器可以看作 Boost 和 Buck 变换器的组合，如图 5-10(a) 所示，因此它保持了 Boost 变换器输入电流连续和 Buck 变换器输出电流连续的优点。Cuk 变换器有 3 种工作模态。

模态 1：S 导通，VD 截止，如图 5-10(b) 所示。此时有两个回路：U_i-L_1-S 回路，电源向电感 L_1 充电；C_1-S-C_2+R-L_2 回路，C_1 向 L_2 转移能量，同时向负载供电。

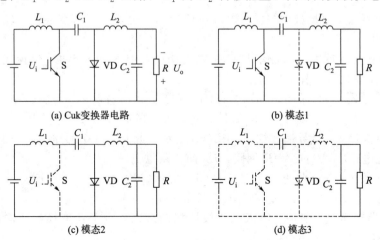

(a) Cuk变换器电路　　　　(b) 模态1

(c) 模态2　　　　(d) 模态3

图 5-10　Cuk 变换器等效电路

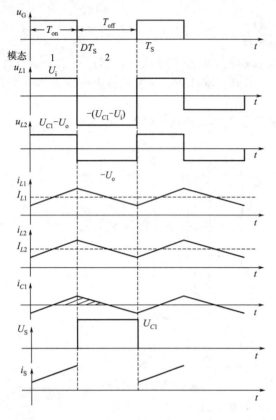

图 5-11　Cuk 变换器电流连续时的工作波形

模态 2：S 关断，VD 导通，如图 5-10 (c) 所示。此时也有两个回路：U_i-L_1-C_1-VD 回路，电源和电感 L_1 向 C_1 充电；L_2-VD-C_2＋R 回路，L_2 向负载供电。

模态 3：S 关断，VD 截止，如图 5-10 (d) 所示。此时只有一个回路：C_2-R 回路，C_2 向负载 R 供电。

Cuk 变换器与 Buck-Boost 变换器一样，输出电压极性与输入电压极性相反，也是升降压变换器，输出电压也可由式（5-46）计算。由于 Cuk 变换器含有两个电感，电流连续模式指的是两个电感电流均连续且大于 0 的情况。当电感电流连续时，模态 1 和模态 2 轮流工作，其工作波形如图 5-11 所示。

Sepic 变换器元器件类型和数量与 Cuk 电路相同，但二极管 VD 和电感 L_2 位置互换，如图 5-12 所示。Sepic 变换器也有 3 种工作模态。

模态 1：S 导通，VD 关断，如图 5-12 (b) 所示。此时有三个回路：U_i-L_1-S 回路，电源向电感 L_1 充电；C_1-S-L_2 回路，C_1 向 L_2 转移能量；C_2-R 回路，C_2 向负载 R 供电。

模态 2：S 关断，VD 导通，如图 5-12(c) 所示。此时有两个回路：U_i-L_1-C_1-VD-C_2＋R 回路，电源和电感 L_1 向 C_1 充电，同时给负载供电；L_2-VD-C_2＋R 回路，L_2 向负载供电。

模态 3：S 关断，VD 截止，如图 5-12(d) 所示。此时只有一个回路，C_2-R 回路，C_2 向负载 R 供电。

Sepic 变换器输出电压极性与输入电压极性相同，也是升降压变换器，输出电压也可由式（5-46）计算。

Zeta 变换器元器件类型和数量与 Cuk 电路相同，但 S 和电感 L_1 位置互换，如图 5-13 所示。Zeta 变换器也有 3 种工作模态。

模态 1：S 导通，VD 关断，如图 5-13(b) 所示。此时有两个回路：U_i-L_1-S 回路，电源向电感 L_1 充电；U_i＋C_1-L_2-C_2＋R 回路，电源和电容 C_1 向负载 R 供电。

模态 2：S 关断，VD 导通，如图 5-13(c) 所示。此时有两个回路：L_1-VD-C_1 回路，电感 L_1 向 C_1 充电；L_2-VD-C_2＋R 回路，L_2 向负载供电。

模态 3：S 关断，VD 截止，如图 5-13(d) 所示。此时只有一个回路：C_2-R 回路，C_2 向负载 R 供电。

Zeta 变换器输出电压极性与输入电压极性相同，也是升降压变换器，输出电压也可由式（5-46）计算。

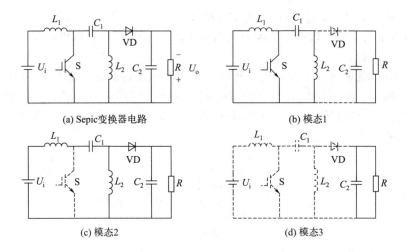

图 5-12　Sepic 变换器等效电路

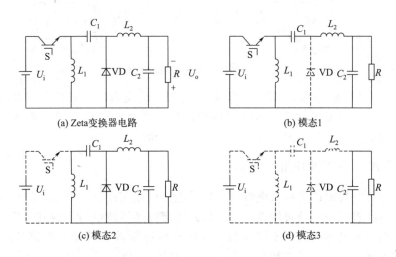

图 5-13　Zeta 变换器等效电路

5.3　双向 DC/DC 变换器

当电源是交流电源时，通过相控整流电路可以调节输出直流电压给直流电动机供电，当电源为蓄电池时，可直接通过 DC/DC 变换器给直流电动机供电。前面由一个开关管组成的 DC/DC 变换器虽然可以调节直流输出电压，但输出电压和电流的方向固定不变，如果负载是直流电动机，电动机只能做单向电动运行，无法将制动能量回馈给电源，效率较低。

5.3.1　半桥式电流可逆斩波电路

如图 5-14 所示，两个开关管构成的半桥式电流可逆斩波电路可以工作在两个方向，一个方向为降压，另一个方向为升压，实现双向 DC/DC 变换。

当 S_2 和 VD_1 截止时，图 5-14(a) 所示半桥式电流可逆斩波电路转化为 Buck 变换器，如图 5-14(b) 所示，由 $U_i\text{-}S_1\text{-}VD_2\text{-}R\text{-}L\text{-}E_M$ 构成。输入电源为 U_i，输出为直流电动机，通过调节 S_1 的占空比，就可以调节直流电动机端电压，从而实现直流电动机的调速，此时直流电动机处于电动状态。

当 S_1 和 VD_2 截止时，图 5-14(a) 所示半桥式电流可逆斩波电路转化为 Boost 变换器，如图 5-14(c) 所示，由 $E_M\text{-}R\text{-}L\text{-}S_2\text{-}VD_1\text{-}U_i$ 构成。此时，直流电动机处于制动状态，通过调节 S_2 的占空比，可以使直流电动机在制动状态下变速运行，电动机将机械能变为电能经变送器向蓄电池反馈制动能量。

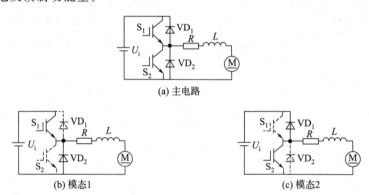

(a) 主电路

(b) 模态1　　　　　　　　　　　(c) 模态2

图 5-14　半桥式电流可逆斩波电路

半桥式 DC/DC 变换器所用元器件少，控制方便，但是电动机只能以单方向做电动运行或制动运行，改变转向要通过改变电动机的励磁电流的方向才能实现，增加了电源的复杂性。如果要实现电动机的四象限运行，则需要采用全桥式 DC/DC 可逆斩波电路。

5.3.2　全桥式可逆斩波电路

利用两个开关管构成的半桥式电流可逆斩波电路可以实现直流电动机的单向电动和制动运行，如果在电动机的另一侧再增加一组半桥式电流可逆斩波电路，构成全桥式可逆斩波电路，就可以实现直流电动机的四象限运行。全桥式可逆斩波电路的主电路如图 5-15(a) 所示，由 4 个功率管和 4 个二极管构成，也称为 H 形斩波电路。

全桥可逆斩波电路的控制方式有双极式斩波控制、单极式斩波控制和受限单极式斩波控制。在双极式斩波控制方式下，桥式可逆斩波电路有 4 种工作模态。

模态 1：S_1 和 S_3 导通，其余开关管和二极管均关断，如图 5-15(b) 所示，此时电源电压 U_i 通过 $S_1\text{-}R\text{-}L\text{-}E_M\text{-}S_3$ 回路向电动机供电，电流方向为从左至右，电感储能，电感感应电动势极性为左正右负，直流电动机感应电动势极性为左正右负，电动机正向旋转运行。取 S_1 和 S_3 导通时间为 T_{on}，则 AB 端电压 $U_d = U_i$。

模态 2：S_1 和 S_3 关断，触发 S_2 和 S_4，受电感的影响，S_2 和 S_4 还不能导通，电感通过 VD_2 和 VD_4 放电，如图 5-15(c) 所示，电动机支路电流方向不变，直至电感能量释放完毕。取 VD_2 和 VD_4 放电时间为 T_{off}，则此段时间内 AB 端电压为 $U_d = -U_i$。

模态 3：电感能量释放完毕后，S_2 和 S_4 导通，如图 5-15(d) 所示，电源电压 U_i 通过 $S_2\text{-}E_M\text{-}L\text{-}R\text{-}S_4$ 回路向电动机供电，电流方向反向，从右向左流，电感反向储能，电感感应电动势极性为右正左负，直流电动机感应电动势极性为右正左负，电动机反向旋转运行。

模态 4：S_2 和 S_4 关断，触发 S_1 和 S_3，受电感的影响，S_1 和 S_3 还不能导通，电感通过 VD_1 和 VD_3 放电，如图 5-15(e) 所示，电动机支路电流方向不变，直至电感能量释放完毕。

以模态 1 和模态 2 构成一个周期 T_S，规定该周期内电动机正向旋转运行，则一个周期内 AB 端电压为：

$$U_d = \frac{T_{on}}{T_s}U_i - \frac{T_{off}}{T_S}U_i = \left(\frac{2T_{on}}{T_S} - 1\right)U_i = \alpha U_i \tag{5-47}$$

式中，占空比 $\alpha = 2T_{on}/T_S - 1$。

当 $T_{on} = T_S$ 时，$\alpha = 1$，当 $T_{on} = 0$ 时，$\alpha = -1$，因此占空比的调节范围为 $-1 \leqslant \alpha \leqslant 1$。由模态 3 和模态 4 组成的反向过程与此类似。通常 $0 \leqslant \alpha \leqslant 1$ 时，$U_d > 0$，电动机正转，$-1 \leqslant \alpha \leqslant 0$ 时，$U_d < 0$，电动机反转。$-1 \leqslant \alpha \leqslant 1$ 连续变化时，电动机从反转到正转可以连续调节，电流总是连续的，这是双极性斩波控制的特点。当 $\alpha = 0$、$U_d = 0$ 时，电动机也不是完全的静止状态，而是在正反转作用下微振，可以加快电动机正反转的响应速度。三种状态的电流波形如图 5-15(f) 所示。

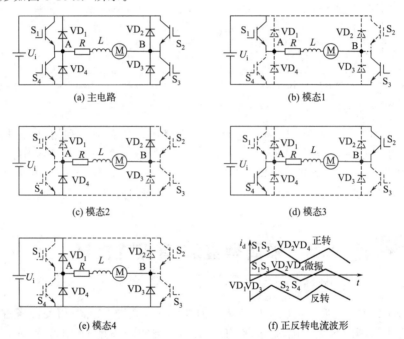

图 5-15　全桥式可逆斩波电路

全桥式可逆斩波电路除了可以工作在双极性斩波控制方式下外，还可以工作在单极性斩波控制方式下。在图 5-15(a) 中，控制 S_1 和 S_4 工作，在互反的 PWM 状态下，通过调节 S_2 和 S_3 可以控制电动机的转向。例如 S_3 导通、S_2 维持截止，当 S_1 导通时，电源通过 S_1 和 S_3 给负载供电，电动机工作在正向电动状态下，$U_d = U_i$。当 S_1 截止、S_4 导通时，受电感的作用，电流此时不能反向，S_4 无法导通，实际是由 VD_4 导通，构成 VD_4-R-L-E_M-S_3 的回路，电感的能量消耗在电阻 R 上，$U_d = 0$。当电感续流结束后，VD_4 截止，S_4 导通，电动机中的反电动势将通过 S_4 和 VD_3 形成回路，电流反向，电动机处于能耗制动阶段。S_2 导通、S_3 维持截止时的工况与此类似。

单极性斩波控制方式下的输出平均电压与 Buck 变换器的计算公式相同。

在单极式斩波控制中，正转时 S_4 真正导通的时间很少，反转时 S_1 真正导通的时间也很少。因此可以在正转时使 S_4 和 S_2 恒关断，在反转时使 S_1 和 S_3 恒关断，对电路工作情况影响不大，这就是所谓的受限单极式斩波控制方式。在受限单极式斩波控制方式下，电动机正转时，S_3 恒导通，S_1 受 PWM 控制；电动机反转时，S_2 恒导通，S_4 受 PWM 控制。

5.3.3　其他双向 DC/DC 变换

除了半桥和桥式双向 DC/DC 变换器给直流电动机供电以外，还可以利用基本的 Buck 电路和 Boost 电路构成简单的双向 DC/DC 变换电路，以及利用升降压电路 Sepic 和 Zeta 构成可以实现双向升降压的 DC/DC 变换电路，图 5-16 给出了两种典型电路。

图 5-16(a) 为从左到右利用 Boost 实现升压，从右到左利用 Buck 实现降压的双向 DC/DC 变换电路，每个开关管均反并联了一个二极管，当 S_1 受 PWM 控制、S_2 恒截止时，U_i 升压给 E_M 供电，当 S_1 恒截止、S_2 受 PWM 控制时，E_M 降压给 U_i 供电，可以用于蓄电池升压给电动机供电，电动机处于制动发电状态时，反向降压将制动能量回馈给蓄电池充电。该电路只能工作在一个方向升压、另一个方向降压的方式下，限制了其应用范围。

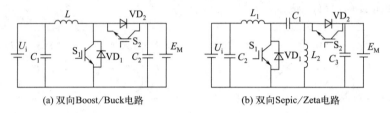

(a) 双向Boost/Buck电路　　　　　(b) 双向Sepic/Zeta电路

图 5-16　双向 DC/DC 电路

图 5-16(b) 为从左到右利用 Sepic 电路实现升降压，从右到左利用 Zeta 电路实现升降压的双向 DC/DC 变换电路，即可以实现双向的升降压变换，扩大了应用范围。与双向 Boost/Buck 电路一样，每个开关管均反并联了一个二极管，当 S_1 受 PWM 控制、S_2 恒截止时，U_i 升压给 E_M 供电，当 S_1 恒截止、S_2 受 PWM 控制时，E_M 给 U_i 供电。

5.4　隔离型直流-直流变换器

非隔离型 DC/DC 变换器电路结构简单，但变压比与占空比密切相关，当占空比比较小时，容易发生电流断续现象。隔离型 DC/DC 变换器与非隔离型 DC/DC 变换器相比，在变换器中增加了脉冲变压器，相当于增加了一个交流环节，因此隔离型 DC/DC 变换器又称为间接 DC/DC 变换器，由 DC/AC 和 AC/DC 两个环节构成。采用这种复杂结构的变换器来完成直流变换的主要原因是为实现输入端和输出端之间的隔离，常用于需要相互隔离的多路直流输出，此外隔离型 DC/DC 变换器可以实现输入、输出电压关系远小于 1 或远大于 1 的变压比。

为了减小变压器、滤波电感、滤波电容的体积和重量，隔离型 DC/DC 变换器通常工作在较高的开关频率下，开关器件采用全控型器件，因此变压器多为脉冲变压器。隔离型 DC/DC 变换器可分为正激变换器、反激变换器、全桥变换器、半桥变换器和推挽变换器等 5 种典型的结构。

5.4.1　正激变换器

正激变换器根据所使用的开关管数量分为单管正激变换器和双管正激变换器，所使用的开关管为全控型开关器件如电力 MOSFET、IGBT 等。单管正极变换器如图 5-17 所示，根据 S 的通断可以分为 3 种模式。

模态 1：S 导通，此时变压器原边导通，VD_1 截止，变压器的副边经过半波整流后，通过 VD_2 向 L_1 和负载供电，VD_3 截止。

模态 2：S 截止，变压器能量耦合到 N_3 绕组上，由于 N_3 和 N_1 反极性，此时 N_3 上正下负，通过 VD_1 将能量回馈给电源 U_i。同时变压器副边 VD_2 截止，L_1 感应电动势反极性，通过 VD_3 给负载续流供电。

模态 3：变压器能量释放完毕，L_1 继续通过 VD_3 给负载续流供电。

设模态 1 工作时间为 T_{on}，模态 2 工作时间为 T_{off1}，模态 3 工作时间为 T_{off2}。模态 2 期间实现变压器磁复位，变压器绕组的感应电动势分别为 $-U_i N_1/N_3$ 和 $-U_i N_2/N_3$，则开关管 S 承受的最大电压为 $U_i(1+N_1/N_3)$，二极管 VD_2 承受的最大电压为 $U_i N_2/N_3$。

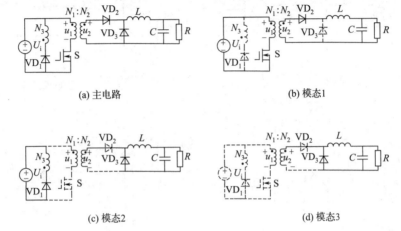

(a) 主电路　　　　　　　　　　(b) 模态1

(c) 模态2　　　　　　　　　　(d) 模态3

图 5-17　单管正激变换器

图 5-18 是单管正激变换器的工作波形。设占空比 $D=T_{on}/T$，稳态时，根据电感 L 的伏秒特性，有：

$$\left(U_i \frac{N_2}{N_1} - U_o\right)D - U_o(1-D) = 0 \quad (5\text{-}48)$$

可求得输出电压为：

$$U_o = \frac{N_2}{N_1} U_i D \quad (5\text{-}49)$$

由此可以看出，与传统 Buck 变换器变压比为 D 相比，正激变换器通过调节变压器的变比，可以进一步扩大变换器的变压比范围。

类似地，将电感的伏秒平衡原理应用于变压器，即一次绕组的电压 u_1 的平均值为 0，有：

$$U_i T_{on} + \left(-\frac{N_1}{N_3} U_i\right) T_{off1} = 0 \quad (5\text{-}50)$$

可得

$$T_{off1} = \frac{N_3}{N_1} T_{on} \quad (5\text{-}51)$$

变压器在一个周期内必须完成磁复位，可得

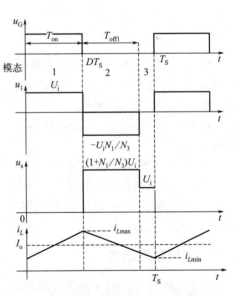

图 5-18　单管正激变换器的工作波形

$$D \leqslant \frac{N_1}{N_1 + N_3} \tag{5-52}$$

单管正激变换器的最大占空比受到了限制。一般会选择 $N_1 = N_3$，$D \leqslant 0.5$。

与单管正激变换器相比，双管正激变换器增加了一个全控型开关器件和一个二极管，变压器只有一次和二次两个绕组，二次绕组侧和单管正激变换器相同，双管正激变换器电路如图 5-19 所示，根据 S_1 和 S_2 的通断可以分为 3 种模态。

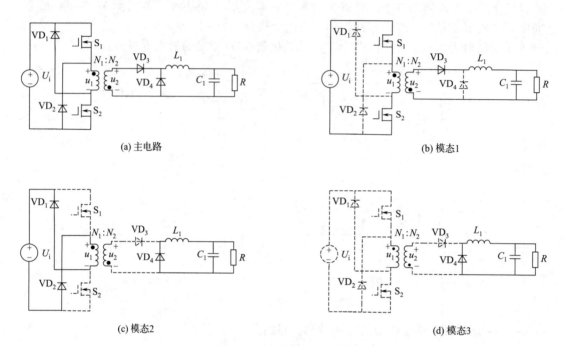

(a) 主电路　　　　　　　　　　　　　　　　　　(b) 模态1

(c) 模态2　　　　　　　　　　　　　　　　　　(d) 模态3

图 5-19　双管正激变换器

模态 1：S_1 和 S_2 导通，此时变压器原边导通，VD_1 和 VD_2 截止，变压器的副边经过半波整流后，通过 VD_3 向 L_1 和负载供电，VD_4 截止。

模态 2：S_1 和 S_2 截止，由于 N_1 反极性，VD_1 和 VD_2 导通，通过 VD_1 和 VD_2 将能量回馈给电源 U_i。同时变压器副边 VD_3 截止，L_1 感应电动势反极性，通过 VD_4 给负载续流供电。

模态 3：变压器能量释放完毕，L_1 继续通过 VD_4 给负载续流供电。

双管正激变换器的分析过程与单管正激变换器类似，输出电压大小相同，占空比限制为 $D \leqslant 0.5$，二极管 VD_1 和 VD_2 承受的电压为 U_i，开关管承受的最大电压也为 U_i，这是双管正激变换器的优点之一。

5.4.2　反激变换器

反激变换器与正激变换器的区别在于变压器原、副边绕组的同名端不同，反激变换器如图 5-20 所示。

反激变换器也分为 3 种工作模态。

模态 1：S 导通，由于变压器二次侧绕组反极性，二极管 VD_1 截止，此时可以将变压器等效为电感，变压器储存电能，此时 $u_1 = U_i$。

模态 2：S 截止，变压器二次侧绕组极性反转为正极性，二极管 VD_1 导通，二次侧绕组

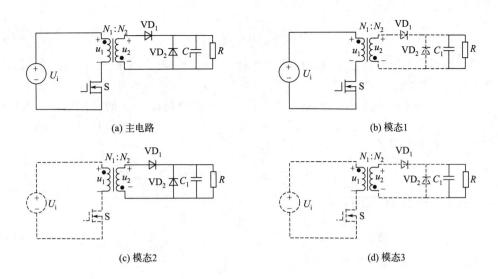

(a) 主电路　　　　　　　　　　　　　　　　　(b) 模态1

(c) 模态2　　　　　　　　　　　　　　　　　(d) 模态3

图 5-20　反激变换器

给负载供电，变压器放能，直到变压器储存能量释放完毕，此时 $u_1 = -u_2 N_1/N_2 = -U_o N_1/N_2$。

模态 3：S 和 VD$_1$ 均截止，电容 C_1 给电阻 R 放电。

图 5-21 是反激变换器在连续导通和断态模式下的工作波形。在连续导通模式下，根据变压器的伏秒平衡原理，有

$$\int_0^T u_1 \mathrm{d}t = U_i T_{\mathrm{on}} - \frac{N_1}{N_2} U_o T_{\mathrm{off}} = 0 \tag{5-53}$$

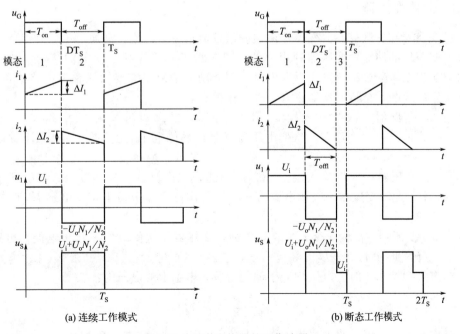

(a) 连续工作模式　　　　　　　　　　　　　　(b) 断态工作模式

图 5-21　反激变换器的工作波形

可得输出电压为

$$U_o = \frac{N_2}{N_1} U_i \frac{D}{1-D} \tag{5-54}$$

反激变换器的电压变比是在升降压变换器电压变比的基础上增加了 N_2/N_1 的系数，扩大了变压范围。

当反激变换器工作在临界导通模式时，变压器一次绕组在 T_{on} 期间储能，二次绕组在 $T_{off} = T_S - T_{on}$ 期间正好放电完毕，电流下降到0。稳态时，负载电流 I_o 等于二极管 VD 的平均电流，临界电流用 I_{OB} 表示，有

$$I_{OB} = I_o = I_{dVT} = \frac{1}{2} \Delta I_2 (1-D) \tag{5-55}$$

在 S 关断（模态 2）期间，有

$$u_1 = L_M \frac{-\Delta I_1}{T_{off}} = L_M \frac{N_2}{N_1} \times \frac{-\Delta I_2}{T_{off}} = -\frac{N_1}{N_2} U_o \tag{5-56}$$

式中，L_M 是变压器一次侧绕组的电感。

可得

$$\Delta I_2 = \left(\frac{N_1}{N_2}\right)^2 \frac{U_o}{L_M} T_{off} \tag{5-57}$$

代入式(5-55)，可得

$$I_{OB} = \frac{U_i D(1-D) T_S}{2L_M} \times \frac{N_1}{N_2} \tag{5-58}$$

当 $D = 0.5$ 时，得临界电流的最大值

$$I_{OBmax} = \frac{U_i T_S}{8L_M} \times \frac{N_1}{N_2} \tag{5-59}$$

5.4.3 全桥变换器

正激变换器和反激变换器变压器原边绕组仅流过单向电流，需通过第三绕组或副边反极性来释放变压器的储能，变压器利用率低。图 5-22 给出了全桥变换器的结构，利用 4 个开关管可以实现变压器绕组流过正反向电流，因此副边输出也需要桥式整流电路给负载供电。根据开关管的通断，全桥变换器也有 3 种工作模态。

模态 1：变压器一次侧输入端 S_1 和 S_4 导通，二次侧输入端 VD_1 和 VD_4 导通，如图 5-22(b) 所示。此时变压器一次侧电压为 U_i，二次侧电压上正下负，电感 L_1 储能，电流上升。

模态 2：变压器一次侧输入端 S_2 和 S_3 导通，二次侧输出端 VD_2 和 VD_3 导通，如图 5-22(c) 所示。此时变压器一次侧电源为 $-U_i$，二次侧电压上负下正，电感 L_1 储能，电流上升。

模态 3：变压器一次侧 4 个开关管均关断，变压器二次侧绕组不输出电能，电感 L_1 放电，电流下降，此时 $u_L = -U_o$。

在模态 1 和模态 2 时，电感均处于储能阶段，电感上的电压为：

$$u_L = \frac{N_2}{N_1} U_i - U_o \tag{5-60}$$

全桥变换器工作时，往往按模态 1、模态 3、模态 2、模态 3 周期性工作，电感储能和放能均有两个阶段，根据电感伏秒平衡原理，电感电流连续时，有：

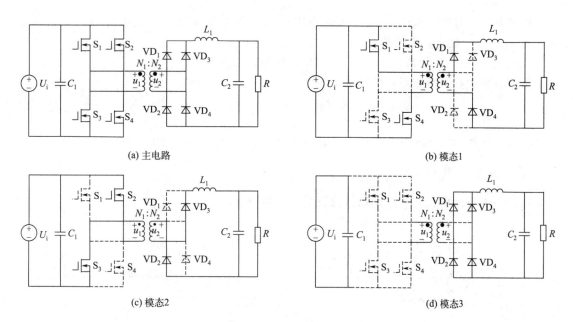

(a) 主电路   (b) 模态1

(c) 模态2   (d) 模态3

图 5-22　全桥变换器

$$U_o = \frac{N_2}{N_1} U_i 2D \tag{5-61}$$

5.4.4　半桥变换器

全桥变换器中开关管和二极管数量较多，可改为半桥变换器，如图 5-23 所示，一次侧用两个电容代替原来的开关管，二次侧采用带中间抽头的变压器结构。

半桥变换器也有 3 种工作模态。

模态1：S_1 导通，S_2 截止，一次侧绕组与 S_1 和 C_2 构成通路，电压为 $U_i/2$，二次侧 VD_1 导通，VD_2 截止，电感储能。

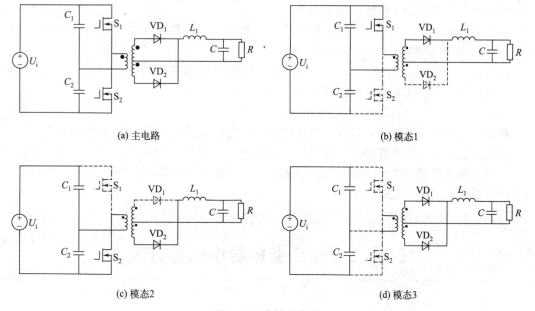

(a) 主电路   (b) 模态1

(c) 模态2   (d) 模态3

图 5-23　半桥变换器

模态 2：S_2 导通，S_1 截止，一次侧绕组与 S_2 和 C_1 构成通路，电压为 $U_i/2$，二次侧 VD_2 导通，VD_1 截止，电感储能。

模态 3：S_1 和 S_2 均截止，VD_1 和 VD_2 均导通，电感放电。

根据电感伏秒平衡原理，可得输出电压为：

$$U_o = \frac{N_2}{N_1} U_i D \tag{5-62}$$

在占空比相同的情况下，半桥变换器的输出电压为全桥变换器的一半。

5.4.5　推挽变换器

在低压大电流场合，可以使用推挽变换器，如图 5-24 所示。

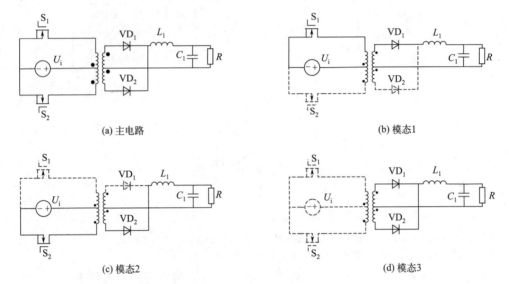

图 5-24　推挽变换器

推挽变换器的 3 种工作模态如下所述。

模态 1：S_1 导通，S_2 截止，电源电压 U_i 加在变压器的一次侧，二次侧 VD_1 导通，VD_2 截止，电感 L_1 电流上升，S_2 承受 $2U_i$。

模态 2：S_2 导通，S_1 截止，电源电压 U_i 加在变压器的一次侧，二次侧 VD_2 导通，VD_1 截止，电感 L_1 电流上升，S_2 承受 $2U_i$。

模态 3：S_1 和 S_2 均截止，电感电流下降。

根据电感伏秒平衡原理，可得电流连续时的输出电压与全桥变换器公式相同。

推挽电路的两个开关管要求对称工作，否则将造成变压器的偏磁，引起变压器磁饱和。此外，两个开关管承受的电压是电源电压的两倍，实际中还需要考虑变压器漏感的影响，开关管所承受的电压应力更高。

5.5　DC/DC 变换器中的软开关

DC/DC 变换器均采用全控型器件以 PWM/PFM 或混合调频的方式工作，开关频率较高，如果不对开关过程进行控制，将产生较大的开关损耗，同时变换器的效率也会较低。因此，在 DC/DC 变换器中广泛采用软开关技术来降低损耗、提高效率。

5.5.1　Buck 变换器中的软开关技术

根据谐振电感和谐振电容的位置不同，Buck 变换器软开关可以分为零电压开关准谐振电路（ZVS QRC）和零电流开关准谐振电路（ZCS QRC），分别如图 5-25(a) 和（b）所示。其中 L_r 和 C_r 为谐振电感和谐振电容，可以由变压器的漏感和开关元件的结电容来承担。

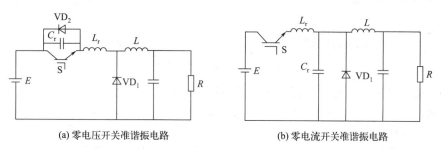

(a) 零电压开关准谐振电路　　　　　　(b) 零电流开关准谐振电路

图 5-25　Buck 电路软开关

从开关管关断开始分析零电压开关准谐振电路的基本工作原理，其过程如下。

在 0 时刻，开关 S 关断，负载在高频 PWM 工作模式下，可以等效为恒流源，谐振电感 L_r 上流过恒定电流 I_o，谐振电感感应电动势为 0，S 关断后，电流给谐振电容 C_r 充电，谐振电感上的能量转换到谐振电容 C_r 上，谐振电容电压逐渐上升，利用谐振电容充电电压上升，使得开关 S 的电压缓慢上升，关断损耗减小。

当谐振电容 C_r 上电压超过电源电压 E 时，二极管 VD_1 导通，发生谐振，谐振电感 L_r 上电流开始下降，谐振电容 C_r 开始通过 VD_1 放电，谐振电容 C_r 上的能量向谐振电感反向转移，直到谐振电容 C_r 上的电压降为 0，二极管 VD_2 导通。

二极管 VD_2 导通，钳位谐振电容 C_r 上电压为 0，此时可以给开关 S 触发脉冲，驱动其导通，实现零电压、零电流导通。

开关 S 导通后，谐振电感 L_r 电流逐渐上升，最后达到稳态 I_o，二极管 VD_1 关断。

需要注意的是，谐振过程中，谐振电压的峰值是电源电压 E 的 2 倍以上，应选择高耐压的开关器件。

零电流开关准谐振电路的工作原理如下。

S 关断时，负载电感 L 经过二极管 VD_1 续流，钳位谐振电容 C_r 上电压为 0。

当 S 驱动导通时，E 通过 S 对谐振电感 L_r 充电，电流上升，当 $i_{Lr}=I_o$ 时，二极管 VD_1 关断，由于谐振电感 L_r 的作用，导通的电压缓慢下降，电流缓慢上升。

谐振电感 L_r 电流进一步上升，$i_{Lr}-I_o$ 部分向谐振电容 C_r 充电，谐振电感 L_r 中的能量向谐振电容 C_r 转移，谐振电容 C_r 电压上升，直至 $u_{Cr}=E$，谐振电感 L_r 中的电流开始下降，当下降到 $i_{Lr}=I_o$ 时，$u_{Cr}=2E$。

当谐振电感 L_r 继续下降到 0 时，满足 S 零电流关断的条件，S 关断。

S 关断后，谐振电容 C_r 反向向负载供电，直至电压降为 0，二极管 VD_1 导通，进入续流阶段。

5.5.2　Boost 变换器中的软开关技术

Boost 变换器的软开关电路有多种，图 5-26 给出了两种典型软开关电路，图 5-26(a) 为半波模式的零电压开关准谐振电路，图 5-26(b) 为零电压转换准谐振电路，其他还有全波模式的零电压开关准谐振电路、零开关 PWM 变换器等。

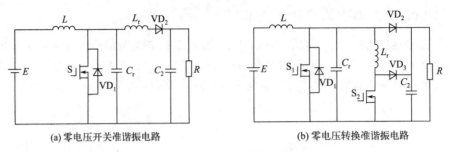

(a) 零电压开关准谐振电路　　　　　(b) 零电压转换准谐振电路

图 5-26　Boost 电路软开关

在分析软开关电路工作时，假设所有器件均为理想器件，滤波电感 L 的电感值足够大，一个周期内输入电流 I_i 为一个恒定值，滤波电容 C_r 的电容值也足够大，一个周期内输出电压 U_o 可以认为是一个恒定值。

以半波模式零电压开关准谐振 Boost 变换器为例，说明各工作模态的工作原理，如图 5-27 所示。

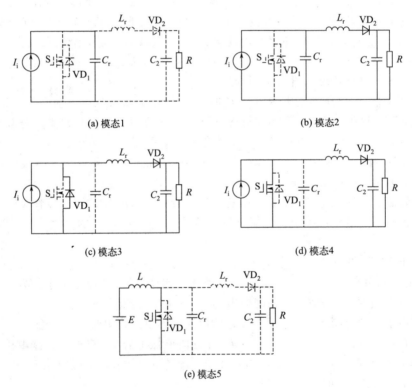

(a) 模态1　　　　　　　　　　　　　(b) 模态2

(c) 模态3　　　　　　　　　　　　　(d) 模态4

(e) 模态5

图 5-27　半波模式零电压开关准谐振 Boost 变换器的等效电路

模态 1：如图 5-27(a)，开关 S、VD_1 和 VD_2 均关断，电流源 I_i 向谐振电容 C_r 充电，u_{Cr} 线性上升，当 $u_{Cr} > U_o$ 时，VD_2 导通，模态 1 结束。

模态 2：如图 5-27(b)，电路进入谐振状态，谐振电感电流 i_{Lr} 上升，谐振电容电压 u_{Cr} 先升后降。当 u_{Cr} 下降到 0 时，开关管 S 的反并联二极管 VD_1 导通，模态 2 结束。

模态 3：如图 5-27(c)，VD_1 导通后，谐振电感线性放电，当下降到 $i_{Lr} = I_i$ 时，VD_1

关断，模态 3 结束。这段时间，S 两端电压受 VD_1 导通钳位为 0，对 S 施加触发信号，可以实现零电压导通。

模态 4：如图 5-27(d)，S 导通后，谐振电感继续线性放电，当下降到 $i_{Lr}=0$ 时，谐振电感电流保持为 0，电容 C_2 向负载 R 供电，模态 4 结束。

模态 5：如图 5-27(e)，电源 E 通过开关 S 向滤波电感 L 储存能量，这一阶段和普通 Boost 电路开关管导通的情况一致。当下一个周期到来时，给开关 S 施加关断信号，模态 5 结束。由于谐振电容 C_r 的电压不能突变，缓慢上升，开关 S 可实现零电压关断。

在准谐振变换器和零开关 PWM 变换器中，谐振元件均串联在主回路中，产生的损耗较大，为了解决这一问题，提出了零转换变换器，零转换变换器的谐振回路与主电路并联，并且仅在开关管导通或关断前的很短时间内工作，从而可以有效减少谐振回路的功率损耗。通过图 5-28 的等效电路说明零电压转换准谐振电路的工作原理。图 5-29 和图 5-30 分别是半波模式零电压开关准谐振 Boost 变换器的工作波形和零电压转换 Boost 变换器的工作波形。

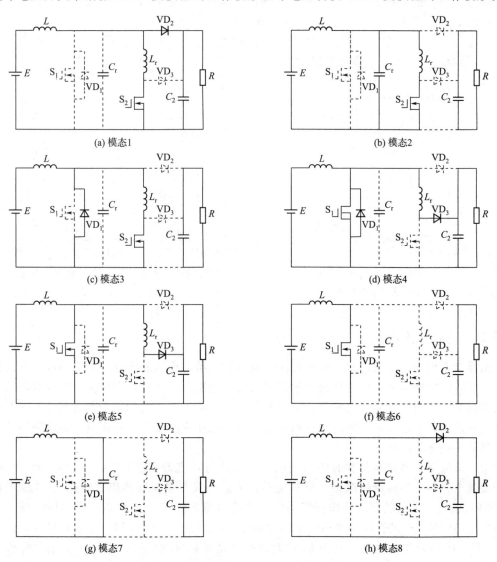

图 5-28 零电压转换 Boost 变换器的等效电路

模态1：如图5-28(a)所示，开关S_2导通，谐振电感电流i_{Lr}上升，当$i_{Lr}=I_i$时，VD_2截止。

模态2：如图5-28(b)所示，电路进入谐振工作状态，谐振电感电流i_{Lr}继续上升，谐振电容电压u_{Cr}下降，直至$u_{Cr}=0$，VD_1导通。

模态3：如图5-28(c)所示，谐振电感电流i_{Lr}通过VD_1续流，此时开关S_1两端电压钳位为0，给开关S_1触发信号，实现零电压导通。

模态4：如图5-28(d)所示，关断S_2，由于流过的电流不为0，S_2是硬关断。此时谐振电感通过VD_3向负载供电，谐振电感两端电压为输出电压，谐振电感继续放电。

模态5：如图5-28(e)所示，谐振电感电流继续线性下降，当开关S_1流过I_i时，谐振电感电流降为0，VD_3关断。

模态6：如图5-28(f)所示，S_1完全导通，滤波电感L储能。

模态7：如图5-28(g)所示，当S_1关断时，谐振电容电压$u_{Cr}=0$，因此S_1是零电压关断，然后u_{Cr}由0开始线性上升，当$u_{Cr}>U_o$时，VD_2导通。

模态8：如图5-28(h)所示，电源E和滤波电感L共同给滤波电容和负载供电，直至开关S_2导通，进入下一个换流周期。

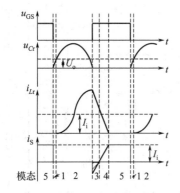

图 5-29　半波模式零电压开关准谐振
Boost 变换器的工作波形

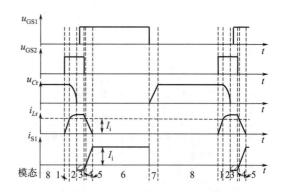

图 5-30　零电压转换 Boost 变换器的工作波形

5.5.3　谐振变流电路

谐振变流电路由开关网络、谐振网络、隔离变压器、整流和滤波等电路组成。开关网络将输入的直流电转换为方波电压提供给谐振网络，谐振网络具有选频特性，当方波周期接近谐振周期时，谐振电流接近正弦波，从而使开关在开通或关断时的电流都接近0，进而降低了开关损耗。因此，谐振变换电路在高频工作时仍能保持高效率，从而更容易达到高功率密度，其应用越来越广泛。

由于谐振变流电路本身含有隔离变压器，因此与隔离型 DC/DC 变换器可以紧密结合。谐振变流电路包含串联谐振电路（SRC 电路：等效负载与谐振网络串联连接）、并联谐振电路（FRC 电路：等效负载与谐振网络中的电容或电感并联连接）和串并联谐振电路。串并联谐振电路中的 LC 谐振网络是由两个电容和一个电感或两个电感和一个电容组成，因此又称为 LCC 或 LLC 谐振电路，其中 LCC 谐振电路是等效负载电阻并联一个谐振电容再串联一个谐振电容，LLC 谐振电路是等效负载并联一个谐振电感再串联一个谐振电感。图 5-31 (a) 为最常用的一种 LLC 谐振变流电路，一个电感 L_r 与负载串联，一个电感 L_m 与负载并

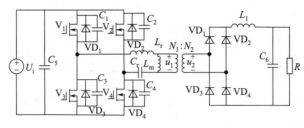

(a) LLC

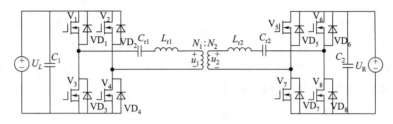

(b) CLLC

图 5-31　典型隔离式 DC/DC 变换器软开关应用

联，其拓扑结构根据 MOSFET 的结构可分为半桥和全桥，两个电感 L_r 和 L_m 分别是变压器的漏感和励磁电感，电容 C_r 为变压器一次侧谐振电容。LLC 通过谐振实现 MOS 管的软开关，减少开关损耗。

各种需要高效率和高功率密度的隔离 DC/DC 变换的场合，几乎都会用到 LLC 电路。LLC 电路的谐振网络还具有一定的升压作用，因此也常被用于低压升高压的场合中。图 5-31(a) 中隔离型谐振变流电路的输出为二极管整流电路，只能单向传递能量。而很多场合需要双向传递能量，实现双向的 DC/DC 变换，在右侧的变换电路就需要采用与左侧相同的全控型器件构成的桥式电路。当功率从左侧向右侧流动时，需要谐振变换，以降低开关损耗；当功率从右侧向左侧流动时，也需要谐振网络，以降低开关损耗。图 5-31(b) 给出了 CLLC 谐振变流电路，可以实现双向 DC/DC 变换，同时两侧均引入了谐振网络，从而可以有效降低开关损耗，提高电路的效率。CLLC 谐振变流电路中两侧均由一个电容和一个电感串联组成，为基本的串联谐振电路。

5.6　DC/DC 变换器的参数计算

5.6.1　Buck 变换器的设计

设计指标：输入电压范围为 48～72V，额定电压为 60V，输出为 36V/3A，输出电压纹波不超过 0.1%，开关频率为 200kHz。

通常 Buck 变换器工作在电感电流连续的工况，则占空比 D 的变化范围为：

$$\frac{36}{72}=0.5 \leqslant D \leqslant \frac{36}{48}=0.75$$

为了保证电感电流连续，应在输入电压最大的情况下计算临界电感量。设输出电流的 10% 为临界连续负载电流，则：

$$L_C = \frac{U_o(1-D_{min})T}{2I_{omin}} = \frac{36 \times (1-0.5)}{2 \times 0.3 \times 200 \times 10^3} = 150(\mu H)$$

滤波电容通常根据输出电压的纹波来确定，已知纹波电压为 $36 \times 0.1\% = 36mV$，则：

$$C = \frac{U_o(1-D_{min})T^2}{8L\Delta U_o} = \frac{36 \times (1-0.5)}{8 \times 150 \times 10^{-6} \times (200 \times 10^3)^2 \times 0.036} = 10.4(\mu F)$$

开关管 S 承受的最大电压为输入电压的最大值，即 72V，开关管电流峰值为：

$$I_{Lmax} = \frac{U_o}{R} + \frac{\Delta i_L}{2} = 3 + \frac{U_i - U_o}{Lf_S}D = 3 + \frac{72-36}{150 \times 10^{-6} \times 200 \times 10^3} = 4.2(A)$$

有效值为：

$$I_S = I_o\sqrt{D_{max}} = 3 \times \sqrt{0.75} = 2.6(A)$$

二极管 VD 所承受的最大反向电压也为输入电压的最大值，即 72V，二极管电流的峰值等于开关管电流的峰值，二极管电流的有效值为：

$$I_{VD} = I_o\sqrt{1-D_{min}} = 3 \times \sqrt{1-0.5} = 2.1(A)$$

实际选取时，应考虑一定的安全裕量。

5.6.2 Boost 变换器的设计

光伏板型号为 SPR-305E-WHT-D，最大功率为 305.226W，开路电压为 64.2V，短路电流为 5.96A，最大功率点电压为 54.7V，电流为 5.58A。根据其 P-V 曲线，输出电压范围为 0～64.2V（实际计算中可取 32.1～64.2V），输出电流范围为 0～5.96A。利用 Boost 变换器将光伏输出给蓄电池充电，蓄电池电压/电流为 72V/5A，纹波电压 1%，开关频率 200kHz。

在电感电流连续工作模式下，占空比的变化范围为：

$$D_{min} = 1 - \frac{U_{imax}}{U_o} = 1 - \frac{64.2}{72} \approx 0.11$$

$$D_{max} = 1 - \frac{U_{imin}}{U_o} = 1 - \frac{32.1}{72} \approx 0.55$$

取 10% 的输出电流为临界连续负载电流。$D = 1/3$ 时，$D(1-D)^2$ 最大，为了保证在任何输入情况下 Boost 变换器都能工作在电感电流连续模式，则：

$$L_C = \frac{U_oD(1-D)^2T}{2I_{omin}} = \frac{72 \times \frac{1}{3} \times (1-\frac{1}{3})^2}{2 \times 0.5 \times 200 \times 10^3} = 53.3(\mu H)$$

可取 $100\mu H$。

根据纹波电压 1%，可得：

$$C = \frac{U_oDT}{R\Delta U_o} = \frac{5 \times 0.55}{0.72 \times 200 \times 10^3} = 19.1(\mu F)$$

二极管导通时，开关管承受的最大电压为 72V，开关管导通时，二极管承受的最大电压也是 72V，忽略电感电流纹波，可得二极管电流的有效值为：

$$I_{VD} = \frac{I_o}{\sqrt{1-D_{max}}} = \frac{5}{\sqrt{1-0.55}} = 7.45(A)$$

二极管的峰值电流为：

$$I_{VDmax} = \frac{U_o}{R(1-D_{max})} + \frac{U_o D_{max}(1-D_{max})T}{2L} = \frac{5}{1-0.55} + \frac{72 \times 0.55 \times 0.45}{2 \times 100 \times 10^{-6} \times 200 \times 10^3}$$

$$= 11.56(A)$$

根据以上数值，并考虑一定的安全裕量去选择二极管和晶闸管。

5.6.3 全桥变换器的设计

输入电压范围为 $24 \sim 36V$，额定输出电压为 $72V$，最大输出电流为 $20A$，效率为 90%，输出电压的纹波系数不大于 1%，开关频率为 $20kHz$。

输出功率为 $1440W$，可采用全桥变换器。输出电压为 $72V$，考虑到二极管的耐压能力，变压器二次侧采用全桥整流器。

（1）变压器匝数比

变压器的匝数比应按最小输入电压选择。为防止直通，死区时间按 $5\mu s$ 计算，设最大占空比为 $D_{max}=0.4$，二极管压降 $U_{VD}=1.5V$，输出滤波电压的直流压降 $U_L=1V$，变压器的二次绕组的最小电压为：

$$U_{2min} = \frac{U_o + 2U_{VD} + U_L}{2D_{max}} = \frac{72 + 2 \times 1.5 + 1}{2 \times 0.4} = 95(V)$$

考虑到全控型器件导通压降为 $1V$，变压器一次绕组的最小电压为：

$$U_{1min} = U_{imin} - 2U_S = 24 - 2 \times 1 = 22(V)$$

故，变压器的匝数比为：

$$n = \frac{N_1}{N_2} = \frac{22}{95} = 0.23$$

可取 0.3。

（2）输出滤波电感 L

全桥变换器的输出滤波电感设计与 Buck 变换器类似，设电感电流的脉动量 ΔI_L 为输出电流的 10%，U_{Lmax} 为电感电压的最大值，输出滤波电感大小为：

$$L = \frac{U_{Lmax}}{\Delta I_L}DT = \frac{U_{2max} - U_o}{0.1 \times I_o} \times \frac{U_o}{2fU_{2max}} = \frac{\frac{36}{0.3} - 72}{0.1 \times 20} \times \frac{72}{2 \times 20000 \times \frac{36}{0.3}} = 360(\mu H)$$

（3）输出滤波电容

输出电容电压的脉动频率 f_C 为开关频率的 2 倍，输出滤波电容的大小为：

$$C = \frac{\Delta I_o}{8f_C \Delta U_o} = \frac{0.1 \times 20}{8 \times 40000 \times 0.01 \times 72} = 8.68(\mu F)$$

（4）开关管和二极管

已知开关管承受的最大电压为输入电压的最大值 $36V$，考虑 2 倍安全裕量，可取耐压值不低于 $72V$ 的 MOS 管或 IGBT。

已知二极管承受的反向电源最大为二次绕组电压最大值 $120V$，考虑 2 倍安全裕量，可选取耐压值不低于 $240V$ 的二极管。

5.7 MATLAB 仿真实例

5.7.1 Buck 电路仿真

利用 Buck 电路给 RL 负载供电，直流电源 $E=100\text{V}$，负载 $R=2\Omega$，$L=0.01\text{H}$，Buck 仿真模型如图 5-32 所示。

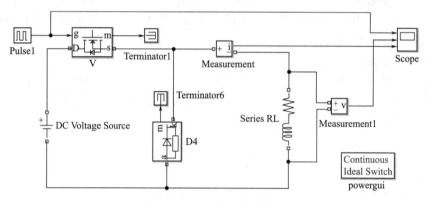

图 5-32　Buck 电路仿真模型

MOS 管和二极管参数如图 5-33 所示，电源和阻抗参数如图 5-34 所示。

仿真结果如图 5-35 所示，分别为负载电压、电流和 MOS 管触发脉冲，负载电压波形近似为方波，电流在 MOS 管导通时上升，在 MOS 管关断时下降。

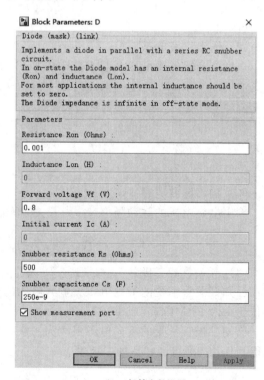

(a) MOS管参数设置　　　　　(b) 二极管参数设置

图 5-33　功率管参数设置

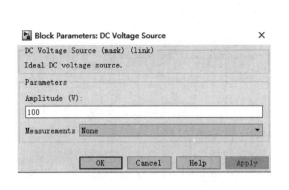

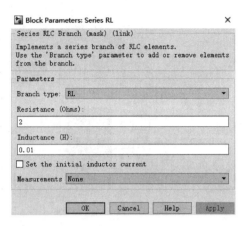

(a) 直流电源电压设置　　　　　　　　　　　　(b) 负载阻抗参数设置

图 5-34　直流电源和负载阻抗设置

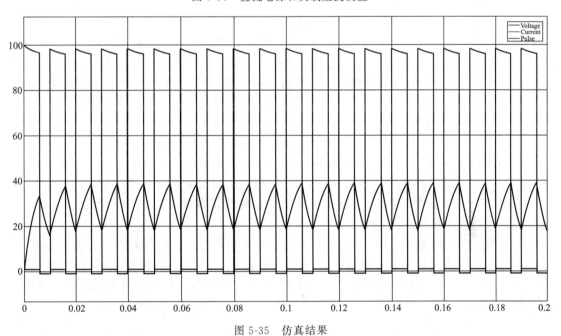

图 5-35　仿真结果

5.7.2　光伏最大功率跟踪仿真

　　近年来光伏发电快速发展，且应用于多个领域，例如大规模光伏发电厂可以并网，小规模光伏发电厂可以与电网、蓄电池、风力发电组成微电网，单块或多块太阳能组件可以用于充电桩、野外充电，也可以安装在电动车顶棚直接给电动车充电。而无论是哪种应用，光伏发电均需要最大功率跟踪技术。

　　仿真模拟光伏电池板工作时功率的变化情况，选用光伏电池板参数：开路电压为 36.3V，最大功率点电压为 29V，短路电流为 7.84A，最大功率点电流为 7.35A。

　　首先搭建光伏电池最大功率跟踪模型，在元件库找到模块后，鼠标右击模块，在弹出选项中选择加入仿真模型中，然后用鼠标移动、排列模块，最后直接用鼠标点击输出端口和输入端口，将所有模块连接起来，构成整个模型，如图 5-36 所示。

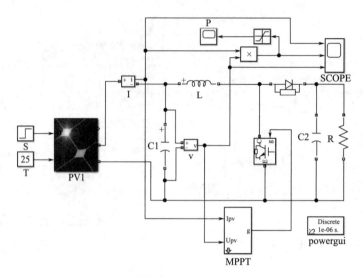

图 5-36 基于扰动观察法的最大功率点跟踪

选择任意一个模块，双击可以打开该模块的属性参数框，设置相应参数，图 5-37、图 5-38、图 5-39 和图 5-40 为各阻抗支路属性框参数，可以选择阻抗构成，以及电阻、电感和电容值。双击"Step"模块，可在图 5-41 所示框中设置光照强度的初始值、阶跃时间和阶跃值。双击"Constant"模块，可在图 5-42 所示框中"Constant value"栏修改给定温度值。

双击"IGBT"模块，可在图 5-43 所示框中修改 IGBT 的各项参数。双击"Diode"模块，可以打开二极管属性设置框，如图 5-44 所示。双击"Saturation"模块，可以打开 Saturation 阶跃属性设置框，如图 5-45 所示，可以设置上限值和下限值。双击"Product"模块，可在图 5-46 所示框中"Number of inputs"栏修改输入路数，表征几路信号求乘积。

双击"PV array"模块，可以打开光伏电池板属性设置框，如图 5-47 所示，可以设置光伏电池板的各项参数。

为了简化模型的图形外观，方便理解整个系统模型架构，将最大功率点跟踪算法相关模块封装起来，具体操作为选中想要封装的模块，之后点击鼠标右键在弹出的列表中选择"Create subsystem from selection"即可。图 5-27 中"MPPT"模块即扰动观察法算法内部封装如图 5-48 所示。

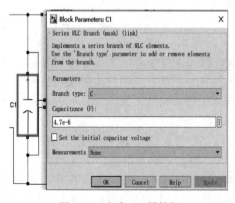

图 5-37 电容 C1 属性框

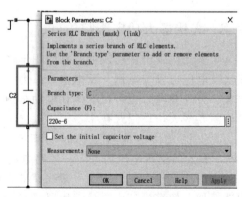

图 5-38 电容 C2 属性框

图 5-39　电阻 R 属性框

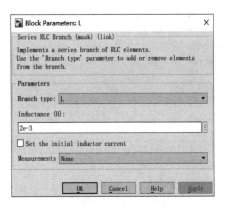

图 5-40　电感 L 属性框

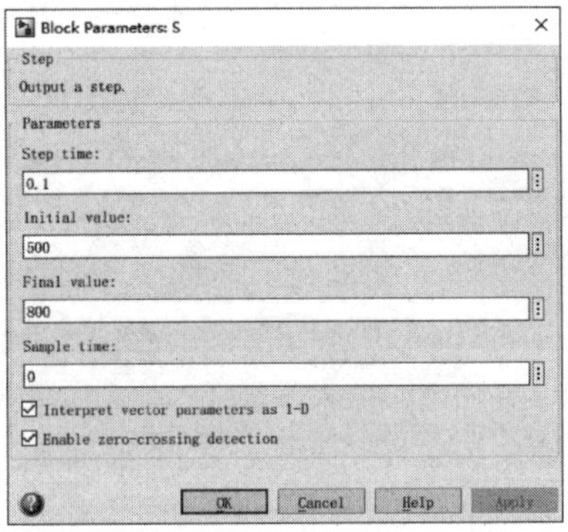

图 5-41　光照强度阶跃设置

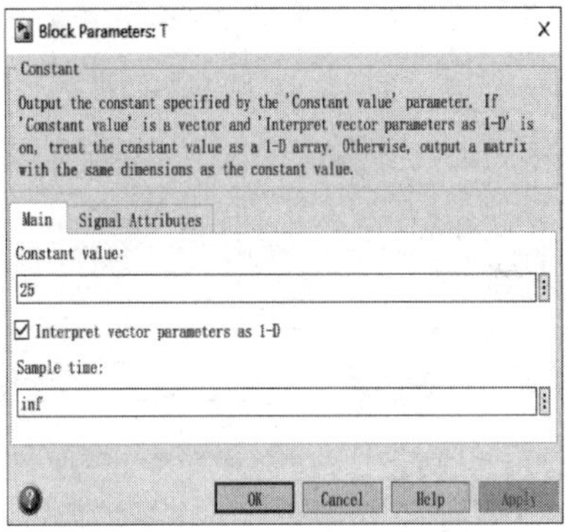

图 5-42　温度设置

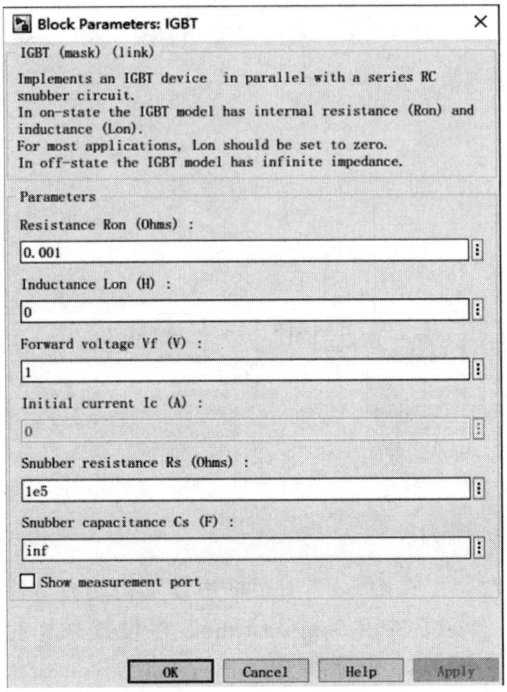

图 5-43　IGBT 设置

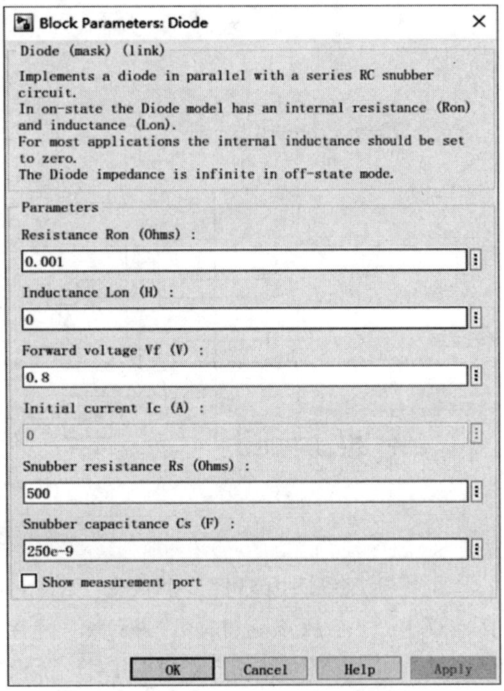

图 5-44　二极管参数设置

Block Parameters: Saturation

Saturation

Limit input signal to the upper and lower saturation values.

Main   Signal Attributes

Upper limit:

inf

Lower limit:

0

☑ Treat as gain when linearizing

☑ Enable zero-crossing detection

OK   Cancel   Help   Apply

图 5-45   Saturation 阶跃设置

Block Parameters: Product

Product

Multiply or divide inputs. Choose element-wise or matrix product and specify one of the following:
a) * or / for each input port. For example, **/* performs the operation 'u1*u2/u3*u4'.
b) scalar specifies the number of input ports to be multiplied.
If there is only one input port and the Multiplication parameter is set to Element-wise(.*), a single * or / collapses the input signal using the specified operation. However, if the Multiplication parameter is set to Matrix(*), a single * causes the block to output the matrix unchanged, and a single / causes the block to output the matrix inverse.

Main   Signal Attributes

Number of inputs:

2

Multiplication: Element-wise(.*)

图 5-46   Product 阶跃设置

Block Parameters: PV1

PV array (mask) (link)

Implements a PV array built of strings of PV modules connected in parallel. Each string consists of modules connected in series.
Allows modeling of a variety of preset PV modules available from NREL System Advisor Model (Jan. 2014) as well as user-defined PV module.

Input 1 = Sun irradiance, in W/m2, and input 2 = Cell temperature, in deg.C.

Parameters   Advanced

Array data

Parallel strings 2

Series-connected modules per string 1

Module data

Module: User-defined

Maximum Power (W) 213.15   Cells per module (Ncell) 60

Open circuit voltage Voc (V) 36.3   Short-circuit current Isc (A) 7.84

Voltage at maximum power point Vmp (V) 29   Current at maximum power point Imp (A) 7.35

Temperature coefficient of Voc (%/deg.C) -0.36099   Temperature coefficient of Isc (%/deg.C) 0.102

Display I-V and P-V characteristics of ...

one module @ 25 deg.C & specified irradiances

Irradiances (W/m2) [1000 900 800 700 600 500 400 300 200 100 0]

Plot

Model parameters

Light-generated current IL (A) 7.8654

Diode saturation current I0 (A) 2.9273e-10

Diode ideality factor 0.98119

Shunt resistance Rsh (ohms) 313.0553

Series resistance Rs (ohms) 0.39381

OK   Cancel   Help   Apply

图 5-47   光伏电池板参数设置

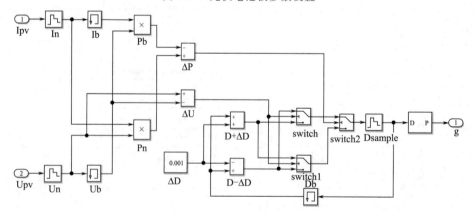

图 5-48   扰动观察法内部封装

在扰动观察法内部封装中双击"Memory"模块，可在图 5-49 所示框中设置初始占空比值。双击"Zero-Order Hold"模块，可在图 5-50 所示框中"Sample time"栏设置采样时间。双击"PWM Generator（DC-DC）"模块，可在图 5-51 所示框中"Switching frequency"栏设置 PWM 的开关频率。双击"Switch"模块，在图 5-52 所示框中可以选择输入信号的不同输出方式。双击"Constant"模块，可在图 5-53 所示框中"Constant value"栏设置扰动步长。双击"Add"模块，可在图 5-54 所示框中"List of signs"栏添加"－"和"＋"号，表征几路信号求和。

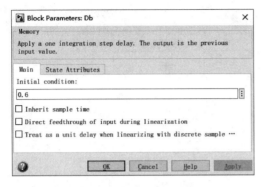

图 5-49　初始占空比设置

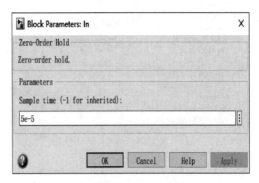

图 5-50　采样时间设置

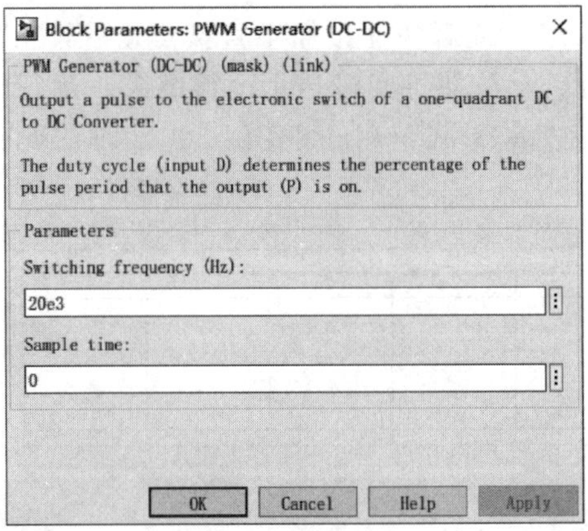

图 5-51　PWM 开关频率设置

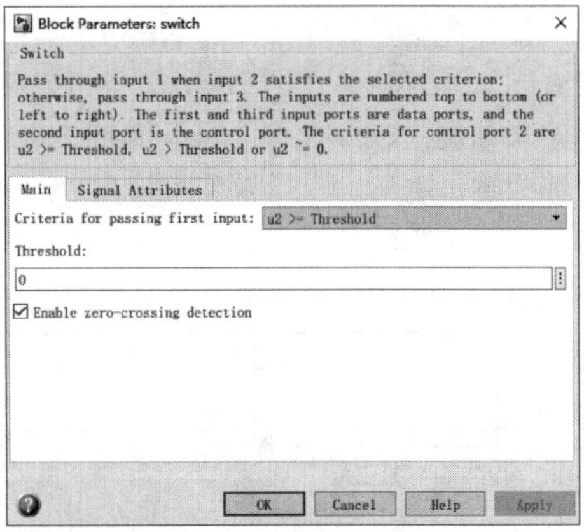

图 5-52　选择开关模块设置

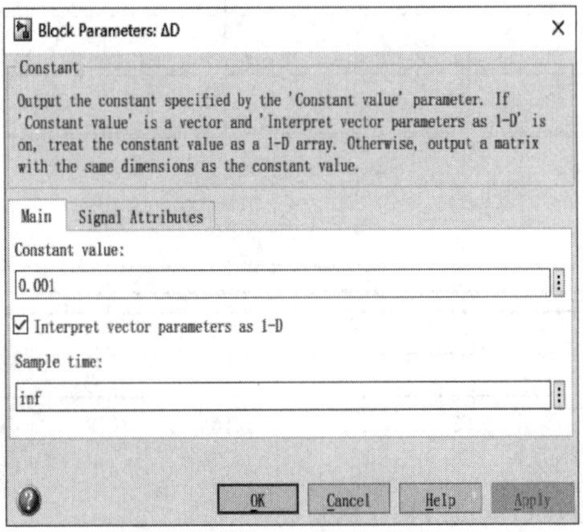

图 5-53　扰动步长设置

图 5-54　求和框设置

　　在"Simulation"菜单中选择"Model Configuration Parameters"，弹出图 5-55 所示窗体，在这里可以设置仿真时间和求解器。

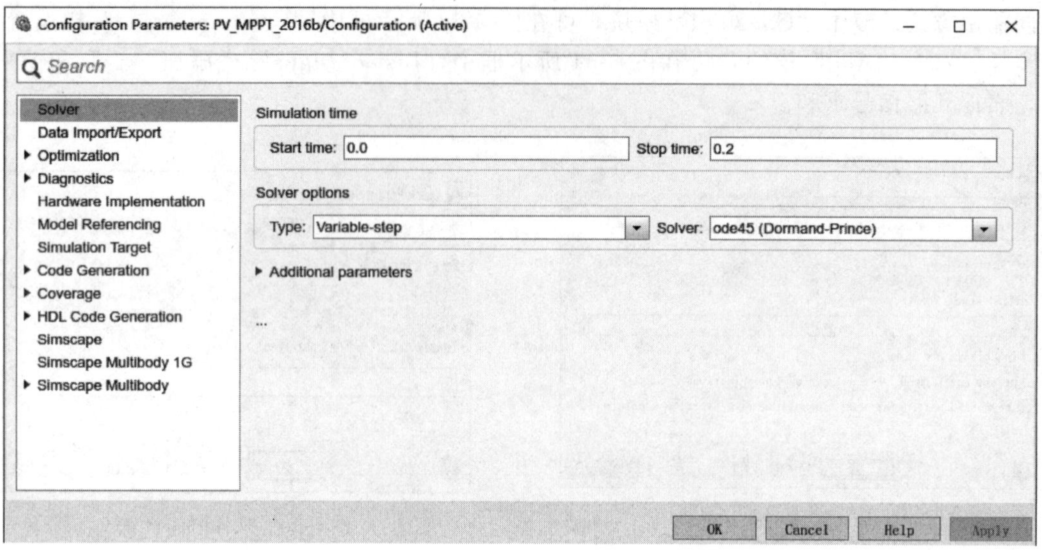

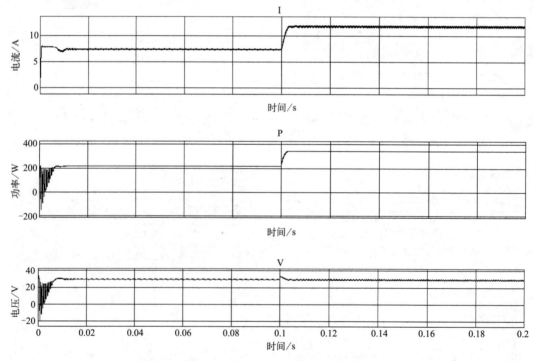

图 5-55　仿真参数设置

设置完毕后，在"Simulation"菜单中选择"Run"，或者快捷按钮中直接点击"Run"，或者在示波器窗体点击"Run"均可以开始仿真运行。示波器将实时显示运行结果，运行完的结果如图 5-56，图中给出了温度 25℃、光照强度在 0.1s 从 500lx 突变到 800lx 时的光伏电池板输出电压、电流及功率波形。

图 5-56　光伏电池板输出的电压、电流及功率波形

从仿真结果中可以看出，当光照强度从 500lx 突变到 800lx 时光伏电池板能够及时跟踪到光伏电池最大功率并且效果较好。

本节只是以基于扰动观察法光伏电池最大功率跟踪为例，设计了一种常规的扰动观察算

法并进行了仿真验证，可以看到仿真结果并不是最优的，感兴趣的读者可以查阅相关参考文献，研究更为先进的光伏电池最大功率跟踪控制算法。

5.7.3　桥式电路给直流电动机供电

直流电动机电枢绕组额定电压为 240V，励磁绕组电压为 300V，额定转速为 1750r/min，仿真模型如图 5-57 所示，电动机具体参数如图 5-58 所示，仿真结果如图 5-59 所示。

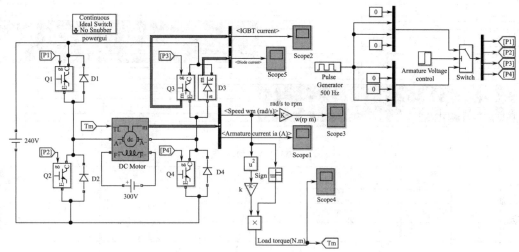

图 5-57　直流电动机仿真模型

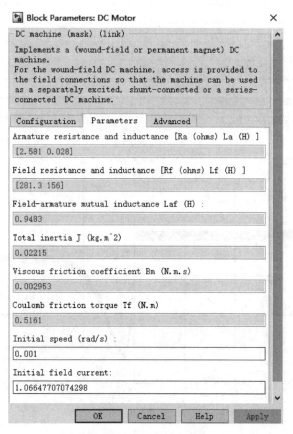

图 5-58　直流电动机参数

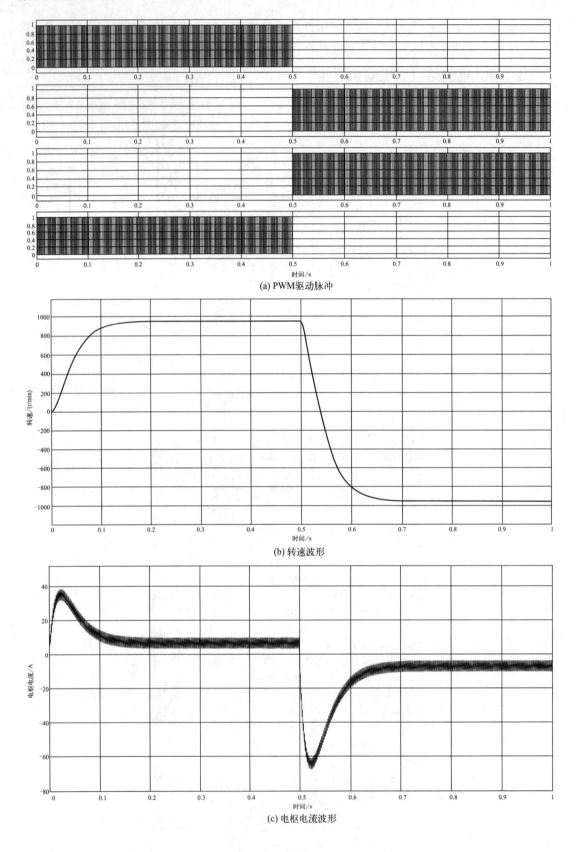

(a) PWM驱动脉冲

(b) 转速波形

(c) 电枢电流波形

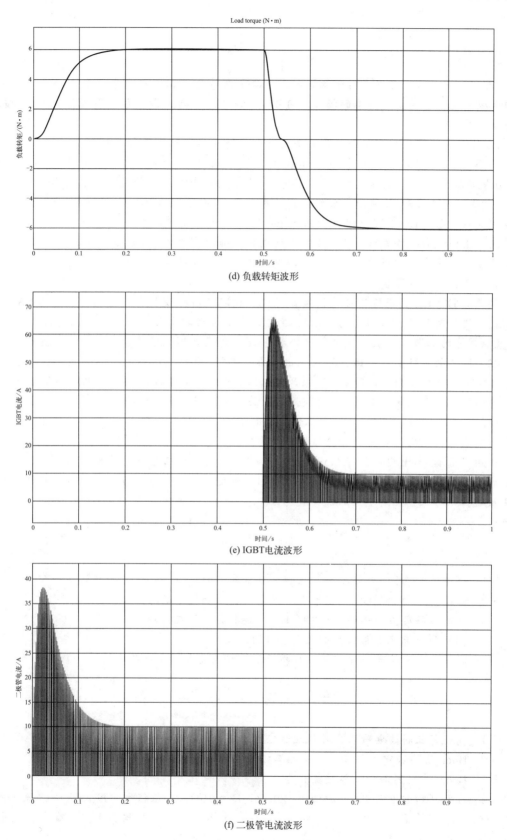

(d) 负载转矩波形

(e) IGBT电流波形

(f) 二极管电流波形

图 5-59　直流电动机驱动仿真结果

小　结

DC/DC 变换器既可以应用于智能电网、微电网等超大容量电力系统中，也可以应用于手机和电脑充电器的微小功率的场合，可以说 DC/DC 变换器是电力电子技术中最为活跃的一种变流技术。

DC/DC 变换器通常采用全控型开关器件，分为隔离型和非隔离型两类。

非隔离型 DC/DC 变换器有单向 DC/DC 变换和双向 DC/DC 变换，单向 DC/DC 变换分有 Buck 降压变换器、Boost 升压变换器、Buck-Boost 升降压变换器、Cuk 升降压变换器、Sepic 升降压变换器和 Zeta 升降压变换器等基本 DC/DC 变换电路。利用 Buck 和 Boost 电路可以组成双向 DC/DC 变换电路，利用 Sepic 和 Zeta 电路也可以组成双向 DC/DC 变换电路，此外还有半桥式和全桥式双向 DC/DC 变换电路。非隔离型 DC/DC 变换器通过调节开关器件的通断占空比实现调压的目的，分为电感电流连续、电感电流断续两种工作模式，一般应用于低电压、小功率场合。

隔离型 DC/DC 变换器又可以称为直-交-直间接 DC/DC 变换器，中间增加了高频脉冲变压器，实现了输入与输出的隔离，同时通过变压器的匝数比可以实现高变比。隔离型 DC/DC 变换器分为正激、反激、半桥、全桥和推挽 5 种变换器。隔离型 DC/DC 变换器可以应用于相互隔离的多路直流输出、输入输出电压之比要求远大于 1 或远小于 1 的场合。

文章分别给出了 Buck 变换器的软开关电路、Boost 变换器的软开关电路和隔离型谐振变流电路，可以有效降低 DC/DC 变换器的开关损耗，提高变换器的效率。

DC/DC 变换器的参数设计是工程化应用的基础，文章给出了 Buck 变换器、Boost 变换器和全桥变换器电感、电容和开关器件的计算实例。

最后以基本 Buck 电路、光伏最大功率跟踪和直流电动机为例，给出 MATLAB 仿真模型，通过仿真可以更好地掌握基本斩波电路的工作过程，通过波形可以更好地理解斩波电路的变换过程，有利于提高学生工程实践能力。

思　考　题

5-1　试论述 DC/DC 变换器与"双碳"目标实现的关系。

5-2　试阐述双向 DC/DC 变换器在智能电网、微电网中的应用。

5-3　试阐述隔离型和非隔离型 DC/DC 变换器各自的应用场合。

5-4　调研和分析家用电脑、手机充电器的原理。

5-5　斩波器中的软开关技术可以应用于 PWM 整流和逆变电路中吗？

习　题

5-1　简述降压斩波电路的工作原理。

5-2　Buck 变换器中，电容、电感和二极管各起什么作用？

5-3　Boost 变换器为什么能使输出电压高于输入电压？

5-4　在降压斩波电路中，已知 $E = 200\text{V}$，$R = 10\Omega$，L 值极大，$E_M = 50\text{V}$。采用脉宽调制控制方式，当 $T = 40\mu\text{s}$，$T_{on} = 20\mu\text{s}$ 时，计算输出电压平均值 U_o 和输出电流平均值 I_o。

5-5　在降压斩波电路中，$E = 100V$，$L = 1mH$，$R = 0.5\Omega$，$E_M = 20V$，采用脉宽调制控制方式，当 $T = 20\mu s$，$T_{on} = 10\mu s$ 时，计算输出电压平均值 U_o 和输出电流平均值 I_o，计算输出电流的最大和最小瞬时值并判断负载电流是否连续。

5-6　简述升压斩波电路的基本工作原理。

5-7　电感电流断续会对 Boost 变换器产生什么影响？

5-8　在升压斩波电路中，已知 $E = 50V$，L 值和 C 值极大，$R = 25\Omega$，采用脉宽调制控制方式，当 $T = 50\mu s$，$T_{on} = 20\mu s$ 时，计算输出电压平均值 U_o 和输出电流平均值 I_o。

5-9　试分别简述升降压斩波电路和 Cuk 斩波电路的基本原理，并比较其异同点。

5-10　试绘制 Sepic 斩波电路和 Zeta 斩波电路的原理图，并推导其输入输出关系。

5-11　试比较 Buck-Boost 变换器与 Cuk 变换器的异同。

5-12　直流-直流变换器有哪几种控制方式？它们又如何具体实现的？

5-13　试分析正激电路和反激电路中的开关和整流二极管在工作时承受的最大电压、最大电流和平均电流。

5-14　试分析全桥、半桥和推挽电路中的开关和整流二极管在工作中承受的最大电压、最大电流和平均电流。

5-15　全桥和半桥电路对驱动电路有什么要求？

5-16　试分析全桥整流电路和全波整流电路中二极管承受的最大电压、最大电流和平均电流。

5-17　在正激变换器中，已知输入电压 $U_i = 50V$，开关频率 $f = 20kHz$，占空比 $D = 0.6$。一次绕组 W_1、二次绕组 W_2、复位绕组 W_3 的匝数分别为 N_1、N_2、N_3，忽略开关管与二极管的通态压降，设变换器工作在负载电流连续状态。试求：

① 为避免磁芯饱和，试计算 N_1/N_3 的最小值。

② 若 $N_1 : N_2 : N_3 = 3 : 15 : 1$，求输出电压平均值以及开关管 S 和二极管 VD_1 的最大耐压值。

5-18　在反激变换器中，已知输入直流电压 $U_i = 100V$，开关频率 $f = 20kHz$，占空比 $D = 0.4$，输出电压 $U_o = 10V$，负载电阻 $R = 2\Omega$。忽略开关管与二极管的通态压降，设变换器工作在连续导通模式。计算：

① 变压器匝数比 N_2/N_1。

② 开关管 S 承受的最大电压 U_{sp}。

③ 输入电流平均值 I_i。

第6章
交流-交流变换电路

6.1 交流-交流变换电路概述

交流-交流变换电路是将一种形式的交流电能变换成另外一种可变电压、电流、频率或相数的交流电能的电路。只改变电压、电流，而不改变交流频率的电路，称为交流电力控制电路，包括交流调压电路、交流调功电路和交流电力电子开关等；同时改变频率的交流-交流变换电路称为交-交变频电路，即直接把一种频率的交流电变换成另外一种频率或可变频率的交流电，因此也称为直接变频电路。

6.1.1 交流电力控制电路基本类型及其应用

交流电力控制电路是指通过晶闸管等电力电子器件对输入输出之间的交流电能进行变换与控制的电路形式，其常用的控制方式有4种：相位控制、周期控制、通断控制和斩波控制。根据不同的控制方式，可以将交流电力控制电路分为以下几种基本类型。

交流调压电路：在交流电源与负载之间串联两个反并联的晶闸管，采用相位控制的方式调节负载上的电压。与相控整流电路一样，通过控制反并联的两个晶闸管分别在交流电源的正半周和负半周开通时所对应的相位，可以方便地调节交流输出电压的有效值，从而达到交流调压的目的。交流调压电路中，晶闸管可以利用交流电源过零点自然换相，无需强迫关断电路，可实现电压的平滑调节，系统响应速度较快。但它在深控时功率因数较低，易产生高次谐波。

交流斩波调压电路：与相控交流调压电路相比，串接在电源和负载之间的开关器件为全控型器件，可在一个电源周期内接通、断开若干次，从而把正弦电压斩成若干个脉冲电压，通过改变开关器件的导通比来实现交流调压的目的，同时还可提高输入侧的功率因数。这种斩波控制方式类似于直流斩波电路的控制，因此称为交流斩波调压电路。交流斩波调压电路具有功率因数高、低次谐波小、响应速度快等优点，随着全控型器件的发展与成熟，今后将具有很好的发展前景。

交流调功电路：电路形式与交流调压电路基本相同，在控制方式上采用周期控制方式，或者说有规律的通断控制方式，即使晶闸管连续导通若干个电源电压周期，再断开若干个周期，每次晶闸管的触发时刻均在电源电压的过零点处，通过改变晶闸管的通态周期数和断态周期数，可以方便地调节交流输出功率的平均值，从而达到交流调功的目的。交流调功电路控制方式简单，电流波形为正弦波，响应速度较慢，对电加热等不需要高速控制的大惯性装置效果较好。

交流电力电子开关：电路形式相同，采用无规律的通断控制方式（通常根据操作人员或继电保护的指令通断线路），其目的不在于调节负载上的平均输出功率，而只是根据负载或电源的需要接通或断开电路，其作用相当于无触点的交流接触器。由于电源和负载的变化通常是随机发生的，因此交流电力电子开关的这种通断控制方式是非周期性的。与有触点的交流接触器等机械开关相比，交流电力电子开关具有开关速度快、使用寿命长、控制功率小、灵敏度高等优点，常用于无功功率控制或交流电机的启动控制等方面。

由于在工业电气设备及家用电器等应用场合大多采用交流电源，因此由电力电子器件构成的交流电力控制电路在各方面的用途也非常广泛。

交流调压电路的应用主要有灯光调节（如调光台灯、舞台灯光控制等）、温度调节（如工频加热、感应加热、需控温的家用电器等）、泵及风机等异步电机的软启动、交流电机的调压调速等。交流调功电路广泛应用于各种控温场合，如金属热处理、化工合成加热、纺织热定型处理、钢化玻璃热处理等各种需要加热或进行温度控制的应用场合，由于其输出电压及负载电流为断续的正弦波，因此不适用于惯性较小、对电压变化比较敏感或需要平滑调节电压的应用场合。交流电力电子开关可以用于控制交流电机的正反转、电机频繁启动、电机的间歇运行等，因其属于无触点开关，不存在火花及拉弧等现象，对化工、冶金、纺织、煤矿、石油等要求无火花防爆场合极为适用。在供电及用电系统中，交流电力电子开关还可与电容器一起构成无功功率补偿器，用于对无功功率及功率因数等进行动态调节。交流斩波调压电路通常应用于对功率因数要求较高的场合。

6.1.2　交-交变频电路基本类型及其应用

与交-直-交变流器构成的间接变频电路相比，交-交变频电路直接把一种频率的交流电能变换成另外一种频率的交流电能，没有中间直流环节，只经过一次能量变换，电能损耗小，变换效率较高。

交-交变频电路主要用于大功率、电压较高的应用场合，通常由相位控制的晶闸管构成，采用自然换流方式。交-交变频电路的基本工作原理是通过正、反两组整流电路反并联构成主电路，采用相位控制方式并按一定规律改变触发角，从而得到交流输出电压，同时正、反两组整流电路按输出周期循环工作，从而得到交流输出电流。通过改变整流触发角的变化幅度及频率，可以得到电压、频率均可调的交流输出，由交-交变频电路构成的变频器有时也称为周波变频器或循环变频器。

交-交变频电路可以从不同的角度进行分类。

按输入电源相数可分为单相与三相电路，但在一定的输入、输出频率比下，由单相电源供电的交-交变频电路性能较差，输出的波形谐波含量大，因此应用不多。通常均采用三相电源供电，同时也可满足大功率负载下三相平衡的要求。三相输出电路通常由三个互差120°的单相输出电路组成，每相输出中均含正反两组整流电路，电路结构复杂，因此交-交变频电路主要用于大功率三相交流电机的调速系统中，主要以三相输入、三相输出的电路形式为主，简称三相交-交变频电路。

在三相交-交变频电路中，按整流电源的形式，分为三相零式电路与三相桥式电路两种类型。其中三相零式电路的基本组成单元是三相半波整流电路，共需18个晶闸管，电路结构相对简单，输出波形由三脉波的相电压组成，谐波含量较高。三相桥式电路的基本组成单元为三相桥式整流电路，共需36个晶闸管，电路结构复杂，成本高，其输出波形由六脉波的线电压组成，谐波含量较低，相同输出频率下，其输出波形更接近正弦波。二者各有优缺点，分别适用于不同功率等级及不同应用场合。

交-交变频电路还可按其工作形式，分为有环流运行方式和无环流运行方式。由于在交-

交变频电路中正反两组整流电路的输出电压之间存在瞬时电压差，两组同时工作时，需要在中间串联环流电抗器，以限制该电压差在组间产生的坏流，称为有环流运行方式。无环流运行方式是通过控制电路使正反两组整流电路不同时工作，根据负载电流的方向轮流导通，因而不会产生组间环流。采用有环流运行方式时，由于正反两组整流电路随时都处于工作状态，负载电流的换向是自然完成的，因此可以避免电流断续而造成的死区现象，同时可以改变输出波形，提高输出频率的上限，控制方式也比较简单。但是由于需要设置环流电抗器，使设备成本增加，运行效率也因环流而有所降低。采用无环流运行方式时，在负载电流换向时必须留有一定的死区时间，使得输出电压、电流波形畸变增加，同时也限制了输出频率的提高，但因其不需环流电抗器，消除了环流损耗，且成本较低，所以目前应用较多。

除了上述基本类型外，交-交变频电路还有其他类型，如三倍倍频电路、负载换流的倍频电路、矩阵式交-交变频电路等，它们在电路结构、工作原理、性能特点等方面均与基本类型有较大差别。

由于交-交变频电路具有能量损耗小、可采用晶闸管进行自然换相、功率等级高、低频输出性能较好等特点，因此主要应用于大功率、低转速的交流调速系统中。在冶金系统的轧机主传动装置、矿石破碎机、矿井卷扬机、水泥球磨机、鼓风机、铁路电力牵引装置、船舶推进装置、风洞设备等多种应用场合，交-交变频调速装置均有着较多的应用，并且取得了良好的技术经济效益。

6.2 交流调压电路

交流调压器根据交流电源的相数分为单相交流调压器和三相交流调压器，根据所采用的电力电子器件类型，分为相控式和斩控式调压器。相控式交流调压器可以通过改变晶闸管触发脉冲的相位来调节输出电压，其工作情况与负载性质有关。斩控式交流电压器，通过改变全控型开关器件的占空比来调节输出电压，工作原理与直流斩波电路相似。

6.2.1 三相异步电动机软启动器

三相异步电动机由于结构简单、控制维修方便、性能稳定、效率高等优点而被广泛地应用于各种机械设备的拖动中。但三相异步电动机启动电流高达额定电流的 $5\sim8$ 倍，对电网造成较大干扰，尤其是在工业领域的重载启动中，有时可能对设备安全造成严重威胁。同时由于启动应力较大，使负载设备的使用寿命降低，因此常采用降压启动方式。但是传统的降压启动方式，如星-三角转换降压启动、自耦变压器启动等，要么启动电流和机械冲击过大，要么体积庞大、笨重、损耗大，要么启动力矩小、维修率高等，都不尽如人意。

由电动机原理可知，调整电磁转矩直接决定电动机的转速，异步电动机的电磁转矩为：

$$T_e = \frac{3n_p U_s^2 R_r' s}{\omega_1 \left[(sR_s + R_r')^2 + s^2 \omega_1^2 (L_{ls} + L_{lr}')^2 \right]} \tag{6-1}$$

假设电动机的极对数和阻抗参数恒定，当电源频率恒定、转差率 s 基本不变时，电动机的电磁转矩与定子电压的二次方成正比，因此改变定子电压就可以得到不同的人为机械特性，从而达到调节电动机转速的目的。异步电动机调压调速的机械特性如图 6-1 所示，当负载为恒转矩时，电动机常采用恒压频比的调速方式，而对于风机和泵类负载，随着转速的增大，需要更大的转矩，而电磁转矩又与定子电压的二次方成正比，即电压越大，转矩越大，转速越大，反之，电压越小，转矩越小，转速越小。可以说调压调速非常适合风机和泵类电动机。

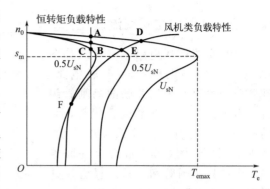

图 6-1　异步电动机调压调速的机械特性

随着电力电子技术的发展，利用电力电子器件可以实现电动机电源电压的平滑调节，从而可以实现调压调速。此外，基于电力电子交流调压技术的软启动可以有效降低电动机的启动电流，实现电动机在整个启动过程中无冲击且平滑地启动。软启动可以通过控制电源和电动机之间的反并联的晶闸管的触发角，使电动机输入电压从低于额定电压一定值开始，以预设函数关系逐渐上升，直到启动结束，赋予电动机全电压的启动方法。

三相异步电动机的软启动装置是一种集电动机软启动、软停车、轻载节能和多种保护功能于一体的电动机控制装置，它的主要构成是串接于电源与被控电动机之间的三相反并联晶闸管及其电子控制电路，通过控制三相反并联晶闸管的触发角，使被控电动机的输入电压按不同的要求而变化，可以根据电动机负载的特性来调节启动过程中的参数，如限流值、启停时间等，以达到最佳启停状态，从而延长机械设备的使用寿命，减少设备的维修量，提高经济效益。

三相异步电动机软启动系统，如图 6-2（a）所示。主电路由三相反并联晶闸管构成，系统还包含了电压检测电路、电流检测电路、驱动电路和微处理器控制系统。电压检测回路检测电网电压，将电压送入微处理器控制系统，微处理器控制系统根据检测到的电压信号和电动机启动特性，发出驱动信号。驱动电路接收到驱动信号后，发出六路触发信号，控制三相反并联晶闸管的通和断，实现电动机端电压的调整。电流检测回路实时检测电动机输入电流，微处理器根据电流大小调节触发脉冲的时刻，以控制启动电流的大小。当检测到电流过大时，特别是短路时，将封锁触发信号，关断所有晶闸管。

分析主电路的结构，掌握其工作原理，对于设计软启动器是非常重要的。下面将首先以比较简单的单相交流调压器为例开始学习，在此基础上再分析三相调压器。

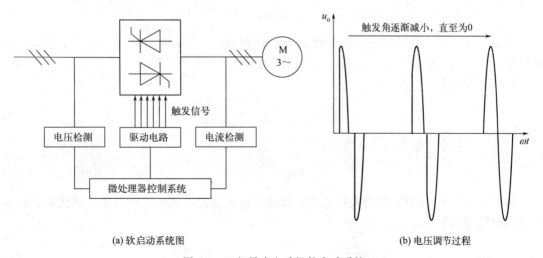

（a）软启动系统图　　　　　　　　　　　（b）电压调节过程

图 6-2　三相异步电动机软启动系统

6.2.2 单相相控式交流调压器

单相交流调压电路基本形式如图 6-3 所示。图（a）为基本反并联电路，其调压开关由两只反并联的晶闸管组成，也可由一只双向晶闸管代替，它的输出波形对称，负载无直流分量，适用范围广。图（b）为混合反并联电路，由一只晶闸管和一只二极管反并联构成，主电路与控制电路相对简单，但其波形正负半周不对称，用于单相电路时存在直流分量，只适用于无变压器的小容量交流系统中。图（c）和

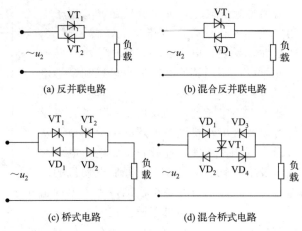

图 6-3 单相交流调压电路基本形式

图（d）分别为桥式电路和混合桥式电路，其输出波形对称，晶闸管不承受反向电压，但使用元件数量较多，增加了成本及电路损耗，因此很少应用。

应用最广泛的是反并联交流调压电路，另外与相控整流电路一样，交流调压电路的工作状态也和负载性质有很大关系。

在交流调压电路的控制中，正负触发脉冲分别距其正负半周电压过零点的角度为 α，与整流电路相同，也称为触发角或控制角，通过调节 α，就可以控制输出电压的大小。正负半周 α 的起始时刻（$\alpha=0$）均为电压过零点。在稳态情况下，为使输出波形对称，应使正负半周 α 相等。

当负载为纯电阻负载时，在交流输入电源 u_2 的正半周某一个时刻给正向晶闸管触发脉冲，VT_1 导通，负载上的输出电压波形和电流波形如图 6-4（a）所示。此时输出电压等于输入电源电压，由于是电阻负载，在电压下降到过零点时，输出电流为 0，VT_1 自然关断。在交流输入电源 u_2 的负半周的对称时刻给反向晶闸管触发脉冲，VT_2 导通，得到反向的输出电压及电流，同理晶闸管 VT_2 在电压过零点时自然关断。晶闸管的导通角 $\theta=\pi-\alpha$。在电阻负载下，负载电流的波形和负载电压的波形基本相同，但其幅值与阻抗 R 有关。

负载 R 上的交流输出电压的有效值为：

$$U_o = \sqrt{\frac{1}{\pi}\int_\alpha^\pi \left[\sqrt{2}U_2\sin(\omega t)\right]^2 \mathrm{d}(\omega t)} = U_2\sqrt{\frac{2(\pi-\alpha)+\sin(2\alpha)}{2\pi}} \tag{6-2}$$

当 $\alpha=0$ 时，$U_o=U_2$，随着 α 的增大，U_o 逐渐减小，当 $\alpha=\pi$ 时，$U_o=0$。在交流调压电路中，通过调节控制角 α 的大小，可以达到调节输出电压的目的。

负载电流的有效值为：

$$I_o = \frac{U_o}{R} = \frac{U_2}{R}\sqrt{\frac{2(\pi-\alpha)+\sin(2\alpha)}{2\pi}} \tag{6-3}$$

任意一个晶闸管的电流有效值为：

$$I_{VT} = \frac{1}{\sqrt{2}}I_o \tag{6-4}$$

当 $\alpha=0$ 时，晶闸管电流有效值最大，因此在选择额定电流时，可以通过最大有效值确定晶闸管的通态平均电流：

$$I_{TA} = \frac{I_{Tmax}}{1.57} = \frac{1}{1.57\times\sqrt{2}}\times\frac{U_2}{R} = 0.45\times\frac{U_2}{R} \tag{6-5}$$

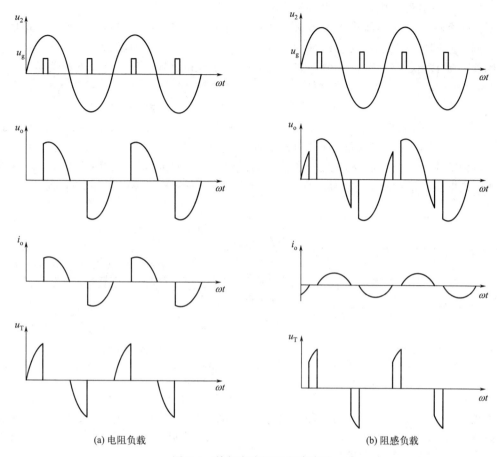

(a) 电阻负载　　　　　　　　　　　　　(b) 阻感负载

图 6-4　单相交流调压电路波形

根据定义可以得出输入电源侧的功率因数为：

$$\lambda = \frac{P_2}{S} = \frac{P_o}{S} = \frac{U_o I_o}{U_2 I_o} = \sqrt{\frac{2(\pi - \alpha) + \sin(2\alpha)}{2\pi}} \tag{6-6}$$

上式中没有考虑电路产生的损耗，因此输入有功功率等于负载上的有功功率。由于相位控制产生的基波电流滞后，以及高次谐波的影响，交流调压电路的功率因数较低，尤其当 α 增加、输出电压减小时，功率因数也随之逐渐降低。

交流调压电路可以带电阻负载，也可以带阻感负载，如感应电动机或其他电阻、电感混合负载等，由于阻感负载本身电流滞后于电压一定角度，再加上相位控制产生的滞后，交流调压电路在阻感负载下的工作情况更为复杂，其输出电压、电流波形与控制角 α、负载阻抗角 φ 都有关系。其中，负载阻抗角 $\varphi = \arctan(\omega L / R)$，即在电阻电感负载上加入纯正弦交流电压时，其电流滞后于电压的角度为 φ。

为了更好地分析单相交流调压电路在阻感负载下的工作情况，可分以下三种情况进行讨论。

（1）$\alpha > \varphi$

图 6-4(b) 给出了 $\alpha > \varphi$ 时的电压和电流波形。其工作原理与整流电路带阻感负载的原理相同。在电源的正半周 α 触发晶闸管 VT_1 导通，输出电压等于电源电压，电流波形从 0 开始上升。在电感 L 的作用下，电流波形滞后于电压波形，当电源电压过零点时，负载电流还未过零点，晶闸管将继续导通，输出电压出现负值，直到负载电流过零点为止，晶闸管 VT_1 自然关断，输出电压为 0，正半周结束。负半周的工作原理与正半周相同。由图 6-4(b)

可知，此时电流波形和电压波形均出现了断续的情况。

阻感负载时，由于电压进入负半周，晶闸管的导通角将比纯电阻负载时增加，但出于电源正半周电感储能不足，晶闸管的导通角 $\theta < \pi - \alpha + \varphi$，随着 α 的增大，θ 减小。要准确计算晶闸管的导通角、电压和电流值，需要求解微分方程和超越方程，此处不再赘述。

（2）$\alpha = \varphi$

在分析图 6-3(a) 所示电路之前，首先看图 6-5(a) 所示电路。左侧电源为正弦信号，右侧为阻感负载，其阻抗角为 φ，电压电流波形如图 6-5(b) 所示。从能量的角度分析可知，在 $\varphi \sim \pi + \varphi$ 期间，首先在电源正向电压的作用下电感储能，当电源电压过零点变负后，电感放电，直到电流为 0，期间电感能量守恒。换句话说，对于阻抗角为 φ 的阻感负载，$\varphi \sim \pi$ 期间的电源正向电压提供的能量可以使正向负载电流延续到 $\pi + \varphi$ 再过零点。负半周与此类似。

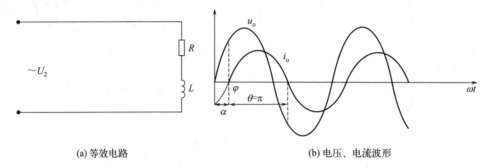

(a) 等效电路　　　　　　　　(b) 电压、电流波形

图 6-5　单相交流调压电路阻感负载

显然，当 $\alpha = \varphi$ 时，晶闸管 $\mathrm{VT_1}$ 导通，在电感的作用下，正向电流可以延续到 $\pi + \varphi$，正向电流过零点；当 $\alpha = \pi + \varphi$ 时，晶闸管 $\mathrm{VT_1}$ 关断，$\mathrm{VT_2}$ 导通，在电感的作用下，负向电流可以延续到 $2\pi + \varphi$，负向电流过零点。$\varphi \sim \pi + \varphi$ 期间晶闸管 $\mathrm{VT_1}$ 导通，$\pi + \varphi \sim 2\pi + \varphi$ 期间，$\mathrm{VT_2}$ 导通，两个管子均导通 π。

（3）$\alpha < \varphi$

由上述分析可知，当 $\alpha < \varphi$ 时，电源正向电压时电感的储能增加，使得正向电流延迟过零点时间更长，$\mathrm{VT_1}$ 的导通角 $\theta > \pi$。由于正向电流过零点大于 $\pi + \varphi$，晶闸管 $\mathrm{VT_2}$ 无法在 $\pi + \alpha$ 时刻导通，只能延迟到正向电流过零点时才能导通，如图 6-6 所示。如果采用窄脉冲触发，晶闸管 $\mathrm{VT_2}$ 很可能由于触发脉冲已消失而无法导通。为了避免这种情况的发生，应采用宽脉冲或脉冲序列触发方式。

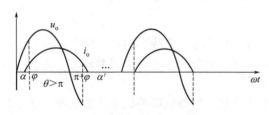

图 6-6　$\alpha < \varphi$ 时电压电流波形

此时，晶闸管 $\mathrm{VT_2}$ 的触发时刻将大于 $\pi + \varphi$，电感在反向电压下的充电时间和能量将减小，$\mathrm{VT_2}$ 的导通时间也将减小。在这种工况下，初期正向电流的延续时间将大于 π，负向电流的延续时间将小于 π。随着运行时间的延长，正向电流的延续时间将逐渐变短，负向电流的延续时间将逐渐变长。达到稳态时，正向电流和负向电流的延续时间均为 π，晶闸管 $\mathrm{VT_1}$ 和 $\mathrm{VT_2}$ 的导通时间也均为 π。

根据以上分析可知，当 $0 \leqslant \alpha \leqslant \varphi$ 时有

$$u_{\mathrm{o}} = u_2 = \sqrt{2}\,U_2 \sin(\omega t) \tag{6-7}$$

$$i_{\mathrm{o}} = \frac{u_2}{Z} = \frac{\sqrt{2}\,U_2}{Z}\sin(\omega t - \varphi) \tag{6-8}$$

$$Z = \sqrt{(\omega L)^2 + R^2}$$

6.2.3 三相交流调压电路

当相位控制的交流调压电路所带负载为感应电动机或其他三相负载时，需要采用三相交流调压电路。根据晶闸管开关及负载连接形式的不同，三相交流调压电路具有多种主电路形式，图 6-7(a) 为无中性线三相星形连接电路，图 6-7(b) 为线路控制三角形连接电路，图 6-7(c) 为支路控制三角形连接电路，图 6-7(d) 为中点控制三角形连接电路，其中无中性线星形连接电路和支路控制三角形连接电路是最常用的两种连接方式。

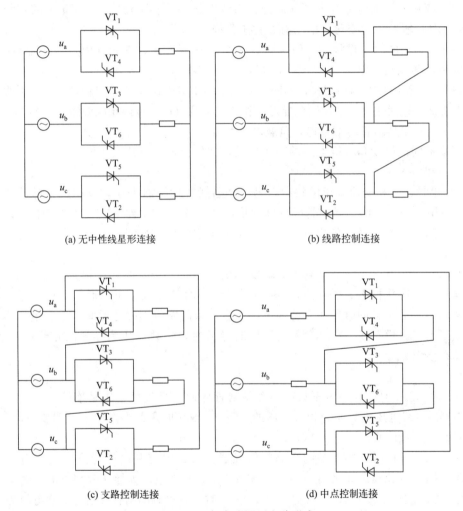

(a) 无中性线星形连接   (b) 线路控制连接

(c) 支路控制连接   (d) 中点控制连接

图 6-7　三相交流调压电路形式

支路控制三角形连接电路负载为三角形连接，三个单相交流调压电路在电源和负载之间的线路上，三个单相交流调压电路分别在不同的线电压作用下单独工作，因此可以采用单相交流调压电路的分析方法来分析支路控制三角形连接三相交流调压电路，将与该线相连的两个负载相电流求和就可以得到该线的线电流。支路控制三角形连接方式的一个典型应用是晶闸管控制电抗器（Thyristor Controlled Reactor，TCR）。

星形连接电路分为三相三线和三相四线两种情况。三相四线时，相当于三个单相交流调压电路的组合，三相互相错开 120°工作，单相交流调压电路的工作原理和分析方法均适用于这种电路。在单相交流调压电路中，电流中含有基波和各次谐波，组成三相电路后基波和三的整数倍次以外的谐波在三相之间流动，不流过中性线，而三相电路中三的整数倍次谐波是同相位的，不能在各相之间流动，全部流过中性线，因此中性线中会有很大的三次谐波电流及三的整数倍次谐波电流。当触发角为 90° 时，中性线电流甚至大于相电流的有效值，在选择导线线径和变压器时必须注意这一问题。

这里主要分析电阻负载时三相三线，即无中性线星形连接电路的工作原理。

如果把晶闸管换成二极管，由于是电阻负载，相电压由负变正过零点时二极管开始导通，由正变负过零点时二极管关断，因此可以把相电压过零点定为触发角 α 的起点。三相三线电路中，两相间导通是靠线电压导通的，而线电压超前相电压 30°，因此 α 的移相范围为 0°~150°。随着触发角的变化，电路有 3 种工作模态。

模态 1：三相同时工作状态，即每相有一个晶闸管导通，三相同时有三个晶闸管导通，在导通区间，各相负载电压等于电源相电压。

模态 2：三相中只有两相工作，即同一时刻三相中只有两相有晶闸管导通，这时导通两相的负载串联接在这两相电源上，因此导通两相负载上的电压为该两相电源线电压的 1/2。

模态 3：三相晶闸管均不导通，负载电压为 0。

下面按不同的触发角分析电路的工作模式，并给出 a 相负载电压波形。

(1) $\alpha = 0°$

当 $\alpha = 0°$ 时，三相交流调压电路中，每一个晶闸管均导通 180°，三相触发脉冲依次相差 120°，每一相两个反并联的晶闸管触发脉冲依次相差 180°。电路一直工作在模态 1，每一时刻有三个晶闸管同时导通，各相负载电压等于电源相电压，如图 6-8(a) 所示。

(2) $0° < \alpha < 60°$

当 $0° < \alpha < 60°$ 时，每一个晶闸管的触发时刻必然有一个延时，使得其导通角小于 180°，电路将出现两种工作模式。图 6-8(b) 给出了 $\alpha = 30°$ 时的负载电压波形，出现了三个晶闸管同时导通和两个晶闸管同时导通交替的波形。当三个晶闸管同时导通时，负载电压为电源相电压，电路工作在模态 1。当两个晶闸管同时导通时，负载电压为导通两相线电压的 1/2，电路工作在模态 2。

(3) $60° \leqslant \alpha \leqslant 90°$

当 $60° \leqslant \alpha \leqslant 90°$ 时，任一时刻只有两个晶闸管导通，且负载电压是连续的，电路一直工作在模态 2，负载电压为导通两相线电压的 1/2，$\alpha = 60°$ 时负载电压波形如图 6-8(c) 所示。

(4) $90° < \alpha < 150°$

当 $90° < \alpha < 150°$ 时，要么是两个晶闸管导通，要么没有晶闸管导通，负载电压是断续的，电路在模态 2 和模态 3 之间切换，在模态 2 下，负载电压为导通两相线电压的 1/2，$\alpha = 120°$ 时负载电压波形如图 6-8(d) 所示。当 $\alpha \geqslant 150°$ 时，将没有晶闸管导通，负载电压为 0。

因为是电阻负载，所以负载电流与负载相电压波形一致。

从波形上可以看出，电压和电流波形均为不规则波形，含有很多谐波，通过傅里叶分析可知，其中所含谐波的次数为 $6k \pm 1$ 次谐波，这和三相桥式全控整流电路交流侧电流所含谐波的次数完全相同。和单相交流调压电路相比，这里没有 3 的整数倍次谐波，因为在三相对称时，它们不能流过三相三线电路。

在阻感负载的情况下，可参照电阻负载和单相阻感负载时的分析方法，只是情况更复杂一些。$\alpha = \varphi$ 时，负载电流最大且为正弦波，相当于晶闸管全部被短接时的情况。$\alpha > \varphi$ 时，负载电流所含谐波次数与电阻负载时相同，一般来说电感大时谐波电流的含量要小一些。

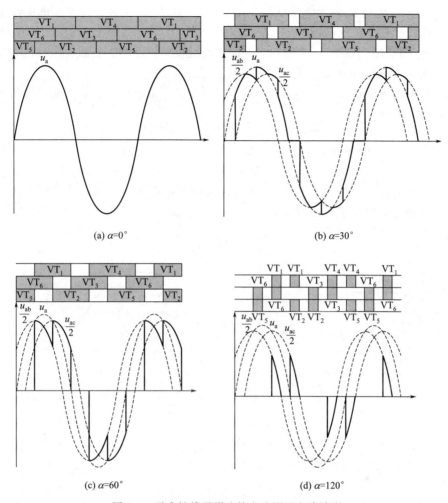

(a) $\alpha=0°$ (b) $\alpha=30°$

(c) $\alpha=60°$ (d) $\alpha=120°$

图 6-8　无中性线星形连接交流调压电路波形

6.2.4　斩控式调压电路

相控式交流调压电路的电压、电流波形均为缺角的不规则波形，含有大量的谐波，功率因数较低。为了减少谐波，提高功率因数，可以采用斩控式交流调压电路，也称为交流 PWM 调压电路。图 6-9（a）为单相斩控式交流调压电路。

对于电阻负载，续流通道（S_3—S_4—VD_3—VD_4）不起作用，即 S_3 和 S_4 均关断，电路转化为图 6-3 所示电路。在电源的正半周，S_1 导通和关断，输出 PWM 脉冲电压，负载电流和电压波形相同。通过调节脉冲的宽度，即可实现负载电压的调节。

对于阻感负载，负载电压波形与电阻负载时相同，由于电感的存在，负载电流滞后于电压，如图 6-9（b）所示。在斩控方式下，负载电流滞后于电压的角度为负载阻抗角。根据负载电压和电流极性可以将一个周期分为 4 个区：负载电压为"＋"，电流为"－"，为 A 区；负载电压为"＋"，电流为"＋"，为 B 区；负载电压为"－"，电流为"＋"，为 C 区；负载电压为"－"，电流为"－"，为 D 区。

B 区和 D 区，负载电压和电流方向相同，负载从电源吸收电能，电感储能。A 区和 C 区，负载电压和电流方向相反，电感释放电能，向电源反馈无功能量。在开关控制上，B 区应由 S_1 斩波控制，S_3 恒通为 L 提供续流通路；D 区应由 S_2 斩波控制，S_4 恒通为 L 提供续流通路；但在 A 区应由 S_4 斩波控制，在 S_4 关断时，因为 S_2 恒通，为反向电流提供续流通路，负载电压极性与电源电压极性相同，均为"＋"，向电源反馈能量；在 C 区应由 S_3 斩波控制，在 S_3 关断时，因为 S_1 恒通，为反向电流提供续流通路，负载电压极性与电源电压极性相同，均为"－"，向电源反馈能量。

三相斩控式调压电路如图 6-10(a) 所示，电路包含三组交流开关、三角形连接负载以及一组三相桥式双向开关 S_4。

图中交流开关采用了同一种开关器件的形式，三个交流开关 S_1、S_2、S_3 由同一驱动信号控制，续流开关 S_4 的驱动信号与其互补。S_1、S_2、S_3 导通时，S_4 关断，S_1、S_2、S_3 关断时，S_4 导通。S_1、S_2、S_3 导通时，负载上电压与电源电压相等，S_1、S_2、S_3 关断时，S_4 导通，使感性电流经不可控整流器和 S_4 续流，负载上电压为 0。在这种控制方式下，调压器输出电压波形与单相交流斩控调压类似，为了避免输出电压和电流中包含偶次谐波，并且保持三相输出电压对称，载波比 N 必须选为 6 的倍数。

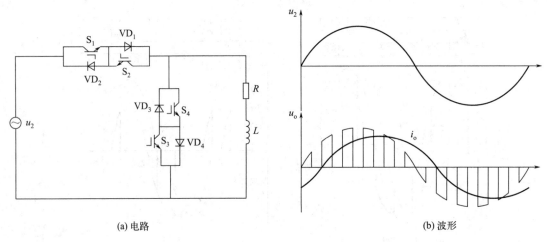

| (a) 电路 | (b) 波形 |

图 6-9 单相斩控式交流调压

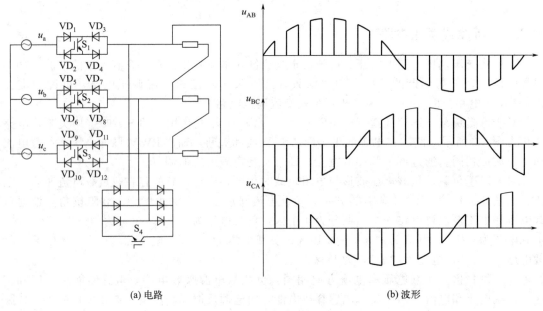

| (a) 电路 | (b) 波形 |

图 6-10 三相斩控式交流调压

6.2.5　交流调压电路参数计算

(1) 单相降压型交流调压器的设计

已知输入电压为 220V、50Hz 的交流电，要求输出交流电压为 0～220V 连续可调，输出电流有效值为 10A，最大功率为 2.2kW。可采用图 6-9(a) 所示的单相斩控型交流调压器实现，开关频率取 20kHz。

开关管承受的最大电压为输入电压的幅值，即 311V，按 2～3 倍安全裕量选取，开关管的额定电压为 622～933V。流过开关管的电流等于输出电流，已知输出电流有效值为 10A，考虑 1.5～2 倍安全裕量，开关管的额定电流为 10～15A。

单相斩控型交流调压电路是由 Buck DC/DC 变换器演变而来的，故可采用类似 Buck 电路的方式来设计滤波电感。假设占空比为 D，在开关导通期间输出电压为 u_o，滤波电感值应满足：

$$L = \frac{u_2 - u_o}{\Delta I} DT = \frac{u_2 D(1-D)T}{\Delta I} \tag{6-9}$$

已知输入电压峰值为 311V，电流有效值为 10A，设电感电流纹波 ΔI 为输出电流有效值的 20%，即 $\Delta I = 0.2 I_o$。当占空比 $D = 0.5$ 时，电感取得最大值 $L_{max} = 1.94\text{mH}$，实际可取 3mH。

在一个开关周期内，已知输出电压纹波 Δu_o 与滤波电容 C 的关系是

$$\Delta u_o = \frac{\Delta I}{8C} T \tag{6-10}$$

若取 $\Delta u_o \leqslant 0.02 U_o$，可得 $C \geqslant 2.84 \mu\text{F}$，实际可选取 $10 \mu\text{F}$ 的电容。

按上述 LC 取值构成低通滤波器，其截止频率可以表示为

$$f_T = \frac{1}{2\pi \sqrt{LC}} = 919\text{Hz}$$

满足以下经验公式的要求

$$10f \leqslant f_T \leqslant \frac{1}{10} f_s$$

其中，f 为输入电源频率；f_s 为开关频率。

(2) 三相相控式交流调压器的设计

设计一个三相三线制星形连接交流调压器，已知输入为三相 220V、50Hz 交流电，额定容量为 66kVA，过电流限制不超过 150A，输入电压纹波范围 ±10%。要求输出电压为输入电压的 0%～98%。

若输出电压为输入电压的 0%，则会出现无晶闸管导通的模态，此时晶闸管将承受的电压最大，为输入电压的峰值。由于输入电压波动范围为 ±10%，因此晶闸管承受最大电压为342V，取 2～3 倍安全裕量，额定电压为 684V～1022V，实际可选用额定电压为 1000V 的晶闸管。

三相调压器的额定容量为 66kVA，额定电压为 220V，可知各相负载的额定电流为100A，即流过每个晶闸管的电流有效值为

$$I_{VT} = \frac{1}{\sqrt{2}} I_o = 70.7\text{A}$$

则晶闸管的通态平均电流为

$$I_{AT} = \frac{I_{VT}}{1.57} = 45\text{A}$$

取 $1.5\sim2$ 倍安全裕量，额定电流为 $67.5\sim90A$，实际可选取额定电流为 $90A$ 的晶闸管。

在三相交流调压器的交流侧，往往安装快速熔断器，起过电流保护作用。快速熔断器的选取原则为熔体额定电流 I_{KR} 小于晶闸管的额定电流对应的有效值，晶闸管的额定电流为 $90A$，则熔体额定电流 I_{KR} 应小于141A。同时，熔体额定电流 I_{KR} 大于流过晶闸管实际电流的有效值，即 $70.7A$，可以在 $70.7\sim141A$ 选择在各相线路上安装的快速熔断器。

6.3 其他交流电力控制电路

6.3.1 交流调功电路

交流调功电路和交流调压电路在电路形式上完全相同，只是控制方式不同。交流调功电路不是在每个电源周期都对输出电压波形进行控制，而是采用周期控制方式，即将交流电源与负载接通几个整周期，再断开几个整周期，通过改变接通周期数与断开周期数的比值来调节负载上的平均功率。

假设交流调功电路的输出控制周期为 m 个电源周期，其中前 n 个周期使晶闸管开关导通，后 $m-n$ 个周期使晶闸管开关关断。此时导通周期数 n 与总控制周期数 m 之比称为调功电路的导通比 D，因此 $D=n/m$。图 6-11(a) 给出了单相交流调功电路的电路形式，图 6-11(b) 为 $m=3$、$n=2$ 的单相交流调功电路输出电压波形。

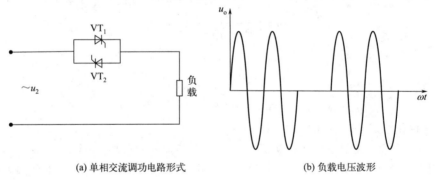

(a) 单相交流调功电路形式   (b) 负载电压波形

图 6-11　单相交流调功电路

假设输入电压的有效值为 U_i，则输出电压有效值为

$$U_o = \sqrt{\frac{n}{m}}\,U_i = \sqrt{D}\,U_i \tag{6-11}$$

负载上的平均输出功率为

$$P_o = \frac{n}{m} \times \frac{U_i^2}{R} = DP_{max} \tag{6-12}$$

式中，P_{max} 为全电压输出时的最大输出功率，即将输入电压全部加在负载上的输出功率。

从式 (6-12) 可以看出，在输入电压与负载一定时，通过调节导通比 D 可以调节负载上的平均输出功率，并且平均输出功率与导通比成正比。当 $D=0$ 时输出功率为 0，当 $D=$

1 时输出功率为最大输出功率 P_{max}。

通过控制导通比,可以调节平均输出功率,导通比的控制方式主要有两种:一种为固定周期控制,其中总控制周期数 m 不变,通过调节导通周期数 n 来调节导通比,进而调节平均输出功率;另一种为可变周期控制,即导通周期数 n 不变,通过改变总控制周期数 m,从而控制导通比及输出功率。图 6-12 给出了两种控制方式输出电压波形。图 6-12(a) 给出了总控制周期数 $m=5$ 保持不变,导通周期数 n 分别为 2 和 3 的输出电压波形图;图 6-12(b) 给出了导通周期数 $n=2$ 保持不变,总控制周期数 m 分别为 4 和 6 的输出电压波形图。

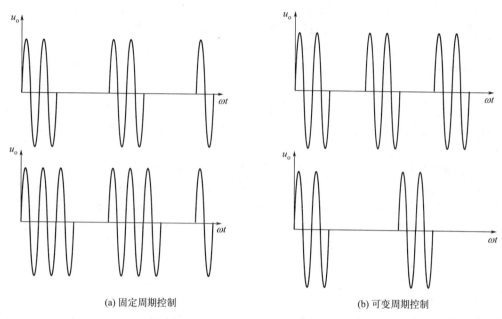

(a) 固定周期控制   (b) 可变周期控制

图 6-12 交流调功电路控制方式

上述两种控制方式均为全周期控制,即输出电压的最小控制单元为一个完整的电源周期,因此在任何情况下输出电压的正负半周数相等,平均电压为 0,这一点对于变压器等电感性负载的交流调控电路十分重要。对于电阻负载,为了提高控制精度,也可以采用半周期控制,即输出电压的最小控制单元为半个电压周期,导通周期数 n 与总控制周期数 m 均可以是 0.5 的整数倍。在半周期控制中,会出现输出波形正负半周个数不相等的情况,使得输出电压中存在直流分量,不能用于带变压器负载的交流调功电路。

在交流调功电路中,控制晶闸管的导通时刻通常都是在电源电压过零点处,这样可以减少交流电源与负载接通瞬间产生的电压、电流冲击,使负载上的电压、电流波形均为完整的正弦波,减少对电网造成的高次谐波污染。

交流调功电路通过频繁的通断对负载供电,对电源变压器有一定的冲击,如果电源变压器容量较小,会造成电源电压波动较大,低于电网频率的谐波分量增加,导致交流调功电路和其他用电设备不能正常工作,因此在采用交流调功电路时,应选择容量较大的电源变压器。

由于交流调功电路的输出电压通常为断续的正弦波,负载上获得的电压一段时间为 0,另一段时间等于电源电压,因此不适用于调光等需要平滑调节输出电压的场合,而在电炉等电加热环节的自动温度控制中,控制对象是电炉温度,其时间常数通常较大,因此没有必要对交流电源的每个周期都进行频繁的控制,只要以周期数为单位,对电路的平均输出功率进行控制就足够了,所以交流调功电路广泛用于各种温度控制、电加热等大惯性的应用场合。

6.3.2 交流电力电子开关

随着现代工业生产的发展，对电力控制系统的要求也不断提高，各种电力控制系统正在向自动化和无触点化方向发展。在各种电力系统和驱动系统中，利用反并联晶闸管或双向晶闸管代替传统电路中有触点的机械开关，根据负载需要接通和断开电路的交流电力控制电路称为交流电力电子开关。传统的有触点开关存在拉弧、磨损、开关速度慢等缺点，常常不能满足电力系统中安全可靠、频繁操作、长寿命和高精度的要求，特别是在易燃易爆等场合，而交流电力电子开关作为一种无触点开关，具有响应速度快、寿命长、可以频繁控制通断、控制功率小、灵敏度高等优点，因此被广泛用于各种交流电机的频繁启动、正反转控制、软启动、可逆转换控制，以及电路温度控制、功率因数改善、电容器的通断控制等各种应用场合。

交流电力电子开关在电路形式上与交流调功电路类似，但控制方式或控制目的有所不同。交流调功电路是通过改变晶闸管导通周期数和控制周期数的比值来调节电路平均输出功率，而交流电力电子开关只是根据应用场景的需要，例如电力系统中操作人员的指令或短路故障等，来接通和断开电路的，并不调节输出电压或功率。交流电力电子开关通常没有明确的控制周期，其控制方式也随负载的不同而有所变化，另外其开关频率通常也比交流调功电路低得多。

交流电力电子开关的典型应用之一是晶闸管投切电容器。随着电力系统的发展和应用，电能的传输、变换与控制都不可避免地产生无功功率，对电网有着不同程度的影响。在公用电网中，交流电力电容器的投入与切断是控制无功功率的重要手段。通过对无功功率的控制，可以提高功率因数、稳定电网电压、改善供电质量。电容器的投切可以用真空接触器等机械开关实现，也可以采用交流电力电子开关实现。与采用机械开关投切电容器的方式相比，采用交流电力电子开关的晶闸管投切电容器是一种性能优良的无功补偿方式。

6.4 交-交直接变频电路

交-交变频电路是将电压频率一定的交流电能直接变换为电压、频率可调的交流电能，由于没有中间直流环节，只经过一次能量变换，电能损耗小，效率较高，主要应用于大功率三相交流电机的调速系统中。

6.4.1 交-交变频基本原理

单相交-交变频电路的基本原理如图 6-13 所示。电路由正组（P 组）和反组（N 组）两组反并联的晶闸管变流器构成。通常情况下，两组变流器均为三相桥式全控整流电路。P 组工作时，负载电流 i_o 为正；N 组工作时，负载电流 i_o 为负。让两组变流器按一定的频率交替工作，负载将得到该频率的交流电，改变两组变流器的切换频率就可以改变输出频率，改变变流电路工作时的触发角 α 就可以改变交流输出电压的幅值。

交-交变频器的负载可以是电阻负载、阻感负载、阻容负载或交流电动机负载，下面以阻感负载为例分析其在一个周期内的工作过程。交-交变频器中正组和反组整流器均由三相桥式可控整流电路构成，其具体结构如图 6-14(a) 和 (b) 所示。由于三相桥式可控整流器具有整流和有源逆变两种工作方式，故单相交-交变频器有 4 种工作模式，其等效电路如图 6-14 所示。

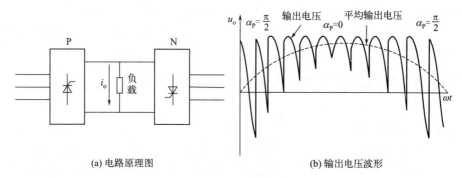

(a) 电路原理图   (b) 输出电压波形

图 6-13 单相交-交变频原理

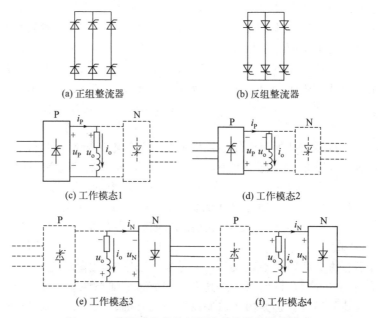

(a) 正组整流器   (b) 反组整流器

(c) 工作模态1   (d) 工作模态2

(e) 工作模态3   (f) 工作模态4

图 6-14 带阻感负载单相周波变换器的等效电路

工作模态 1：整流器 P 工作在整流状态，整流器 N 阻断不工作。此时整流器 P 的输出电压 u_P 和输出电流 i_P 均为正，即输出功率为正，负载电压 $u_o = u_P > 0$ 和负载电流 $i_o = i_P > 0$，也均为正，如图 6-14(c) 所示。

工作模态 2：整流器 P 工作在逆变状态，整流器 N 阻断不工作。此时整流器 P 的输出电压 u_P 为负，输出电流 i_P 为正，即输出功率为负，负载电压 $u_o = u_P < 0$ 和负载电流 $i_o = i_P > 0$，如图 6-14(d) 所示。

工作模态 3：整流器 N 工作在整流状态，整流器 P 阻断不工作。此时整流器 N 的输出电压 u_N 和输出电流 i_N 均为负，即输出功率为正，负载电压 $u_o = u_N < 0$ 和负载电流 $i_o = i_N < 0$，也均为负，如图 6-14(e) 所示。

工作模态 4：整流器 N 工作在逆变状态，整流器 P 阻断不工作。此时整流器 N 的输出电压 u_N 为正，输出电流 i_N 为负，即输出功率为负，负载电压 $u_o = u_N > 0$ 和负载电流 $i_o = i_N > 0$，如图 6-14(f) 所示。

上述工作过程在一个输出电源周期内的理想工作波形如图 6-13(b) 所示。由于整流器的输出电压波形为电网电压波形的一部分，变换器的输出电压实际上由多段电网电压衔接而成。当 $\alpha = 0°$ 时，整流器输出电压的平均值为最大值，当 $\alpha = 90°$ 时，输出电压为 0，因此可以按一定规律让触发角 α 从 90°逐渐减小到 0°或某个值，然后再逐渐增大到 90°，从而使输出平均电压按正弦规律变化，因此整流器输出电压含有的脉波数越多，输出电压波形就越接近正弦波，这种变换器的输出频率不高，其上限一般为电网频率的 1/3～1/2。

6.4.2　交-交变频电路的运行方式及性能特点

（1）有环流和无环流运行方式

交-交变频电路的基本结构单元为正反两组整流器反并联，在电路形式上类似于直流电动机的可逆调速系统，因两组整流器的输入接在同一交流电源上，如果两组同时导通将导致输入电源短路，在组间产生很大的环流电流，使晶闸管烧坏。通常，为了限制组间环流，在实际运行过程中，也同直流可逆调速系统一样存在有环流与无环流两种运行方式。

为了保证正反两组整流器能够随时进行切换，正反两组整流器同时加有触发脉冲，随时都处于工作状态，存在两组整流器同时工作的可能。虽然可以通过对触发角的控制使正反两组整流器的输出电压的平均值大小相等，但由于波形相反，其电压的瞬时值并不相等，两组间存在瞬时电压差，当两组整流器直接反并联时，瞬时电压差将在组间产生很大的环流电流，从而使晶闸管烧坏。为了将环流限制在允许的范围内，必须在两组之间串联环流电抗器，每一相除了流过正常的负载电流外，正反两组之间还有一定的环流流过，因此称之为有环流运行方式。

为了保证两组整流器在切换时电压不发生突变，两组输出电压应相等。在输出电压的正半周中，正组整流器控制角的变化范围为 $0°\leqslant\alpha_P\leqslant90°$，同时反组整流器应输出负电压，其控制角的变化范围为 $90°\leqslant\alpha_N\leqslant180°$。实际工作中为了避免逆变颠覆，控制角应略小于 π，留有一定的安全裕量。同理，在输出电压的负半周中，正组输出为负，$90°\leqslant\alpha_P\leqslant180°$，反组输出为正，$0°\leqslant\alpha_N\leqslant90°$。为使正反两组整流器的输出电压平均值保持相等，任何时刻应满足 $\alpha_P+\alpha_N=\pi$ 的条件。

采用有环流运行方式时，负载电流的换向是自然完成的，保证了负载电流连续，可以避免电流断续造成的死区现象，同时可以提高系统的稳态和动态性能，改善电压、电流的输出波形，控制方式也比较简单。但是由于需要设置环流电抗器，增加了设备的成本、体积和重量，同时也因存在环流损耗而使系统运行效率有所降低。

交-交变频电路的另一种工作方式是通过控制电路使一组整流器有触发脉冲时，另一组整流器的触发脉冲被封锁，因而两组不可能同时导通，不会在组间产生环流，称之为无环流运行方式。两组整流器可以直接反并联，不需串联环流电抗器，从而减小了系统的成本及损耗。正反两组整流器之间的切换是通过零电流检测环节实现的。例如，正组工作时，封锁反组脉冲，当检测环节检测到正向负载电流逐渐减小到 0 时，首先封锁正组脉冲，经过一定时间的延迟，以保证正组晶闸管可靠关断后，再开放反组脉冲，从而完成正组到反组的切换，反之亦然。

采用无环流运行方式的关键在于零电流检测环节，当负载电感较小时，负载电流容易断续，在电流基波过零点附近，出现多次电流为 0 的时刻，给零电流检测带来困难。可以通过检测晶闸管的管压降，间接判断零电流状态，提高检测的精度。晶闸管导通时管压降近似为 0，关断时管压降不为 0，如果原导通的整流器组中所有晶闸管的管压降均不为 0，说明该组整流器中的负载电流已经为 0，可以封锁该组脉冲。只要有一只晶闸管的管压降近似为 0，说明该晶闸管仍处于导通状态，负载电流没有到 0，不能封锁脉冲。这种方法需要检测主电路电压，检测信号需经光耦隔离后输入控制电路，增加了控制电路的复杂性，但它能比较准确地检测到零电流状态，最大限度地减小负载电流中的死区延迟时间。

在交-交变频电路中采用无环流运行方式时,由于正反两组整流器交替导通,为保证两组整流器可靠切换,在负载电流换向过程中,必须留有一定的死区时间,使得负载电流出现断续,限制了输出频率的提高,但因其不需环流电抗器,消除了环流损耗,同时也降低了系统成本,所以目前应用较多。

（2）调制方式

在交-交变频电路中,通过改变整流器晶闸管的触发角,来调节输出交流电压的幅值和频率。输出电压的具体控制方法有多种,最基本的是余弦交点法控制。随着计算机控制技术的发展,采用高性能微处理器可以方便、准确地计算出整流器的触发时刻,使整个系统获得良好的性能。

在整流电路章节中,我们已经得到了整流器输出电压的表达式。对于三相零式整流电路,输出电压基波的瞬时值为 $u_o = 1.17U_2\cos\alpha$,对于三相桥式整流电路,$u_o = 2.34U_2\cos\alpha$,U_2 为电源侧的相电压,输出电压可统一表示为 $u_o = U_{d0}\cos\alpha$。

设输出正弦波电压 $u_o = U_{om}\sin(\omega_o t)$,$U_{om}$ 为输出电压的峰值,ω_o 为输出电压的角频率。要得到正弦波输出电压,应使整流器的控制角按余弦规律随时间变化。取 $\gamma = U_{om}/U_{d0}$,$0 \le \gamma \le 1$,则应使 $\cos\alpha = \gamma\sin(\omega_o t)$,则可求得整流器的触发角:

$$\alpha = \arccos\left[\gamma\sin(\omega_o t)\right] \tag{6-13}$$

由于在计算中用到三角函数的计算,而利用微处理器运算三角函数比较困难,为了简化运算过程,通常提前将各控制角所对应的正弦和余弦函数值做成表格,然后通过查表法,得到每个输出周期内各个时刻所对应的控制角,然后以电源同步信号为起始延迟相应角度后,发出各晶闸管相应触发脉冲。

当根据负载需要对输出电压的幅值或频率进行调节时,可以改变给定值 U_{om} 或 ω_o,改变 U_{om} 将改变 γ 值,改变 ω_o 则改变控制周期,仍然可以通过查表的方法直接得到触发角,发出触发脉冲,从而调节输出电压的波形及其基波幅值或频率。输出频率的调节范围通常在 0 到电源频率的 1/3 之间,因为当输出频率提高时,输出电压波形在一个周期内所含整流电压的段数减少,致使谐波含量增加,波形畸变严重。一般认为输出频率的上限应不高于电源频率的 1/3,当电源频率为 50Hz 时,交-交变频电路输出电压的频率上限约为 16.7Hz。

（3）输入侧的功率因数

由于交-交变频电路的基本构成单元为相控整流电路,输入电流的相位总是滞后于输入电压,输入侧功率因数较低。在相控整流电路中,功率因数等于电流畸变因数和位移因数的乘积。设交流输入电压与电流基波分量之间的相位角为 φ,则其输入侧位移因数 $\cos\varphi$ 与触发角 α 之间的关系为 $\cos\varphi = \cos\alpha$。

在输出电压的一个周期内,触发角 α 是以 90° 为中心而前后变化的。图 6-15 给出了不同输出电压比 γ 下交-交变频电路触发角 α 的变化规律。输出电压比 γ 越小,半周期内 α 的平均值越靠近 90°,位移因数越低,另外负载的功率因数越低,输入功率因数也越低,如图 6-15(b) 所示。而且不论负载功率因数是滞后还是超前的,输入的无功电流总是滞后的。

与交-直-交间接变频电路相比,交-交变频电路具有以下优点。

交-交变频电路仅经过一级能量变换即可实现交流输入到交流输出的直接变换,并可同时实现输出电压和频率的调节,能量损耗较小、变换效率较高。而交-直-交变频电路需经交流-直流和直流-交流两次能量变换,效率较低。

交-交变频电路采用晶闸管作为开关器件,属于电网换流,不需要强迫换流电路,消除了换流损耗,简化了主电路。当交-直-交变频电路采用晶闸管来提高输出功率等级时,需采用强迫换流电路。

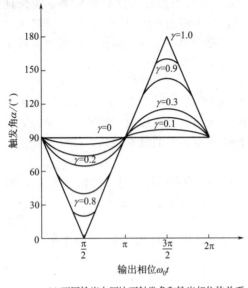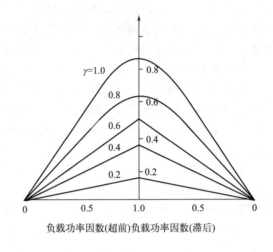

(a) 不同输出电压比下触发角和输出相位的关系　　　　(b) 不同输出电压比下的功率因数

图 6-15　触发角、输出相位、负载功率因数与输出电压比的关系

交-交变频电路结构天然能够使能量在电源与负载之间双向流动,方便实现交流电机的四象限运行,可以在整个调速范围内进行再生制动,并将再生制动能量回馈给电网,非常适合需要快速正反转的大功率交流可逆传动装置。而电压型交-直-交变频电路要实现四象限运行,必须反并联一组整流电路,增加了主电路结构的复杂性。

当交-交变频电路输出低频信号时,可以由更多的分段组成,使输出电压波形更接近正弦,因而电压、电流中谐波含量较少,谐波损耗及负载转矩脉动也较小。交-直-交变频电路在方波工况时,若输出频率过低,低频谐波含量大,将会在负载中产生较大的转矩脉动。

尽管交-交变频电路具有上述优点,但它还存在以下缺点。

由于交-交变频电路是由多段交流信号组合生成输出信号,当输出频率较高时,组成输出信号的分段将很少,输出信号波形很差,因此,一般交-交变频电路输出信号的频率不超过输入电源频率的 1/3,否则将产生较大的谐波分量,如果交流侧电源为中、高频电源,则在低频时仍然可以由更多段信号组合,保证输出信号更接近正弦波,从而更能发挥交-交变频电路的特点。

交-交变频电路由正反两组整流器组成,所用晶闸管数量较多,晶闸管的利用率较低,系统成本增加,控制电路也较复杂,所以在小功率的传动装置中使用交-交变频电路通常是不经济的。

交-交变频电路由相控整流电路组成,与相控整流电路一样,交-交变频电路的输入侧功率因数也较低,尤其当输出电压较低时功率因数更低,因此有时需要对输入侧的功率因数进行补偿,并采用谐波吸收的措施。

综合以上特点可以看出,由于交-交变频电路具有能量损耗小、可采用晶闸管进行自然换向、功率等级高、可实现四象限运行、低频输出性能较好等特点,因此主要适用于大功率、低转速的交流调速系统。

6.4.3　三相交-交变频电路

三相交-交变频器基本上由三台单相交-交变频器组成,三台单相交-交变频器有相同的三相交流电源输入，变频器的输出电压、频率相同，但相位互差 120°。根据所采用整流器的结构形式，三相交-交变频电路有三相零式电路与三相桥式电路两种形式，三相零式电路结构相对简单，晶闸管数量较少，而三相桥式电路结构相对复杂，每一相均由反并联的两组三相桥式整流器组成，晶闸管数量较多。

图 6-16(a) 是由三相零式整流电路为基础组成的交-交变频器，两组三相半波整流电路反并联，组成一相交-交变频器，在有环流运行方式下，两组之间还需串联环流电抗器以限制组间环流。三相半波整流器输出电压的脉波数 $m=3$。

三相桥式交-交变频电路的接线方式主要有两种，即公共交流母线进线方式和输出星形

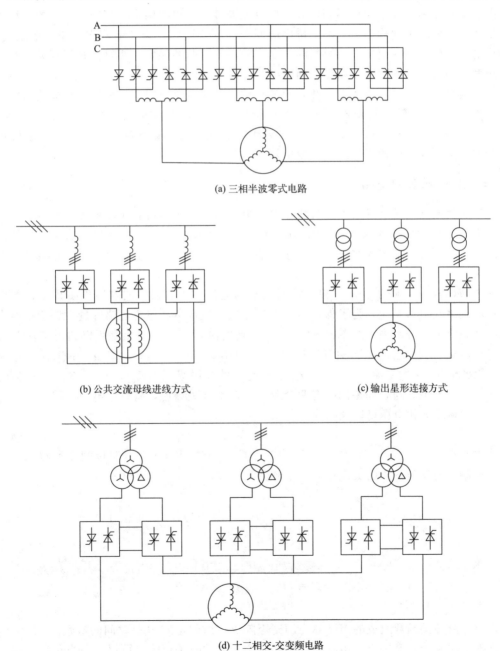

(a) 三相半波零式电路

(b) 公共交流母线进线方式

(c) 输出星形连接方式

(d) 十二相交-交变频电路

图 6-16 三相交-交变频器的应用电路

连接方式。公共交流母线进线方式如图 6-16(b) 所示。它由三组彼此独立、输出电压相位相互错开 120°的单相交-交变频电路构成，它们的电源进线通过进线电抗器接在公共的交流母线上。因为电源进线端公用，所以三组单相交-交变频电路的输出端必须隔离，为此交流电动机的三个绕组必须拆开共引出六根线，这种电路主要用于中等容量的交流调速系统。

输出星形连接方式如图 6-16(c) 所示。三组单相交-交变频电路的输出端是星形连接，电动机的三个绕组也是星形连接，电动机中性点不和变频器中性点连在一起，电动机只引出三根线即可。因为三组单相交-交变频电路的输出连接在一起，其电源进线就必须隔离，因此三组单相交-交变频器分别用三个变压器供电。

由于变频器输出端中性点不和负载中性点相连接，所以在构成三相变频电路的六组桥式电路中，至少要有不同输出组的两个桥中的四个晶闸管同时导通才能构成回路，形成电流。和整流电路一样，同一组桥内两个晶闸管靠宽脉冲或双脉冲触发，两组桥之间则需要每组各自的触发脉冲有足够的宽度，以保证同时导通。

上述两种电路每相均由两组反并联的三相桥式整流电路组成，三相桥式整流输出电压的脉数 $m=6$，因此变频器输出电压的谐波含量比三相半波整流电路组成的交-交变频器少。图 6-16(d) 为十二相整流效果的整流器组成的交-交变频器，脉波数 $m=12$，变频器输出电压的谐波含量更少，但使用的晶闸管数增加。

6.4.4 矩阵式变频电路

多年前就出现的矩阵变换器，目前在电力电子市场中仍然占有比较重要的份额。矩阵变换器由 $K \times L$ 个双向全控型开关组成，K 相交流电源每端都和 L 相负载一端连接，任何一个输入端的电压都可能出现在任意一个输出端，而各负载中的电流都可能由一相或两相电源提供。

图 6-17(a) 为经典的三相-三相矩阵变换器的电路图，输入滤波器用于防止变换器产生的谐波电流注入电力系统，为了保证输出电流连续，假定负载包含电感分量。该变换器由九个双向开关组成，分别表示为 $K_{11} \sim K_{33}$。在任何时刻，任一相输出都可以通过交流开关与电源三相连接。例如输出端 a 相可以通过 K_{11}、K_{12}、K_{13} 在 u_A、u_B、u_C 中选择一相电压输出，因此输出 u_a 由电源 u_A、u_B、u_C 三相电压的片段组成。K_{11}、K_{12}、K_{13} 在任何时刻都只能有一个开关导通，如果同时有两个及两个以上开关导通，将发生电源短路。

由此，输出 a 相电压可以表示为：

$$u_a = f_{11} u_A + f_{12} u_B + f_{13} u_C \tag{6-14}$$

式中，f_{11}、f_{12}、f_{13} 为 K_{11}、K_{12}、K_{13} 的开关函数。其他两项可以同样类推。

三相输出电压与输入的关系可以以矩阵的形式表示：

$$\begin{bmatrix} u_a & u_b & u_c \end{bmatrix} = \begin{bmatrix} f_{11} & f_{12} & f_{13} \\ f_{21} & f_{22} & f_{23} \\ f_{31} & f_{32} & f_{33} \end{bmatrix} \begin{bmatrix} u_A & u_B & u_C \end{bmatrix} \tag{6-15}$$

$$\boldsymbol{F} = \begin{bmatrix} f_{11} & f_{12} & f_{13} \\ f_{21} & f_{22} & f_{23} \\ f_{31} & f_{32} & f_{33} \end{bmatrix}$$

式中，由开关函数组成的矩阵称为调制矩阵 $\boldsymbol{F}$。调制矩阵 $\boldsymbol{F}$ 是时间的函数。

矩阵中的 9 个元素决定了矩阵式变频器九个开关的开关模式。可以证明当负载三相平衡线性星形连接时，负载中性点的电压为：

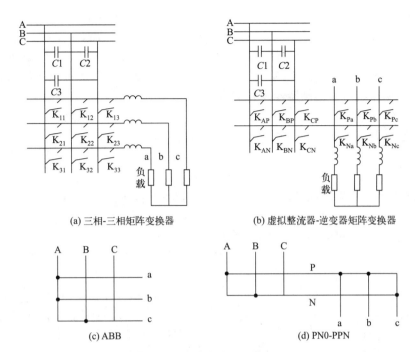

(a) 三相-三相矩阵变换器   (b) 虚拟整流器-逆变器矩阵变换器

(c) ABB   (d) PN0-PPN

图 6-17　矩阵变换器工作原理

$$u_n = \frac{1}{3}(u_a + u_b + u_c) \tag{6-16}$$

因此，输出相电压可以表示为：

$$\begin{bmatrix} u_{an} & u_{bn} & u_{cn} \end{bmatrix} = \frac{1}{3}\begin{bmatrix} 2 & -1 & -1 \\ -1 & 2 & -1 \\ -1 & -1 & 2 \end{bmatrix}\begin{bmatrix} u_a & u_b & u_c \end{bmatrix} \tag{6-17}$$

则，输入电流与输出电流的关系为：

$$\begin{bmatrix} i_A & i_B & i_C \end{bmatrix} = \boldsymbol{F}^{\mathrm{T}}\begin{bmatrix} i_a & i_b & i_c \end{bmatrix} \tag{6-18}$$

　　基于上述方程，可以对开关变量设置合适的时间序列，或者如空间矢量控制型 PWM 整流器一样，对变换器的所有状态进行控制，从而实现对输出电压和电流的基频分量进行控制，满足频率和幅值要求，保持输出电压的基频分量平衡。

　　空间矢量控制型 PWM 矩阵变换器基础是将三相输入电流和输出电压表示为空间矢量形式。上述九开关变换器可以用图 6-17(b) 两个六开关矩阵变换器来等效代替。六开关变换器置于电源与负载之间通过线路 P（正极）和 N（负极）构成一个虚拟直流环节，与交流电源相连的变换器为三相--相型，与负载相连的变换器为一相-三相型。前者被称为"虚拟整流器"，其拓扑结构与六脉冲电流型 PWM 整流器相同，可以控制线路 P 和 N 之间的直流电压分量 U_{dc}，同时使变换器的输入电流是正弦波，且功率因数等于 1。后者被称为"虚拟逆变器"，可以等效为通用 PWM 三相逆变器，用于在负载中产生平衡的交流电流。

　　在任一时刻，虚拟整流器的每一列和虚拟逆变器的每一行都必须有且只有一个开关导通，因此整流器允许有 6 种状态，逆变器允许有 8 种状态，组合而成的十二开关变换器允许有 48 种不同的状态。但是这 48 种状态下，电源和负载的连接方式都可以通过图 6-17(a) 的 9 个开关 27 种状态的三相-三相原始矩阵变换器来实现。

　　在九开关三相-三相原始矩阵变换器中用 AAB 来表示负载 a 相和 b 相与电源 A 相相连，

负载 c 相与电源 B 相相连，如图 6-17(c) 所示。将虚拟整流器的端子 A 与线路 P 连接，端子 B 与线路 N 连接，端子 C 处于断线状态，可以把这种工况下虚拟整流器的状态称为 PN0。将虚拟逆变器的端子 a 和端子 b 与线路 P 连接，将端子 c 与线路 N 连接，这种工况下虚拟逆变器的状态称为 PPN，如图 6-17(d) 所示。这种虚拟整流器和虚拟逆变器的连接方式可以实现三相-三相原始矩阵变换器连接方式 AAB 的相同作用。

当虚拟整流器在 PN0 状态时，设虚拟直流环节中的直流侧电流为 I_{dc}，输入电流 i_A、i_B、i_C 分别等于 I_{dc}、$-I_{dc}$、0。对应的输入电流空间矢量为：

$$\vec{I}_{PN0} = \frac{3}{2} I_{dc} + j \frac{\sqrt{3}}{2} I_{dc} \tag{6-19}$$

当虚拟逆变器在 PPN 状态时，$u_a = u_b = u_P$，$u_c = u_N$，u_P 表示线路 P 的电动势，u_N 表示线路 N 的电动势。设虚拟直流环节中的直流侧电流为 U_{dc}，输出电压 $u_{aN} = u_{bN} = U_{dc}/3$，$u_{cN} = -2U_{dc}/3$，对应的输出电压空间矢量为：

$$\vec{U}_{PNN} = \frac{1}{2} U_{dc} + j \frac{\sqrt{3}}{2} U_{dc} \tag{6-20}$$

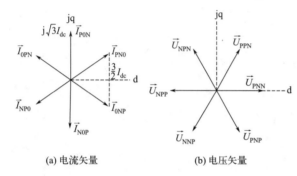

(a) 电流矢量   (b) 电压矢量

图 6-18   参考电流空间矢量和电压空间矢量

用同样的方法可以得到虚拟整流器其他 5 个状态下的电流矢量和虚拟逆变器其他 5 个状态下的电压矢量。6 个电流矢量如图 6-18(a) 所示，6 个电压矢量如图 6-18(b) 所示。

如果输入端 ABC 的开关动作，导致线路 P 和 N 短接，那么 $U_{dc} = 0$。虚拟整流器为零状态，按顺序称为 Z00、0Z0 和 00Z。例如 00Z 表示只有开关 K_{CP} 和 K_{CN} 闭合导通。同样，虚拟逆变器的零状态导致其输出电压为 0，这使得 a、b 和 c 同时被线路 P 或者 N 钳位，因此虚拟逆变器的零状态由 PPP 和 NNN 表示。

矩阵变换器的工作原理与斩控式调压电路类似，单相斩控式调压电路的输出电压为：

$$u_o = \frac{t_{on}}{T_c} u_2 = d u_2 \tag{6-21}$$

式中，T_c 为开关周期；t_{on} 为一个开关周期内开关导通时间；d 为占空比。

在不同的开关周期中，采用不同的 d 可得到与 u_2 频率和波形都不同的 u_o。由于单相交流电压 u_2 为正弦波，因此输出电压将受到很大的局限，无法得到所需要的输出波形。如果把输入交流电源改为三相，用图 6-17(a) 中的第 1 行的三个开关 K_{11}、K_{12}、K_{13} 共同作用来构造 a 相输出电压，就可以利用三相相电压包络线中所有的阴影部分，但其输出电压最大幅值仅为输入相电压的 1/2。如果利用输入线电压来构造输出线电压，就可利用 6 个线电压包络线中的所有阴影部分。这样其最大值就可以达到输入线电压幅值的 $\sqrt{3}/2$，这也是正弦波输出条件下矩阵式变频电路理论上最大的输出输入电压比。因为其他直接或间接交流变换器的电压增益都接近于 1，所以这个特点被认为是矩阵变换器的一个缺陷。

从矩阵式变频器电路分析，矩阵式变频器通过开关控制截取电源三相交流的片段重组为输出电压的波形，在理论上输出电压的频率可以不受限制，输出频率可以高于电源频率，也可以低于电源频率，甚至可以是直流输出。只是输出频率越高，组成输出波形的片段越少，波形的畸变更严重。如果增加输入电源的相数（如六相、十二相），输出选择的可能性增加，对改善输出波形有利，但是会增加电路的复杂性和成本。

矩阵变换器具有十分理想的电气性能，它可使输出电压和输入电流均为正弦波，输入功率因数为 1，且能量可双向流动，实现四象限运行，和目前广泛应用的交-直-交变频电路相比，虽多用了 6 个开关器件，却省去了直流侧大电容，将使体积减小，且容易实现集成化和功率模块化。矩阵式变频器电路采用双向可控开关，不仅和晶闸管交-交变频器一样可以实现电能的双向流动，还可以通过开关控制电源侧的功率因数。矩阵式变频器是开关型变流器，其输入电流和输出电压都不可避免地存在谐波，如果开关工作在高频状态，谐波的次数较高，比较小的 LC 滤波器就可以改善输出的电压和电流波形。由于矩阵式变频器的开关函数非常适用于采用微机处理和控制，在电力电子器件制造技术飞速进步和计算机技术日新月异的今天，矩阵式变频器具有良好的发展和应用前景。

6.5 交流调压电路 MATLAB 仿真实例

6.5.1 单相调压电路仿真

交流电源电压幅值为 200V，频率为 50Hz，负载为 $R = 0.5\Omega$，$L = 2\text{mH}$，正反向晶闸管触发角均为 $\alpha = 90°$，则可得到交流调压的仿真模型如图 6-19 所示。

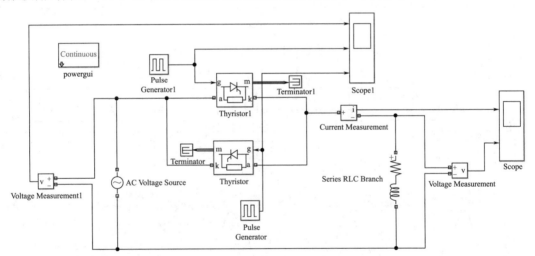

图 6-19 交流调压仿真模型

交流电压、晶闸管（Thyristor）和晶闸管（Thyristor1）的触发脉冲波形图如图 6-20 所示，负载电流和电压波形如图 6-21 所示。利用 "powergui" 中的傅里叶分析功能，对负载端的电流和电压波形进行频谱分析，分别如图 6-22 和图 6-23 所示。采用交流调压电路给负载供电时，电流和电压均存在较大分量的谐波。

6.5.2 三相交流调压电路

用三组反并联的晶闸管构成三相星形连接无中性线调压电路。六个晶闸管反并联接成三相桥，触发电路采用同步六脉冲触发模块，交流电源为幅值 50V、频率 50Hz 的三相对称交流电源，三相对称负载电阻 $R = 1\Omega$。仿真模型如图 6-24 所示，算法选择 ode23tb，模型开始

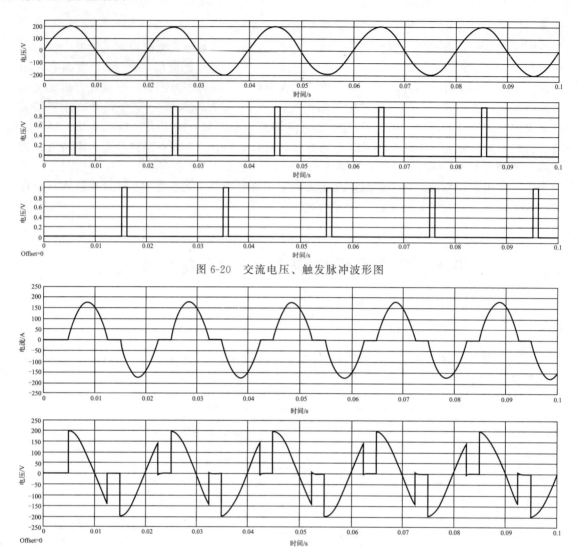

图 6-20　交流电压、触发脉冲波形图

图 6-21　负载电流和电压波形图

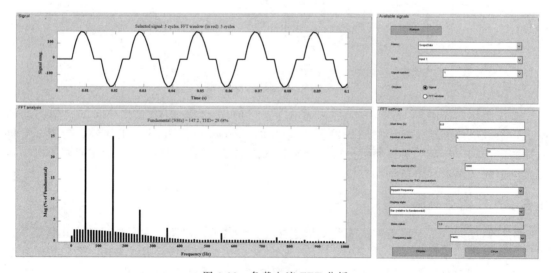

图 6-22　负载电流 FFT 分析

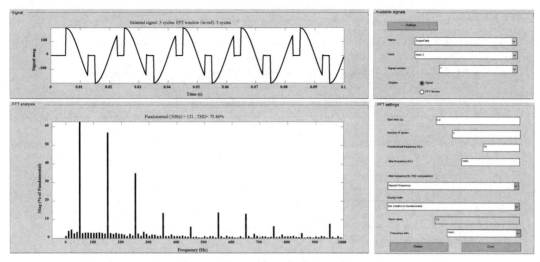

图 6-23　负载电压 FFT 分析

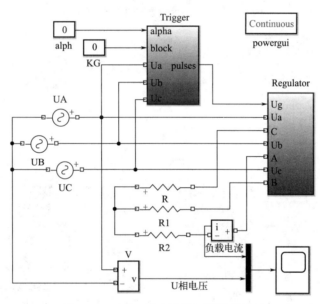

图 6-24　三相三线交流调压器仿真模型

时间设为 0，模型的停止时间设置为 0.08s，误差设为 1e-3。在触发角为 0°（三相交流调压电路触发角的起始角定义在相电压的起始点，相当于理论分析时触发控制角的 30°）时，负载电流和输入 U 相电压的仿真波形如图 6-25 所示。

三相交流调压器带电阻负载电路输出电压的谐波分析结果如图 6-26 所示，图中谐波成分主要是 1、5、7、11 次等，不含直流和偶次谐波分量。随着谐波次数的增加，幅值下降。

6.5.3　晶闸管单相交-交变频电路的建模与仿真

交-交变频基于可逆整流，单相交-交变频器实质上是一套逻辑无环流三相桥式反并联可逆整流装置，装置中的晶闸管靠交流电源自然换流。当触发装置的移相控制信号是直流信号时，变频器的输出电压是直流，用于可逆直流调速；移相控制信号是正弦交流信号，并且要求无环流死区时间小于 1ms 时，变频器的输出电压是交流，实现变频。

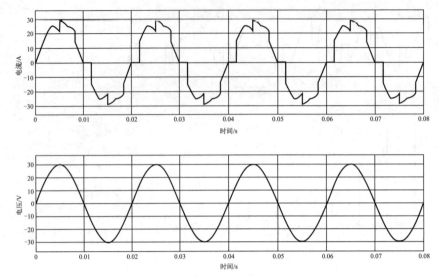

图 6-25　三相三线交流调压器仿真模型

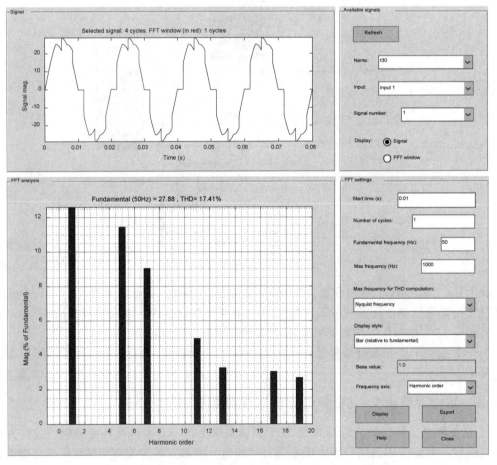

图 6-26　三相三线交流调压器电阻负载时的谐波分析结果

　　单相交-交变频器的基础是逻辑无环流可逆系统，逻辑无环流可逆系统主要的子模块包括：三相交流电源、反并联的晶闸管三相全控整流桥、同步六脉冲触发器、电流控制器 ACR、逻辑切换装置 DLC。其中同步六脉冲触发器、逻辑切换装置 DLC 两个模块需要自己封装，其余模块均可从有关模块库中复制。

　　当逻辑无环流可逆电流子系统带上负载，采用正弦信号作为移相控制信号时，就成为单相交-交变频器。交流电源：工频、幅值 133V。晶闸管整流桥参数：缓冲电阻 $R_s = 500\Omega$、缓冲电容 $C_s = 0.1\mu F$、通态内阻 $R_{on} = 0.0015\Omega$、管压降 0.8V。负载参数：负载电阻 $R = 7\Omega$、负载电感 $L = 0.5mH$。给定信号源由正弦信号源、符号函数、放大器共同组成，以获得正、负给定信号。

　　逻辑切换装置 DLC 子系统、带电流负反馈的逻辑无环流可逆电流子系统的仿真模型分别如图 6-27、图 6-28 所示。经封装后单相交-交变频仿真模型如图 6-29 所示，输出电流和负载电压波形如图 6-30 所示，单相交-交变频器的电流输出实际波形非常接近于参考信号曲线。

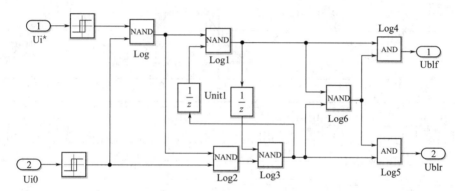

图 6-27　逻辑无环流切换装置 DLC 子系统仿真模型

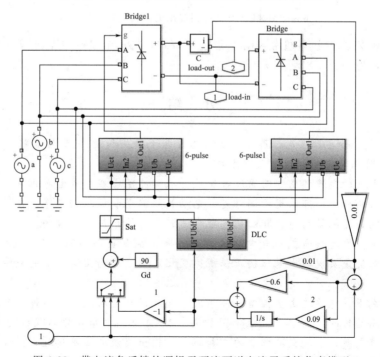

图 6-28　带电流负反馈的逻辑无环流可逆电流子系统仿真模型

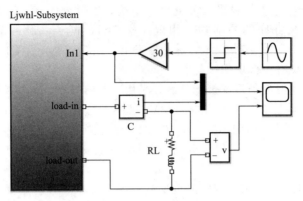

图 6-29　单相交-交变频器仿真模型

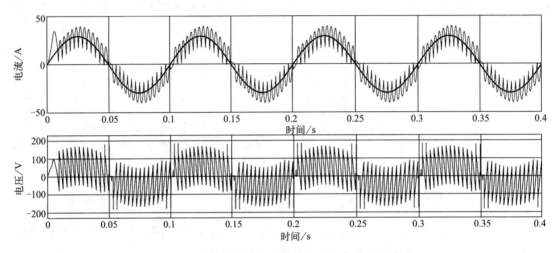

图 6-30　单相交-交变频器输出电流和负载电压波形

　　大容量三相交-交变频器通常采用 Y 形连接方式，将三个单相输出交-交变频器的一个输出端连在一起，另一个输出端 Y 形输出。

小　结

　　本章介绍了交流调压、交流调功、交流电力电子开关和交-交变频电路，交流调压电路和交-交变频电路都有相控和斩控两种方式。

　　在相控方式下，交流调压电路通过控制反并联的晶闸管在交流电源正半周和负半周的导通时刻达到调压的目的，可以用于调灯光、电动机软启动和调压调速等场合。交流调功电路通过控制反并联的晶闸管的通、断的周期数来达到调节输出功率的目的。交流电力电子开关属于无触点开关，仅起接通或断开电路的作用，既不调压也不调功。交-交变频电路通过调节整流电路的触发角实现输出电压按正弦规律变化，通常输出交流电源的频率仅为输入交流电源频率的 1/3 以下。

　　在斩控方式下，电路均由全控型器件构成，交流调压电路通过对器件通断的占空比进行调节，实现调压的目的，谐波少、功率因数高。交-交变频电路由输入交流电源的不同片段组合出输出交流电源，输入交流电源的相数越多，输出交流电源越接近正弦波，输出电源频率不受输入电源频率的影响，理论上可以输出任意频率的交流电，可以实现四象限运行。

晶闸管交流调压、交-交变频的原理和特性是本章的重点，也是变流器应用中进行方案比较和选择的重要依据。

思 考 题

6-1 舞台灯光的调节采用什么电路实现？

6-2 交流电力电子开关是否可以完全代替断路器等开关设备？

6-3 在异步电动机软启动时，电动机空载启动好，还是带载启动好？可否让电压从 0 开始启动？

6-4 相控式交-交变频电路可否用于异步电动机变频调速？斩控式呢？

6-5 试阐述交流-交流变换电路在节能减排中的应用。

习 题

6-1 一台调光台灯由单相交流调压电路供电，设该台灯可看成电阻负载，在 $\alpha = 0°$ 时输出功率为最大值，试求功率为最大输出功率的 70%、40% 时的触发角 α。

6-2 单相交流调压器，电源为工频 220V，阻感串联作为负载，其中 $R = 0.5\Omega$，$L = 2mH$。试求：①触发角 α 的变化范围；②负载电流的最大有效值；③最大输出功率及此时电源侧的功率因数；④当 $\alpha = \pi/2$ 时，晶闸管电流有效值、晶闸管导通角和电源侧功率因数。

6-3 交流调压电路和交流调功电路有什么区别？二者各用于什么样的负载？为什么？

6-4 一个交流调功电路，输入电压 $U_i = 220V$，$R = 5\Omega$。晶闸管导通 20 个周期，关断 40 个周期。试求：①输出电压有效值 U_o；②负载功率 P_o；③输入功率因数。

6-5 斩控式交流调压器与相控式交流调压器相比有何优点？

6-6 交-交变频电路的最高输出频率是多少？制约输出频率提高的因素是什么？

6-7 交-交变频电路的主要特点和不足之处是什么？其主要用途是什么？

6-8 三相交-交变频电路有哪两种接线方式？它们有什么区别？

6-9 造成交-交变频电路输入侧功率因数低的原因有哪些？其最大相位移因数是多少？

6-10 在三相交-交变频电路中，采用梯形波输出控制的好处是什么？为什么？

6-11 试阐述矩阵式变频电路的基本原理和优缺点。为什么说这种电路有较好的发展前景？

6-12 比较交-交变频电路与交-直-交变频电路的性能特点，并说明各自的主要应用场合。

第7章
多重化和多电平

在电解电镀等工业应用中经常需要低压大电流电源，在高压直流输电中电压往往是超高压或特高压，显然单个变流电路或单个功率开关器件难以满足这些高压大功率场合的要求，这种情况下可以采用几个相同结构的变流电路通过串联或并联构成多重化电路。通过对几个变流电路的相位交错控制，可以输出多电平阶梯波形，更接近正弦波，从而有效抑制谐波，提高功率因数。在逆变电路中，可以在基本变流电路的基础上，在桥臂增加开关器件、二极管和电容构建多电平电路，输出接近正弦波的多电平信号。

7.1 多重化技术

7.1.1 整流电路的多重化

在典型相控整流电路中，利用三相半波整流电路可以输出三脉冲的输出电压，利用三相桥式整流电路可产生六脉冲的输出电压，但在大功率应用场合，如高压直流输电、直流电动机驱动等，需要进一步增加脉波数、减小输出电压脉动、提高谐波频率，常常需要两个三相全桥整流器串联或者并联，构建十二脉波电路，如图 7-1 所示。两个整流器通过在输入侧变压器的二次绕组分别为星形连接和三角形连接，自动形成 30°的相移。

图 7-1(a) 给出的电路是将两个三相桥式整流器输出端串联，构成串联多重整流电路，两个整流器中流过相同的负载电流，但等效输出电压加倍。在串联多重电路中，可以通过顺

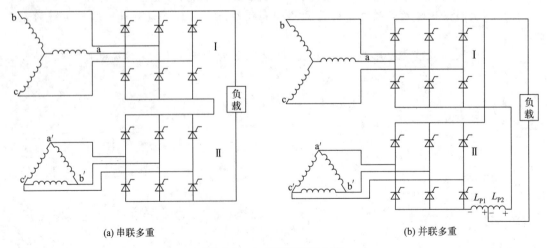

(a) 串联多重   (b) 并联多重

图 7-1 十二脉波整流电路

序控制获得阶梯更多的波形。例如，保持Ⅰ组整流器输出电压为 0，调节Ⅱ组整流器的触发角，可输出 0～1/2U_d，当触发角等于 0 时，输出电压达到直流侧电压的 1/2。此时维持Ⅱ组整流器的触发角为 0，调节Ⅰ组整流器的触发角，可输出 $(1/2～1)U_d$。

图 7-1（b）所示电路是两个三相桥式整流器输出端并联，构成并联多重整流电路，其等效输出电压与单个整流器相同，但每个整流器承担的电流为总负载电流的一半。由于并联多重电路的任意时刻，每个整流器的输出电压常常是不相等的，会在整流器间形成电势差，从而形成组间环流，因此在两个整流器的输出端将两个相等的电感 L_{P1} 和 L_{P2}（平衡电抗器）连接在一起，这样环流在两个电感上产生相同的电压降，可以有效抑制环流，整个系统的输出电压为 $(u_1+u_2)/2$，这样可确保在动态条件下电流分配相等。

在电解电镀等工业应用中，经常需要低电压大电流，例如几十伏、几千至几万安的可调直流电源，可采用带平衡电抗器的双反星形三相半波可控整流电路，两个三相半波可控整流电路变压器二次侧绕组为反极性，两个整流电路的输出也需要通过一个平衡电抗器连接，以确保在动态条件下电流分配相同。

7.1.2　斩波电路的多重化

一般直流变换器采用斩控式的控制方式，导致输出电压的纹波不可避免，虽然在电路中设置了 L 或 C 或者 LC 构成的滤波器，但基于经济和技术上的考虑，滤波参数往往不能有太大的值。直流变换器输入侧和输出侧的电压和电流均是脉动的，且脉动量都与调制频率相关。调制频率越高，纹波值越小，在所要求的负载电流纹波系数一定时，调制频率越高，脉动越小，所需的平波电抗器电感量越小，因此提高调制频率可以有效减小平波电抗器的体积和重量，但调制频率的提高又受到开关器件开关频率的限制，不可能无限制地提高。此外，在大功率的应用场合，往往单个开关器件的容量难以满足负载的要求，而器件的串并联又存在器件的均压和均流等问题，必须采用均压和均流措施，提高了电路的复杂性。因此采用多相多重的方式来提高直流变换器总的工作频率，满足大功率应用需求，是一种比较好的选择方案。

多相多重斩波电路是在电源和负载之间并联接入多个结构相同的基本斩波电路，可使斩波电路的整体性能得到提高。通常所指的"相"是从电源侧看，不同相位的斩波回路数，而"重"是从负载侧看，不同相位的直流变换回路数。假定多相多重斩波电路中开关管控制周期为 T_S，开关频率 $f=1/T_S$，如果在一个 T_S 周期中电源侧电流脉动 n 次，则称之为 n 相变换器；如果在一个 T_S 周期中负载电流脉动 m 次，则称为 m 重变换器。

图 7-2 所示为三相三重降压斩波电路及其波形，图中开关采用 IGBT。该电路相当于由三个降压斩波电路单元并联而成，三个基本单元的触发相位错开一定的角度，总的输出电流为三个单元输出电流之和，其平均值为单元输出电流平均值的 3 倍，脉动频率也为 3 倍。而由于三个单元电流的脉动幅值互相抵消，总的输出电流脉动幅值变得更小。

多重斩波电路还具有备用功能，也可以称之为容错功能，各斩波电路单元可互为备用，当某单元发生故障，其余各单元可以继续进行，使得总体的可靠性提高。

7.1.3　逆变电路的多重化

前面所述三相基本逆变电路都是每周期换相 6 次，又称三相六脉波逆变器，其输出波形为矩形波，含有一系列 $6k±1$ 次谐波。以电流型逆变器而论，所有 $6k±1$ 次谐波电流都会在转子绕组中感应出 $6k$ 倍基波频率的电流，再与基波磁场相互作用，产生频率为 $6kf_1$ 的脉动转矩。其中，5 次和 7 次谐波幅值最大，显然危害最大的就是 $6f_1$ 脉动转矩，对异步电动机的运行极为不利。此外，谐波会产生附加损耗，降低电动机效率，以及产生电磁噪声，

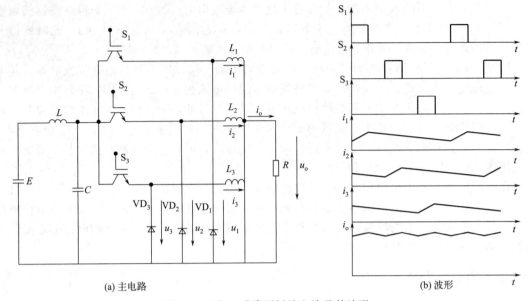

图 7-2　三相三重降压斩波电路及其波形

因此必须设法消除和减少低次谐波，改善逆变器的输出波形。

消除谐波的方法之一是将基本逆变电路输出的矩形波按一定的相位差叠加起来，使其谐波分量相互抵消，这就是逆变器的多重化。

由于电力电子器件的容量是有限的，当电流型逆变器的装置容量达到几百至几千千伏安时，就需要把多个逆变单元并联，构成多重化逆变电路。各逆变单元的运行相位彼此错开 $60°/N$，N 为并联逆变单元数，又称多重数。采用多重连接，不仅可以得到比一个逆变单元大 N 倍的输出容量，同时输出电流波形为接近正弦的多级阶梯波，改善了输出波形。根据逆变单元输出电流叠加的方法多重连接，又分为无输出变压器和有输出变压器两种方式。

图 7-3 给出了两个逆变单元输出侧直接相连的两重电流型逆变电路的主电路和输出电流波形。两个逆变单元 INV1 和 INV2 的输出电流 i_1 和 i_2 均为矩形波，但相位彼此错开 30°，叠加后输出电流 $i=i_1+i_2$，合成两级阶梯波。表 7-1 中列出了基本逆变器及二重化逆变器的谐波分量与基波分量的比值，同时给出了三重逆变器各次谐波分量与基波分量的比值。经过直接输出的二重化及三重连接后，各次谐波分量已被大大削弱了，但却不能完全消除某一次谐波。

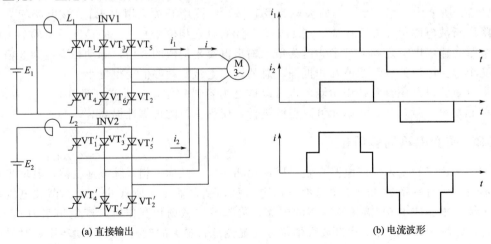

图 7-3　直接输出两重电流型逆变器

表 7-1　直接输出多重电流型逆变器的谐波含量　　　　　　　　　　　　单位:%

谐波次数	基本逆变器(六脉波)	两重逆变器(十二脉波)	三重逆变器(十八脉波)
基波	100	100	100
5 次	20	5.3	4.4
7 次	14.3	3.8	2.6
11 次	9.1	9.1	1.7
13 次	7.7	7.7	1.7
17 次	5.9	1.6	5.9
19 次	5.6	1.5	5.6
23 次	4.4	4.4	1.0
25 次	4.0	4.0	0.7

当两个逆变单元的输出相位彼此错开 30°时，它们的直流侧输入电压不相等，整流器控制回路不能公用，必须用两台独立的整流器分别供给各自的直流电压，而且直流电源所分担的容量也不相等。

经输出变压器耦合的二重化电流型逆变电路的主电路如图 7-4(a) 所示，其输出电流波形如图 7-4(b) 所示。变压器 VT_1 为 Y/Y 连接，VT_2 为 Y/△连接，VT_2 的输出在相位上超前 VT_1 30°，通过控制使得逆变单元 INV2 的输出，在相位上滞后 INV1 30°，这样变压器 VT_1 和 VT_2 输出端的 i_1 和 i_2 可以保持相位相同，由于 VT_2 为 Y/△连接，使得输出电流 i_2 为两级阶梯波，最后合成的电流 i 为三级阶梯波。该三级阶梯波所包含的谐波次数比直接输出时的两级阶梯波包含的减少一半。原来 $6k\pm1$ 次谐波中凡 k 为奇数次的谐波被全部消除，仅含 $12k\pm1$ 次谐波，剩余的最低次谐波为 11 次和 13 次。变压器耦合型多重化电流型逆变电路的谐波如表 7-2 所示。

在变压器耦合的两重逆变器中，由于谐波被削去一半，由这些谐波引起的转矩脉动随之消失，故只留下 12 倍于基波频率的转矩脉动。若为三重逆变器，则只留下 18 倍于基波频率的转矩脉动。经过多重化以后，提高了转矩脉动的频率，从而可以避开一般机械系统的共振频率。

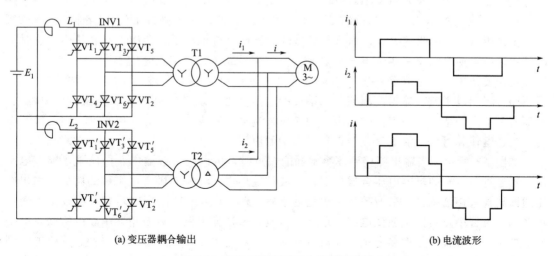

(a) 变压器耦合输出　　　　　　　　　　　　　　　　(b) 电流波形

图 7-4　变压器输出两重电流型逆变器

表 7-2　变压器耦合输出多重电流型逆变器的谐波含量　　　　　　单位：%

谐波次数	基本逆变器（六脉波）	两重逆变器（十二脉波）	三重逆变器（十八脉波）
基波	100	100	100
5 次	20	0	0
7 次	14.3	0	0
11 次	9.1	9.1	0
13 次	7.7	7.7	0
17 次	5.9	0	5.9
19 次	5.6	0	5.6
23 次	4.4	4.4	0
25 次	4.0	4.0	0

　　与电流型逆变器相同，电压型逆变电路也可以采用类似的多重化结构，从而减少谐波，抑制电感性负载的电流尖峰，改善输出电压波形。逆变器的多重连接，不仅可以消除谐波、改善波形，而且扩大了逆变器的输出容量，便于实现大容量化。

7.2　多电平技术

7.2.1　多电平逆变电路

　　典型的三相电压型桥式逆变电路输出的相电压只有 $+U_d/2$ 和 $-U_d/2$ 两种电平，这种电路称为二电平逆变电路，二电平电路的 di/dt 较高，输出电压和电流波形均不太理想。为了有效减小谐波含量，使得电压或电流波形接近正弦波，常采用 SPWM 调制策略，且希望高频开关频率尽可能高。考虑到开关器件的耐压和通流能力，以及开关损耗随着开关频率的增加而递增，在高压大功率应用场合，二电平逆变器不可能工作在很高的开关频率下。以大功率场合常采用的 IGBT 为例，如果需要逆变器承受更高的电压，当然可以在高压场合采用电压等级更高的 IGBT 或采用 IGBT 串联的方式，但单体 IGBT 的电压等级通常为 1200V（近年出现了 1700V 的 IGBT），难以满足高压的要求。另外，由于高频下均压困难，在高压场合很少采用 IGBT 串联的方式，而且半导体开关器件也应该尽量避免串、并联使用。这时可以采用多电平逆变电路来改善电压和电流波形，满足高压大功率场合的要求。

　　不需要使用变压器或器件串联，多电平结构就可以在单个器件功率等级不增加的前提下，通过增加电平数，输出高幅值、低谐波的电压波形，从而提高逆变器的输出功率等级，且随着电平数的增加，逆变器输出电压的谐波含量显著减少，因此，多电平逆变器已经在电力、交通运输和可再生能源等领域得到了大量的应用。

　　如图 7-5 所示，当输出侧接到 5 个不同的端点时，可以向负载输出 9 种电平，即多电平逆变器通过多电平的电容电压合成近似正弦波的输出电压。同时随着电平数的增加，输出电压的谐波含量逐渐减少，谐波畸变率也趋近于 0。常用的多电平逆变电路有发明较早、使用较多的二极管中点钳位型逆变电路，还有飞跨电容型逆变电路，以及单元串联的级联多电平逆变电路。二极管钳位型多电平逆变器可分为三类：基本型，改进型和修正型。飞跨电容型多电平逆变器采用钳位电容代替钳位二极管，输出性能与二极管钳位型相似。级联型多电平

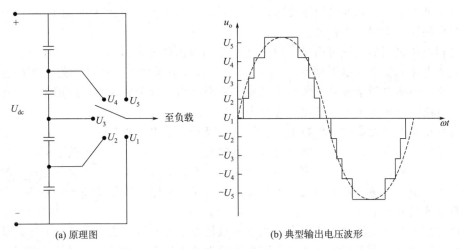

(a) 原理图　　　　　　　　　　(b) 典型输出电压波形

图 7-5　单极性多级逆变器原理

逆变器由多个半桥逆变器构成，输出波形质量比其他两种更好，但是每个半桥逆变器都需要一个独立的直流电源供电。与二极管钳位型和飞跨电容型多电平逆变器不同，级联型多电平逆变器不需要任何钳位二极管或者钳位电容。

7.2.2　二极管钳位型多电平逆变器

图 7-6 是带中点钳位的三相三电平逆变电路主电路原理图，它采用 12 只 IGBT 器件及 6 只钳位二极管。S_{11}、S_{21}、S_{31}、S_{14}、S_{24}、S_{34} 为主管，S_{12}、S_{22}、S_{32}、S_{13}、S_{23}、S_{33} 为辅管，辅管与钳位二极管结合可使输出钳位在 0 电平。

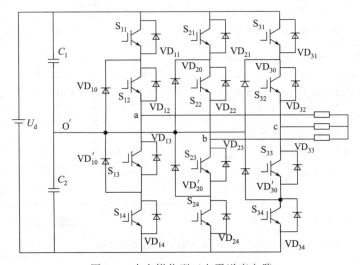

图 7-6　中点钳位型三电平逆变电路

以 a 相为例，当 S_{11} 和 S_{12} 导通，S_{13} 和 S_{14} 关断时，输出电压为 $+U_d/2$，当 S_{13} 和 S_{14} 导通，S_{11} 和 S_{12} 关断时，输出电压为 $-U_d/2$，当 S_{11} 和 S_{14} 关断，S_{12} 和 S_{13} 导通时，输出电压为 0。实际上 S_{12} 和 S_{13} 不可能同时导通，哪个管子导通取决于负载电流的方向。如果 $i_a > 0$，S_{12} 和 VD_{10} 导通；如果 $i_a < 0$，S_{13} 和 VD'_{10} 导通。通过钳位二极管 VD_{10} 或 VD'_{10} 的导通，a 点电位钳位在 O′ 电位上。这种电路虽然在导通状态下，由于电流流经的元件增多而增加了电压降，但不难分析，在截止状态下元件承受电压只有二电平逆变器的一半。这样

一方面可降低对 IGBT 元件的耐压要求，另一方面三电平逆变器由于增加了第三种电压值，可使其输出的波形更接近正弦波。

通过相电压之间的相减可得到二电平逆变器的输出线电压共有 $\pm U_\mathrm{d}$ 和 0 三种电平，而三电平逆变电路的输出线电压则有 $\pm U_\mathrm{d}$、$\pm U_\mathrm{d}/2$ 和 0 五种电平，因此通过适当的控制三电平逆变电路，输出电压谐波可大大少于二电平逆变电路。这个结论不但适用于中点钳位型三电平逆变电路，也适用于其他三电平逆变电路。

二极管钳位型逆变器的主要特点有：钳位二极管承受很高的电压；开关器件额定电流不一致；存在电容均压问题。由于每个电容节点的电压等级不同，因此这些电容提供的电流也不相同。当逆变器并网运行且功率因数为 1 时，直流侧电容的放电时间会不相同，导致电容电压不相等。多电平逆变器中的电压不平衡问题可通过将电容用恒定直流电压源、PWM 电压源或蓄电池代替来解决。

二极管钳位型逆变器主要优点有：当电平数足够多时，输出侧的谐波成分非常低，不需要使用输出滤波器；由于开关管的开关频率为输出基波频率，所以逆变器的效率很高；控制方法简单。二极管钳位型逆变器的主要缺点有：当电平数很高时，钳位二极管的数量庞大；在多变换器系统中，很难对每个变换器的有功功率进行独立控制。

钳位二极管的耐压不一致问题可通过串联恰当数量的二极管来解决，如图 7-7(a) 所示。由于二极管特性可能不完全一致，分担的电压可能也不相等，可采用图 7-7(b) 所示的改进型电路。

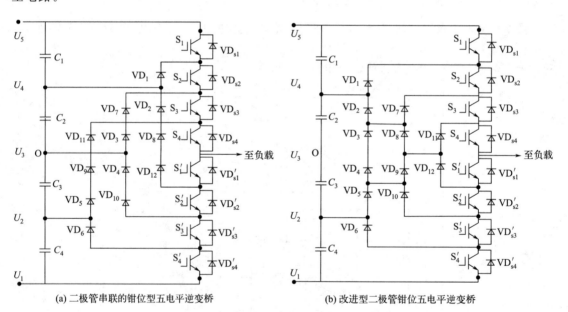

(a) 二极管串联的钳位型五电平逆变桥　　(b) 改进型二极管钳位五电平逆变桥

图 7-7　二极管钳位五电平逆变桥

图 7-7(a) 中，当 S_1、S_2、S_3、S_4 导通时，负载电压为 $U_\mathrm{dc}/2$；当 S_1 关断，S_2、S_3、S_4 导通时，负载电压为 $U_\mathrm{dc}/4$；当 S_1'、S_2'、S_3、S_4 导通时，负载电压为 0；当 S_1'、S_2'、S_3' 导通时，负载电压为 $-U_\mathrm{dc}/4$；当 S_1'、S_2'、S_3'、S_4' 导通时，负载电压为 $-U_\mathrm{dc}/2$，共 5 种电平。

图 7-7(b) 工作原理与图 7-7(a) 相同。由于二极管的连接方式不同，改进型的二极管钳位型逆变器可以分解为多个二电平单元，二极管的耐受电压基本相同。

对于 m 电平逆变器，其通过规则为：任意时刻都有 $m-1$ 个相邻的开关管处于导通状态；对于任意两个相邻的开关管，只有当里层的开关管处于导通状态时，外层的开关管才能导通；只有当外层的开关管处于截止状态时，里层的开关管才能关断。

7.2.3　飞跨电容型多电平逆变器

为了解决中点钳位型多电平变换器中电平数增加、钳位二极管数量激增的问题，飞跨电容型多电平变换器被提出。飞跨电容型三电平变换器的单相电路图，如图 7-8(a) 所示。

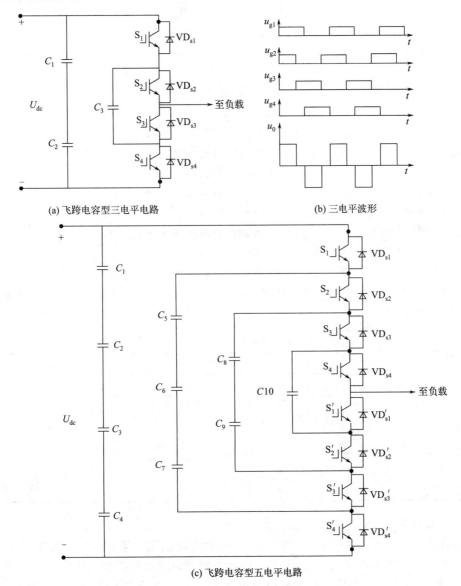

(a) 飞跨电容型三电平电路　　　　　　　　　(b) 三电平波形

(c) 飞跨电容型五电平电路

图 7-8　飞跨电容型多电平电路

与中点钳位型三电平变换器相比，飞跨电容型三电平变换器上下桥臂中点仅通过一个电容连接在一起，不需要使用钳位二极管。飞跨电容型三电平变换器可分为 4 种工作模态。

模态 1：开关管 S_1 和 S_2 导通，S_3 和 S_4 关断时，负载电压为 $U_{dc}/2$。

模态 2：开关管 S_1 和 S_2 关断，S_3 和 S_4 导通时，负载电压为 $-U_{dc}/2$。

模态 3：开关管 S_1 和 S_3 导通，S_2 和 S_4 关断时，负载电压为 0。

模态 4：开关管 S_1 和 S_3 关断，S_2 和 S_4 导通时，负载电压为 0。

因此，负载电压为 $U_{dc}/2$、0、$-U_{dc}/2$ 三种电平，如图 7-8（b）所示。由于电路正常工作时，飞跨电容电压必须保持在 $U_{dc}/2$，因此还需从调制方法上保证飞跨电容的平衡。

图 7-8（c）给出了飞跨电容型五电平变换器的结构，其工作模态如下。

模态 1：开关管 S_1、S_2、S_3、S_4 导通，负载电压为 $U_{dc}/2$。

模态 2：开关管 S_1'、S_2'、S_3'、S_4' 导通时，负载电压为 $-U_{dc}/2$。

模态 3：开关管 S_1、S_2、S_3、S_1' 导通时，负载电压为 $U_{dc}/4$。

模态 4：开关管 S_2、S_3、S_4、S_4' 导通时，负载电压为 $U_{dc}/4$。

模态 5：开关管 S_1、S_3、S_4、S_3' 导通时，负载电压为 $U_{dc}/4$。

模态 6：开关管 S_1、S_2、S_4、S_2' 导通时，负载电压为 $U_{dc}/4$。

模态 7：开关管 S_1、S_2、S_1'、S_2' 导通时，负载电压为 0。

模态 8：开关管 S_3、S_4、S_3'、S_4' 导通时，负载电压为 0。

模态 9：开关管 S_1、S_3、S_1'、S_3' 导通时，负载电压为 0。

模态 10：开关管 S_1、S_4、S_2'、S_3' 导通时，负载电压为 0。

模态 11：开关管 S_2、S_4、S_2'、S_4' 导通时，负载电压为 0。

模态 12：开关管 S_2、S_3、S_1'、S_4' 导通时，负载电压为 0。

模态 13：开关管 S_1、S_1'、S_2'、S_3' 导通时，负载电压为 $-U_{dc}/4$。

模态 14：开关管 S_4、S_2'、S_3'、S_4' 导通时，负载电压为 $-U_{dc}/4$。

模态 15：开关管 S_3、S_1'、S_3'、S_4' 导通时，负载电压为 $-U_{dc}/4$。

模态 16：开关管 S_2、S_1'、S_2'、S_4' 导通时，负载电压为 $-U_{dc}/4$。

可见每个输出电平可能有多种组合方式，但是为了减小开关损耗，每个开关管通常在一个开关周期内仅通断一次。表 7-3 列举了一种飞跨电容型逆变器的开关组合可能性。

表 7-3　飞跨电容型逆变器的一种开关组合可能性

u_o	开关状态							
	S_1	S_2	S_3	S_4	S_1'	S_2'	S_3'	S_4'
$U_{dc}/2$	1	1	1	1	0	0	0	0
$U_{dc}/4$	1	1	1	0	1	0	0	0
0	1	1	0	0	1	1	0	0
$-U_{dc}/4$	1	0	0	0	1	1	1	0
$-U_{dc}/2$	0	0	0	0	1	1	1	1

飞跨电容型逆变器的主要特点如下。

电容数量庞大。假设每个电容的耐压都与开关器件相同，除了直流母线需要 $m-1$ 个主电容外，每个桥臂还需要 $(m-1)(m-2)/2$ 个辅助电容，而二极管钳位型逆变器仅仅需要 $m-1$ 个电容。当 $m=5$ 时，二极管钳位型的电容数 $N_C=4$，而飞跨电容型的电容数 $N_C=4\times3\div2+4=10$。

电容电压平衡问题。与二极管钳位型逆变器不同，飞跨电容型逆变器得到一个输出电平时，开关状态有冗余，开关状态的冗余可以用来独立控制每个电容的电压，即对于同样的输出电平可以通过选取不同的开关状态来选择电容是充电还是放电，从而平衡电容的电压。因此通过恰当的开关状态组合，飞跨电容型逆变器可用于传输有功功率。但是当传输有功功率时，开关状态的组合非常复杂，而且开关频率必须大于基波频率。

飞跨电容型逆变器的主要优点有：在系统掉电时，大量的储能电容可以支撑无功功率；

输出同样的电压电平时，开关状态有冗余，这可以用来平衡电容电压；与多电平二极管钳位型逆变器一样，输出谐波含量低，可以不使用输出滤波器；可以传输有功功率和无功功率。

飞跨电容型逆变器的主要缺点有：电容数量随电平数增加而急剧上升，当电平数较大时，电容数量很多，成本很高；传输有功功率时，逆变器的控制非常复杂，开关频率较高，开关损耗大。

7.2.4　级联 H 桥型多电平变换器

级联 H 桥型多电平变换器由一系列桥式逆变电路单元（简称 H 桥）串联组成。一个具有 2 个单相电压型全桥逆变单元的级联 H 桥型多电平变换器如图 7-9（a）所示。级联 H 桥型多电平变换器的每个逆变单元均有独立的直流电源，故逆变单元的输出端可以直接串联，输出相电压为 N 个逆变单元输出电压之和。通过控制每个逆变单元输出电压的大小和相位，可以使输出相电压接近正弦波。图 7-9（b）为 $N=4$ 时级联 H 桥型多电平变换器的典型输出波形，级联变换器的输出电压波形为一个阶梯波，可以有效减小输出电压谐波。

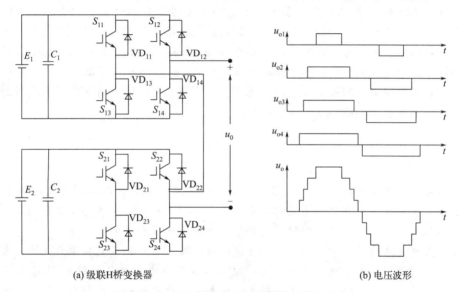

(a) 级联H桥变换器　　　　　　　　　　　(b) 电压波形

图 7-9　级联 H 桥型多电平变换器的单相电路

级联 H 桥型多电平变换器中每一个单相全桥逆变电路的输出电压为三种电平，如果所有全桥逆变单元的输入直流电压相等，那么级联 H 型多电平变换器输出相电压的电平数可以有 $m=2N+1$，N 为每相全桥逆变单元的数量。如果全桥逆变单元的输入直流电压不同，输出相电压的电平数可以更多。

表 7-4　$N=2$ 时级联 H 桥型多电平变换器的输出电压

直流电压	电压值	输出电压	电压值						
U_{dc1}	E	u_{o1}	E	E	0	0	$-E$	0	$-E$
U_{dc2}	E	u_{o2}	E	0	E	0	0	$-E$	$-E$
		u_{aN}	$2E$	E	E	0	$-E$	$-E$	$-2E$
U_{dc1}	$2E$	u_{o1}	$2E$	$2E$	0	0	0	$-2E$	$-2E$
U_{dc2}	E	u_{o2}	E	0	E	0	$-E$	0	$-E$
		u_{aN}	$3E$	$2E$	E	0	$-E$	$-2E$	$-3E$

一个 $N=2$ 的级联 H 桥型多电平变换器输出相电压与全桥逆变单元输出电压的关系如表 7-4 所示。当两个全桥逆变单元的输入直流电压相等时，输出电压有 5 种电平，当两个全桥逆变单元的输入直流电压不相等时，输出电压有 7 种电平，证明了当两个全桥逆变单元的输入直流电压不相等时，输出电压中可以获得更多的电平数。

除了逆变电路单元的输入直流电压可以不同以外，级联 H 桥型多电平变换器还可以采用不同拓扑结构的逆变单元，由此可以得到更多的电平数，进一步减少电压的谐波含量。

级联 H 桥型多电平变换器的主要优点在于其模块化结构，通过级联更多的逆变单元，采用传统的低压开关器件，就能提高变换器的输出电压和功率容量。但是它的主要缺点是每个逆变单元都需要一个独立的向逆变单元供电的直流电源，通常由整流装置、电池、电容器或光伏阵列等提供，如果采用移相隔离变压器供电会导致整个系统成本更高、体积更大。

除了上述三种多电平变换器以外，还可以采用模块化多电平变换器（Modular Multilevel Converter，MMC）。顾名思义，模块化多电平变换器是由多个模块组成。模块化多电平变换器的基本子模块有半桥子模块和全桥子模块。与其他类型的多电平变换器相比，模块化多电平变换器有独特的优点：子模块不需要独立的直流电压源；可以通过增加 MMC 桥臂的子模块数满足输出电压大小和功率容量的要求；MMC 的总谐波含量低，有利于减小无源滤波器的尺寸；子模块电容的存在使直流侧无需高压直流电容。因此 MMC 已成为目前电压源型高压直流输电系统采用的多电平变换器拓扑。

小　结

为了满足高压大功率的要求，本章介绍了整流电路、斩波电路和逆变电路的多重化技术，给出了典型的多重化电路。多重化技术，将多个结构相同的电力电子变换器单元连接在一起，通过控制，在实现扩容的同时，达到了减少谐波含量和纹波的效果。

为了扩大逆变电路的输出功率，使得逆变电路的输出电压波形更接近正弦波，本章介绍了二极管中点钳位型多电平逆变电路、飞跨电容型多电平逆变电路和级联 H 桥型多电平逆变电路。多电平技术通过改变变换器的结构，增加了输出电压的电平数量，使电压波形更加接近正弦波，从而减少了输出电压的谐波含量，甚至可以不需要无源滤波器。

本章的目的是在学习基本变流电路的基础上扩展相关技术内容，以满足实际工程需要，为将来从事相关技术工作打下基础。

思　考　题

7-1　结合异步电动机空间矢量控制，思考如何利用多电平技术产生更多的电压矢量，从而使得异步电动机的磁链更接近圆形。

7-2　进行傅里叶分析，对比基本变流电路和多重化、多电平电路输出电压波形的谐波含有率。

7-3　进行电压、电流和功率分析，思考如何构建更高电压、更大电流、更高功率的电力电子变换电路。

7-4　为什么说多电平逆变电路可以不再需要无源滤波器？

7-5　试从技术发展和社会需求的角度阐述多重化和多电平的意义。

习　题

7-1　多重化的主要目的是什么？

7-2　多相多重直流变换器的优点有哪些？

7-3　多重化逆变器如何实现？

7-4　比较多重化逆变器和级联 H 桥型多电平逆变器有何异同？

7-5　多电平变换器的形式主要有哪些？各自有何特点？

第8章
电力电子变流电路的实际应用

8.1 交-直-交变频调速系统

电动机广泛应用于社会生产和生活中。例如：各种机床都采用电动机驱动，尤其是数控机床，都是由一台或多台不同功率和形式的电动机来拖动和控制；近年来快速发展的电动汽车的驱动装置大多采用交流异步电动机和永磁无刷直流电动机等；一个现代化工厂，可能需要几百台至几万台电动机；我们生活中的电梯、空调、洗衣机等都需要电动机；等等。随着生活水平的提高和技术的发展，对电动机调速性能的要求也越来越高。在电力电子技术广泛使用以前，由于励磁绕组和电枢绕组天然的解耦特性，直流电动机调速占有绝对的地位，但直流电动机的最高速度和容量受到限制。随着电力电子技术和计算机技术的快速发展，以及矢量控制和直接转矩控制等控制策略的出现，交流异步电动机的调速性能已经可以媲美于直流电动机，得到了快速的发展和广泛的应用。

8.1.1 变频器主电路和工作原理

交流电机调速方式有调压调速、变极对数调速、变频调速等，其中变频调速是应用最多的一种方式，也是效率最高的一种方式，往往可以达到节能的效果。例如采用变频调速技术，对风机的容量进行调节，可节约电能 30% 以上，因此，变频调速技术得到了广泛的应用。

变频调速系统中的电力电子变流器（变频器）广泛采用交-直-交变频器。交-直-交变频器由整流和逆变两类基本的变流电路构成，典型电路结构形式如图 8-1 所示。

交流电源首先经三相桥式不可控二极管整流器转换为直流，经并联电容滤波等效为恒压源，然后利用三相电压型逆变电路逆变为任意频率的交流电供给电机。在逆变电路中保持恒

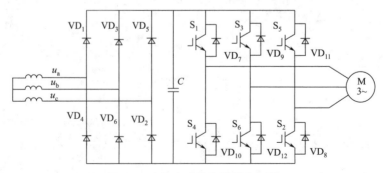

图 8-1　交流电动机变频器主电路

压频比为常数，从而保持恒转矩调速。

在三相逆变桥每个桥臂上均反并联二极管。当电机处于刹车制动或下坡等状态时，电机工作在发电状态，通过反并联的 6 个二极管整流，将制动能量回馈给直流侧。在频繁制动或长下坡时，可能会在直流侧电容中产生过高的泵升电压，从而给整个电路的器件带来危害。为了避免泵升电压对电路的危害，以及充分将刹车制动能量回馈给电源，提高利用率，可以在整流侧增加一组逆变电路，将制动能量通过逆变回馈给电网。也可以将整流侧的不可控整流转换为 PWM 整流，利用 PWM 整流器的逆变工作状态，将刹车制动能量回馈给电网，这种电路可简称为双 PWM 电路，如图 8-2 所示。

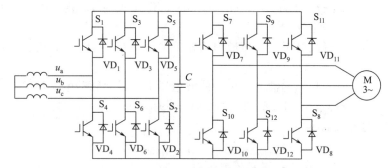

图 8-2　双 PWM 变频器主电路

除了电压型间接交-直-交变流电路以外，还有电流型间接交-直-交变流电路。与电压型间接交-直-交变流电路直流侧并联电容不同的是，电流型间接交-直-交变流电路直流侧串联一个大电感，等效为恒流源。电流型间接交-直-交变流电路的逆变侧可采用晶闸管或 GTO，适用于大容量电机的调速场合。

8.1.2　变频器参数计算

工频市电输入的三相电源的相电压有效值为 220V，频率为 50Hz，异步电机的相电压和额定频率与工频市电相同，额定功率为 2238W，额定电流为 3.4A。整流电路采用三相桥式不可控整流电路，则可以求出直流侧的额定电压为

$$U_\mathrm{d} = 2.34 U_2 = 514.8\mathrm{V}$$

滤波电容的额定电压取 1.1 倍安全裕量，即可得

$$U_C = 1.1 U_{\max} = 1.1 \times 2.45 \times 220 = 593\mathrm{V}$$

异步电动机的额定频率为 2238W，可求得三相逆变桥直流侧电流为

$$I_\mathrm{d} = \frac{P_\mathrm{m}}{U_\mathrm{d}} = \frac{2238}{514.8} = 4.35\mathrm{A}$$

等效的负载电阻为

$$R = \frac{U_\mathrm{d}}{I_\mathrm{d}} = \frac{514.8}{4.35} = 118.3\Omega$$

因此滤波电容的大小为

$$C = \frac{\sqrt{3}}{\omega R} = \frac{\sqrt{3}}{2\pi \times 50 \times 118.3} = 46.6\mu\mathrm{F}$$

功率二极管的额定电压取最大电压的 2～3 倍，即

$$U_\mathrm{VD} = (2 \sim 3) \times \sqrt{6} U_2 = 1078 \sim 1617\mathrm{V}$$

取 1.5~2 倍安全裕量，功率二极管的额定电流为

$$I_{VDN} = (1.5 \sim 2) \times \frac{I_d}{1.57\sqrt{3}} = (1.5 \sim 2) \times \frac{4.35}{1.57\sqrt{3}} = 2.4 \sim 3.2A$$

可以根据上述电压和电流选取具体的电力二极管型号。

直流侧电压为 514.8V，输出相电压的基波为 220V，额定频率为 50Hz，额定功率为 2238W，采用双极性 SPWM 控制，选择开关频率为 $f_s = 10kHz$。

三相逆变器输出 LC 滤波器的截止频率 f_L 一般选为开关频率的 $1/10 \sim 1/5$，这里取 $f_L = 1kHz$。考虑输出功率允许过载 10%，则 $I_o = 2238 \times 1.1/(3 \times 220)A = 3.73A$，$\omega_L = 2\pi f_L = 6280r/s$，$\omega_1 = 2\pi f_1 = 314r/s$，$U_C = 220V$，得到电感 $L = 9.4mH$，进而得到电容 $C = 2.69\mu F$。

三相桥式逆变器各开关管承受电压应力为输入电压的 U_d，取 2~3 倍安全裕量，选择开关管额定电压为 1029.6~1544.4V。

考虑到输入电压有 ±10% 的波动，可得滤波电感上的最大脉动电流为

$$\Delta I_{L\max} = 514.8 \times 1.1/(4 \times 0.0094 \times 10000) = 1.51A$$

流过开关管的最大电流为

$$I_{s\max} = \sqrt{2} I_o + \Delta I_{L\max} = 6.78A$$

考虑 1.5~2 倍安全裕量，选择开关管额定电流为 10.2~13.6A。实际可以选择 1400V/20A 的 IGBT。

8.1.3 交流调速系统主要控制方法

对于笼型异步电动机，常采用恒压频比控制、转差频率控制、矢量控制和直接转矩控制等，这些控制方法各有其优缺点。

恒压频比控制：异步电动机在额定频率以下调速时常采用恒压频比控制，以便维持磁通恒定，属于恒转矩调速。受到电动机绝缘性能的要求，在额定频率以上调速时，电动机的额定电压维持不变，属于恒功率调速。恒压频比控制是比较简单的控制方式，目前仍然被大量采用。该方式常用于转速开环的交流调速系统，适用于生产机器对调速系统的静、动态性能要求不高的场合，比如利用通用变频器对风机泵类进行调速，以达到节能的目的。

转差频率控制：转速闭环转差频率控制的变压变频调速是基于异步电动机稳态模型的转速闭环控制系统。保持气隙磁通不变，在转差率 s 值较小的稳态运行范围内，异步电动机的转矩就近似与转差角频率成正比。因此，在保持气隙磁通不变的前提下，可以通过控制转差角频率来控制转矩，这就是转差频率控制的基本思想。

矢量控制：异步电动机的动态数学模型是一个高阶、非线性、强耦合的多变量系统。矢量控制的基本思想是将定子电流利用 Clark 变换将三相坐标系的参量变换为 $\alpha\beta$ 两相静止坐标系参量，然后再利用 Park 变换将其变换为与转子磁链同步的 mt 两相旋转坐标系参量，实现了转矩分量和励磁分量的解耦，从而可以按与直流电动机相同方法进行控制，然后再利用 Park 逆变换、Clark 逆变换将其变换为三相参量，对三相电压型逆变电路进行控制。

直接转矩控制：矢量控制稳态、动态性能都很好，但控制复杂。为此，提出了直接转矩控制。直接转矩控制方法，同样是基于电动机的动态模型。直接转矩控制的基本思想是根据定子磁链幅值偏差的正负符号和电磁转矩偏差的正负符号，再依据当前定子磁链矢量所在的位置，直接选取合适的电压空间矢量，减小定子磁链幅值的偏差和电磁转矩的偏差，实现电磁转矩与定子磁链的控制。

无论是矢量控制，还是直接转矩控制，最后均需要对三相电压型逆变电路中 6 个开关管

的通、断进行控制。设图 8-1 中逆变侧开关管，上桥臂导通为 1，下桥臂导通为 0，则 6 个开关管的通断可以分为 6 种工作状态 100、110、010、011、001、101，分别命名为 6 个电压矢量，即 $\vec{u}_1$、$\vec{u}_2$、$\vec{u}_3$、$\vec{u}_4$、$\vec{u}_5$、$\vec{u}_6$，还有两个零状态 000、111，命名为 $\vec{u}_0$、$\vec{u}_7$，为零矢量。由于开关管每 60° 换流一次，例如 $\vec{u}_1$ 向 $\vec{u}_2$ 换时，S_3 管比 S_2 管滞后 60°，在极坐标系或直角坐标系中，6 个电压矢量将依次滞后 60°，构成一个正六边形，如图 8-3 所示。在矢量控制中，通过坐标变换、转矩或转速调节器、坐标逆变换，最后转化为对这 8 个电压矢量进行控制，选择合适的电压矢量和导通时间，实现对电动机转速和电流的控制。在直接转矩控制中，根据控制目标要求，得到磁链和转速的正负号，选择合适的电压矢量，以及导通时间，实现调速的目标。

如果采用图 7-6 所示三相三电平电路，同一桥臂两个开关管同时导通为 2，同时关断为 0，上关下通为 1，则可以构造出 27 个电压矢量，如图 8-4 所示。有 3 个零矢量 000、111、222，6 个大矢量 200、220、020、022、002、202，6 个中矢量 210、120、021、012、102、201，12 个小矢量 100、211、110、221、010、121、011、122、001、112、101、212。利用多电平可以构造出更接近正弦波的输入电压信号，达到抑制谐波和转矩脉动的目的。

异步电动机的详细控制策略将在电力拖动自动控制系统课程中讲解。

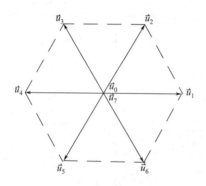
图 8-3　三相二电平空间矢量

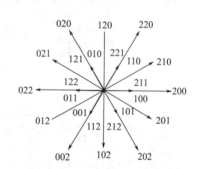
图 8-4　三相三电平空间矢量

8.1.4　感应电机矢量控制仿真

以 MATLAB 自带的空间矢量异步电机仿真实例为例演示电机的调速。模型图如图 8-5 所示，可以从 Simulink 自带案例中找到。输入电机模型 AC2 的参考转速由 Speed reference 模块进行设置，如图 8-6(a) 所示，负载转矩通过 Load torque 进行设置，输入 AC2 的 Tm，如图 8-6(b) 所示。

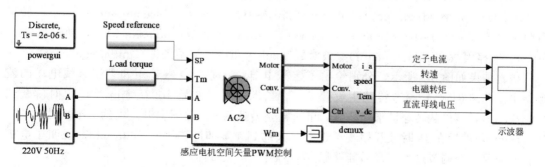
图 8-5　感应电机矢量控制 Simulink 仿真模型

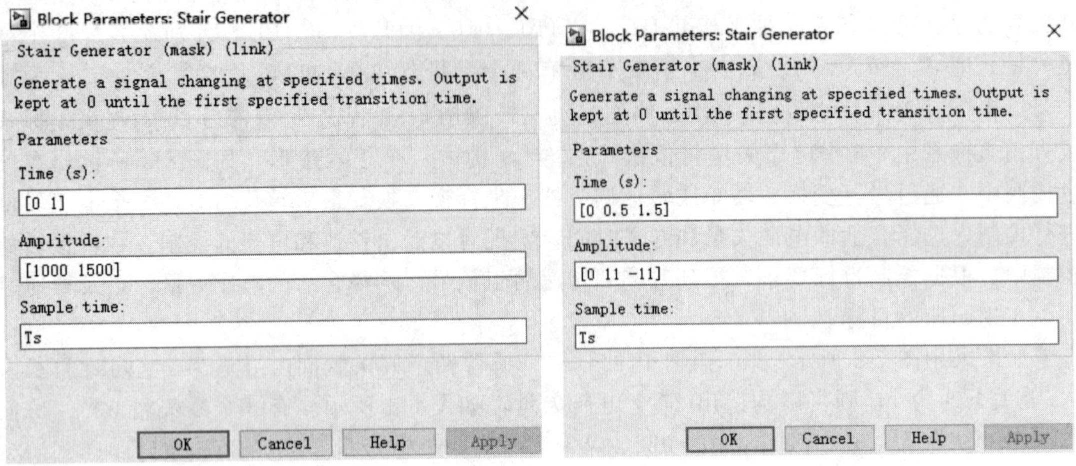

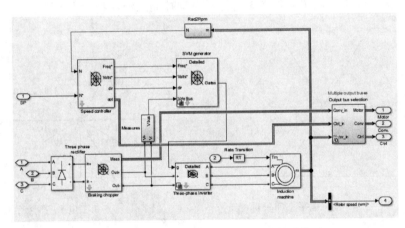

(a) 参考转速   (b) 负载转距

图 8-6 仿真控制条件设置

图 8-7 感应电机空间矢量 SPWM 控制子模型

感应电机空间矢量模型 AC2 的详细内部结构如图 8-7 所示，包含了速度控制器（Speed controller）、空间矢量发生器（SVM generator）、三相桥式整流器（Three phase rectifier）、制动斩波器（Braking chopper）、三相逆变器（Three-phase inverter）和感应电机（Induction machine）。

感应电机参数设置如图 8-8 所示，可以分别设置功率（nominal power）、电压（voltage line to line）、频率（frequency）、定子电阻和电感（stator resistance and inductance）、转子电阻和电感（rotor resistance and inductance）、互感（mutual inductance）、转动惯量（inertia）、摩擦因数（friction factor）、极对数（pole pairs）、初始条件（initial conditions）。

仿真结果如图 8-9 所示，分别给出了定子电流、转速、电磁转矩和直流母线电压的波形，由于在图 8-6(a) 参考转速中设置了一个阶跃信号（初始 1000r/min，在 1s 时阶跃到 1500r/min），可以从转速波形中看到，电机初始转速为 0，逐渐上升，大约 0.55s 时上升到 1000r/min，然后在 1s 时又开始逐渐上升，大约到 1.3s 时上升到 1500r/min，说明了电机的转速需要一个调节过程，最后能够稳定达到给定转速目标。

在图 8-6(b) 中设置了负载转矩信号，在图 8-9 电磁转矩信号中可以明显看到在 1s 时有

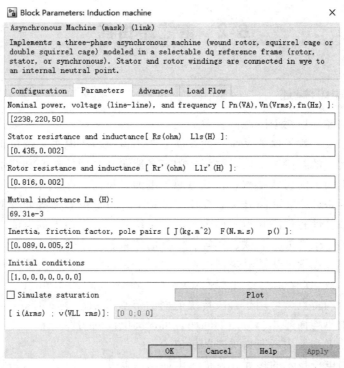

图 8-8　感应电机参数

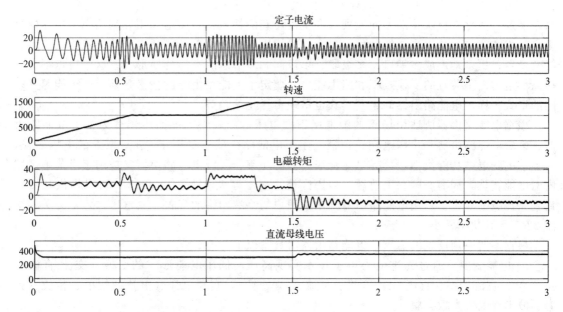

图 8-9　Simulink 仿真计算结果

个转矩的上升，在 1.5s 时转矩有一个明显的下降，在转速上升阶段转矩稍大，在转速稳定运行阶段，转矩稍小，电流波形也反映了这个变换过程。

　　由于在 1.5s 时设置转矩为负值，相当于电机此时工作在刹车制动状态，因此在图 8-9 直流母线电压波形中可以看到直流母线电压有一个阶跃上升，反映了刹车制动能量反馈到直流母线，进行了能量的回收。

8.2 电能路由器

8.2.1 电能路由器概述

随着能源紧缺和环境污染问题的日益突出，大规模新能源发电、高渗透分布式发电、新能源交通工具，以及大规模储能系统等的发展趋势不可逆转。电力系统也正向"源－网－荷－储"协调优化运行的新阶段发展，并将成为未来能源互联网的核心和纽带。众所周知，传统电力系统是自上而下的树状结构，在其电源、电网、负荷、储能等各个环节中，可用于调控的一次装备主要是分段和联络开关、变压器分接头、投切电容器等非智能手段，且具有操作寿命有限、调节精度较低的缺点。而未来电力系统是由自下而上的电能自治单元，通过对等互联形成的，是一个开放、互联、对等、分享的体系。这个体系要求信息和电能的高度融合，要求具备精确、连续、快速、灵活的调控手段。在这种背景催生下，基于电力电子技术的"电能路由器"概念应运而生。电能路由器（Electric Energy Router，EER）具有信息流和电能流高度融合的特点，可用于解决传统电网的节点关系严重不对等、节点自治能力差、各节点自由度严重不均衡等几个方面的问题，可提高电网的韧性、兼容性和经济性，使得电能的生产者、经营者和使用者获得更多的价值。

近年来，电力电子技术的多元化发展为电能路由器发展奠定了技术基础。电力电子装置与系统已经可以满足广泛的应用需求，包括家用电器、不间断电源、工业生产、机车牵引及新型电力系统等各个行业。面向这些应用的电力电子装置正朝着高功率密度、高能量密度、高效能及智能化、模块化的方向发展，并呈现出新的特点：更多地采用硅基功率半导体模块组合技术和宽禁带功率半导体器件；更多地采用由多个变换单元灵活组合的方式构成的多功能变换器；更多地形成多端口、多级联、多流向和多形态的电能变换形式。这些特点都大大提高了电力电子装置的变换效率和路由能力，奠定了电能路由器的技术基础。由于能源互联网的形式多样，电能路由器的组网形式也呈现多样化的趋势。

根据电能路由器所适用场景的配电网不同电压等级，将电能路由器分为主干电能路由器、区域电能路由器和户用电能路由器。主干电能路由器主要用于 10kV 以上的电压转换，与当前的变电站功能类似，可提供兆瓦级以上的功率。区域电能路由器常被用于小范围区域内的电能管理，如商业区、工业区、居民区等，电压等级常为三相 380V，可以提供几百千瓦到兆瓦级的功率。户用电能路由器则用于用户的终端网络的配置，其电压输入常为单相交流 220V，其功率常小于 20kW。

根据不同应用场景的需求，电能路由器需具备以下功能。

① 电能变换　通过先进电力电子技术实现高压、低压电能形式的变换（交流-直流变换、直流-直流变换、直流-交流变换、交流-交流变换），实现电压、电流的幅值、相位、频率、波形等电气参数调整。

② 分布式能源接入　提供即插即用的交/直流端口，具备分布式能源、储能和负荷的接入功能，有利于提高可再生能源消纳率。

③ 电能路由　各端口具备功率双向流动功能，在满足上层控制指令或电能路由器自身能量管理优化结果下进行电能的合理分配和路径选择。

④ 信息交互　具备实时通信与信息共享功能，进行电能路由器端口之间、电能路由器与上层配电网之间的精准控制和能量管理，实现信息流控制能量流，能量流制约信息流。

⑤ 能量管理　根据上级电网调度信息及接口需求信息实现能量管理功能，通过电能路由器各端口协调控制和功率分配，最大限度地接纳新能源发电，合理调控分布式储能设备，实现电能路由器及其系统在并网和离网下安全、可靠、绿色和高效运行。

⑥ 电能质量控制　通过合理设计无源元件和采用先进控制算法，保证电能路由器各端口提供高质量交/直流电能，并根据接入电网的需求提供电能质量治理功能。

⑦ 安全与保护　具备各种复杂工况下安全运行能力，具备内外部故障感知、故障隔离、故障容错和自保护功能，保证任一端口外部故障或异常工况不影响其他端口正常工作，同时还具备与电力系统继电保护配合功能。

由于电能路由器是集电能转换和信息传递于一体的智能化设备，所以对电能路由器功能的基本要求主要包括以下几点。

① 即插即用的接口　电能路由器作为微电网中的一个关键设备，其接入的用电器、储能设备、发电设备等，并非是固定的某种，电能路由器的接口应能识别插入设备的种类以及需求，随时调整接口及电能路由器的工作状态。

② 接口的双向传输　由于在电能路由器构成的微电网中，电能不仅仅是单向流动，而且还是双向流动。所以，电能路由器应具备双向流动的能力，包括直流母线与交流电网之间，直流在各个不同等级之间流动。

③ 通信的实时性能　电能路由器，之所以被叫作电能路由器，是因为其具备电能传输和信息传输的复合功能。在信息传输的过程中，只有保证电能路由器的低延时、高可靠的性能，才能更加实时地切换电能的流向，传输信息，避免不必要的损失。

④ 用户的自助查询　电能路由器主要是供用户使用，对于其便捷性、可视化的功能必不可少，应该让用户一目了然，能掌控自己安装装置的状态。比如，可像查话费一样，通过网络对电能的消耗情况及当前工作状态进行查询。

一种典型的电能路由器及其相关发电和用电端如图 8-10 所示。风力发电通过 AC/DC 变换将电能转换为直流传递给直流母线；光伏发电通过 DC/DC 变换将电能传递给直流母线；蓄电池通过双向 DC/DC 与直流母线相连，当光伏发电和风力发电功率超过用电需求时，直流母线向蓄电池充电，当光伏发电和风力发电功率不满足用电需求时，蓄电池向直流母线放

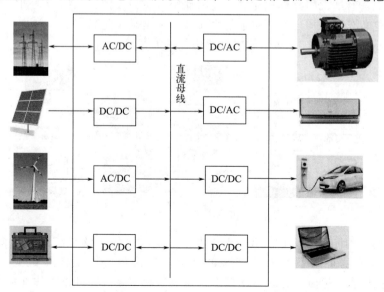

图 8-10　多端口电能路由器结构图

电；通过双向 AC/DC 端口，直流母线与电网相连，当风力发电、光伏发电、蓄电池能量无法满足用电设备要求时，电网通过 AC/DC 补充电能给直流母线，当蓄电池满电、风力发电和光伏发电功率超过用户需求时，直流母线通过 AC/DC 反向给电网送电；用电设备可以是工业设备、家用电器、电动汽车等，根据电压、交直流等要求，分别用 DC/AC、DC/DC 由直流母线供电；当电机类负载处于刹车制动等可以看作发电机状态时，利用双向 DC/AC 端口，将制动能量回馈给直流母线。由此可以清晰地看出电能路由器的作用，它可以实现复合能量系统的功率流管理，实现能量的双向流动，给不同电压性质的负载供电等。

由此可见，一个电能路由器可能是一个复杂的系统结构，有众多的工作模式，也是当前一个非常前沿、应用前景广阔的研究领域。为了阐述电能路由器的基本思想，这里采用一个用户级的太阳能电动车电能路由器为例进行电路设计、原理分析、参数计算和仿真演示。

8.2.2 太阳能电动车电能路由器典型电路

（1）太阳能电动车概述

传统的汽车均为燃油车，会排放大量的污染气体，是造成温室效应和雾霾天气的重要"元凶"之一。为了实现"双碳"目标，我国大力提倡电动车的发展，电动车的销量和使用量快速增长。但现有的电动车仅仅在使用过程中解决了污染排放问题，而充电源头的充电桩大多来源于电网提供的电能，电网提供电能中 70% 左右是火电，因此实际上电动车并没有解决大环境下的污染问题。

全面解决汽车的环境污染问题，可以利用光伏发电建设充电桩，这样从充电源头避免了大面积火电充电所隐含的污染问题。但电动汽车本身也存在一系列难以克服的问题：蓄电池配置与续航里程的矛盾。要延长续航里程，就需要加大蓄电池的配重，大多数电动汽车的蓄电池配重在 300kg 左右，占电动汽车整车重量相当大的比例，由此会使得蓄电池输出的电能很大一部分消耗在自身配重上，效率很低。而要减小配重，就可能减小电动车的续航里程。为了解决这一矛盾问题，可以设想在电动车体表面安装光伏板，一方面可以在静止状态下，利用光伏板随时随地给蓄电池充电，另一方面可以在行驶过程中与蓄电池、超级电容构成复合能源系统，给电机、空调、音响等提供电能，这就是一个电动汽车级的电能路由器。

每年世界上都有纯太阳能汽车比赛，还有研究人员研发的纯太阳能飞机，以及各个景区使用的太阳能电瓶车等，均已经证明了将太阳能引入电动车是可行的。考虑到太阳能电动车能量系统的构成，提出图 8-11 所示的电能路由器的能量管理图。

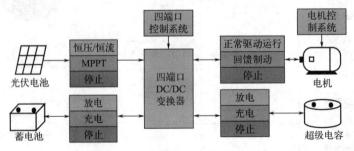

图 8-11　太阳能电动车能量管理图

太阳能电动车的能量来源有三个：光伏电池、蓄电池和超级电容。用电端为驱动电机。考虑到光伏电池本身的特性和系统能源的工况，光伏板可以工作在最大功率跟踪模式（MPPT）、恒压模式、恒流模式和停止模式；蓄电池和超级电容可以工作在放电模式、充电模式和停止模式；电动机可以工作在正常驱动运行模式、回馈制动模式和停止模式。从图

8-11 中可以看出有光伏电池、蓄电池、超级电容和电机四个端口,且蓄电池、超级电容和电机三个端口均为双向端口,由此可以构建合适的四端口变换器,并配置相应的四端口控制系统。这里选用图 8-12 所示的四端口变换器来实现上述功能。

(2) 四端口变换器模型及模态分析

四端口变换器如图 8-12 所示,包含一个 Boost 电路,三个 Sepic/Zeta 电路。图 8-12 所示四端口具有较强的适用性,光伏电池端口到蓄电池端口、光伏电池端口到负载端口均由 Boost 升压电路和 Sepic-Zeta 电路连接,能够在实现光伏电池 MPPT 控制的同时实现蓄电池稳定充电和负载稳压控制,并且由于 Sepic-Zeta 电路的应用,该四端口变换器可以适用不同电压等级的光伏电池,应用范围更广。蓄电池端口、超级电容端口和负载端口之间均是由两组 Sepic-Zeta 电路级联连接,可以调节电压波动,在保证电压恒定的同时实现能量的双向流动,具有适应性高的优点。

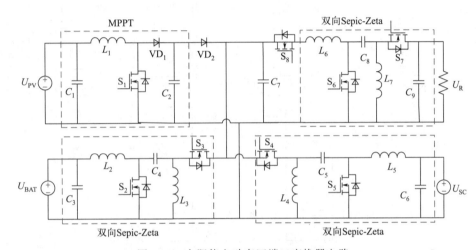

图 8-12 太阳能电动车四端口变换器电路

在光伏电动车供电系统中,四端口变换器有图 8-13 所示的 10 种工作模态,其中 PV 代表光伏电池,BAT 代表蓄电池,SC 代表超级电容,R 代表驱动电机,G 代表发电机。

S-R 模态:当负载功率从 0 启动到正常运行,并且超级电容的荷电状态大于 20% 时,由超级电容单独向负载供电,如图 8-13(a) 所示。

B-R 模态:当负载正常运行,外界光照强度弱到 P_{PV} 小于 $P_{PV\text{-}min}$,并且蓄电池的荷电状态大于 20% 时,光伏电池停止工作,负载消耗能量由蓄电池单独提供,如图 8-13(b) 所示。

BS-R 模态:当负载正常运行,且由蓄电池单独供电时,此时如果负载突然增加,如电车进行爬坡、加速等大功率消耗时,由于功率变大、电流突增,考虑到蓄电池使用寿命等因素,由超级电容提供额外功率,如图 8-13(c) 所示。

PB-R 模态:当 P_{PV} 大于 $P_{PV\text{-}min}$、小于 P_R,蓄电池荷电状态大于 20%,且负载正常运行时,由于负载所需能量不能完全由光伏电池提供,因此蓄电池需要提供 R 和 PV 间的能量差值,如图 8-13(d) 所示。

P-R 模态:当出现 P_{PV} 等于 P_R 的情况和 P_{PV} 大于 P_R 且蓄电池荷电状态大于等于 98% 或充电电流大于 $i_{BAT\text{-}max}$ 的情况时,第一种情况 P_{PV} 等于 P_R,可直接进入如图 8-13(e) 所示的光伏电池单入单出模式,即 P-R 模态;第二种情况由于 P_{PV} 大于 P_R 并且为了防止蓄电池过充或充电电流过大,蓄电池不能存储光伏电池多余能量,光伏电池退出 MPPT 模式,此时 P_{PV} 等于 P_R,进入 P-R 模态。

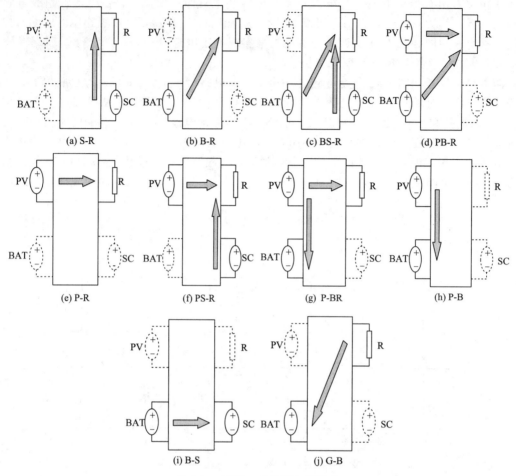

图 8-13　四端口变换器十种模态

PS-R 模态：运行在 P-R 模态时，如果此时负载突然增加，则 P_R 变大，由超级电容提供额外功率，如图 8-13(f) 所示。

P-BR 模态：当外界光照强度强到 P_{PV} 大于 P_R，并且蓄电池荷电状态小于 98% 或蓄电池充电电流小于最大充电电流 $i_{BAT-max}$ 时，光伏电池输出的能量首先满足负载正常工作，然后将剩余电能存储在蓄电池中，如图 8-13(g) 所示，四端口变换器处于 P-BR 模态。

以上 7 种工作模态，无刷直流电机工作在电动机状态，即负载只吸收能量，P_R 恒为正。

P-B 模态：当光伏电动车停止运行时，负载所需能量为 0，此时若满足 P_{PV} 大于 P_{PV-min}，蓄电池荷电状态小于 98% 的条件，光伏电池单独向蓄电池提供能量，如图 8-13(h) 所示，四端口变换器处于 P-B 模态。

B-S 模态：当光伏电动车停止运行时，此时如果蓄电池荷电状态大于 20%，并且超级电容荷电状态小于 20% 时，蓄电池单独向超级电容提供能量，如图 8-13(i) 所示，四端口变换器处于 B-S 模态。

G-B 模态：当光伏电动车驱动电机处于回馈制动时，电机以发电机状态运行，回馈的能量通过四端口变换器存储在蓄电池，如图 8-13(j) 所示，四端口变换器处于 G-B 模态。

四端口变换器可以根据太阳能电动车实际工况，通过控制开关将其分解为不同模态下的 Boost 电路、Sepic-Zeta 电路，这些电路的工作原理在第 5 章中已经讲过。

8.2.3　控制策略

基于以上能量分配原则及光伏电动车工作模式，为使光伏车高效稳定工作，最大限度地利用可再生能源，系统的控制目标可总结为以下几点。

① 负载电压控制　负载两端为额定电压，负载输出稳定。

② 光伏板最大功率输出控制　最大限度使用太阳能，减少光伏阵列数量，减少蓄电池放电次数。

③ 蓄电池充放电控制　正常 SOC（State of Charge，荷电状态）范围内平衡系统功率。

④ 超级电容充放电控制　正常 SOC 范围内平衡系统功率。

⑤ 回馈制动　最大限度回收反馈制动能量。

为实现以上目标，需找到合适的控制策略。这个控制策略要求同时实现四个端口的不同指标的控制，且控制策略不以拓扑的变换而变化，具有普遍的实用性。根据通用光储系统的控制框图，结合光伏车供电系统的特点，得到光伏车供电系统的控制策略框图如图 8-14 所示。

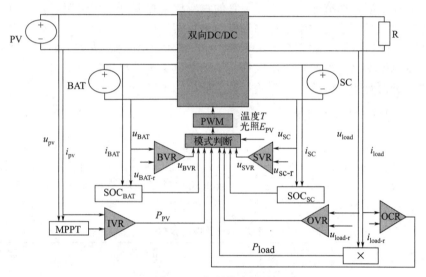

图 8-14　控制策略框图

该控制系统共有以下五个控制器。

① IVR（Input Voltage Regulator）控制器为 PV 端口电压控制器，用于实现光伏 MPPT。

② BVR（Battery Voltage Regulator）控制器为 BAT 端口电压控制器，用于控制 BAT 充电电压。

③ SVR（Super Capacitor Voltage Regulator）控制器为 SC 端口电压控制器，用于控制 SC 充电电压。

④ OVR（Output Voltage Regulator）控制器为 R 端口电压控制器，用于控制 R 端口电压恒定。

⑤ OCR（Output Current Regulator）控制器为 R 端口电流控制器，用于控制 R 端口功率流向。

在光伏电池输入侧，采集光伏电池的输出电压 u_{PV} 及输出电流 i_{PV}，计算其输出功率并将其作为系统判断模式的条件之一。在光伏电动车实际运行中，当光伏车负载停止运行，蓄电池剩余电量大于 90％时，光伏电池停止输入，在启动过程中，开始阶段也难以判断光伏电池所能输出的最大功率。因此在光伏电动车控制策略中，将照度 E_{PV} 和光伏电池温度 T 作为系统模态判断的条件之一，通过 E_{PV}、T 预测光伏电池最大输出功率然后与负载消耗功率比较，进而判断系统的工作模态。等效相同的负载进行光伏电池输出的仿真实验，将得到的实验数据进行曲线拟合，得出光伏电池最大输出功率关于 E_{PV} 和 T 的输出平面。当系统启动时，通过 E_{PV} 和 T 可以判断当前状态下的光伏电池最大输出功率，进而解决光伏电池功率判断问题。

蓄电池端口在放电过程中，由负载功率缺额决定其放电电流大小，同时由 SOC 决定其停止输出阈值。在充电过程中，为防止蓄电池过充，采用电压、电流双闭环方式为蓄电池充电，在恒压充电的过程中控制充电电流的大小，防止充电电流过大对蓄电池造成损伤，并由 SOC 决定其停止充电的阈值。由于锂离子电池的剩余电量与开路电压有近似的线性关系，因此在实际检测过程中，通过检测蓄电池的开路电压来近似得到蓄电池的剩余电量 SOC。

超级电容在放电过程中，同样由负载功率缺额决定其放电电流大小，同时由 SOC 决定其停止输出阈值。充电过程中，如果电容采用大电流或者过压充电，会引起电容发热、内阻增加，缩短使用寿命，因此采用电压、电流双闭环控制方式为超级电容充电，并且通过 SOC 决定其停止充电的阈值。

对于负载输出端，调节输出端口开关管的占空比来控制其电压恒定。在控制系统中，将负载的额定功率与光伏输出功率进行比较进而确定其工作模态，但由于负载大小随光伏车运行状态变化而变化，因此实际的判定很困难。由于光伏电池输出功率不足或者过多会造成相应的负载端口电压变化，因此可以通过判断负载端口电压、电流的突变情况间接地判断负载功率的变化，进而改变相应的工作模态，调节系统功率平衡。

8.2.4 器件选型和参数计算

光伏电动车的四端口变换器负载额定电压为 48V，额定功率为 350W，爬坡运行功率为 450W。锂离子电池和超级电容额定电压为 48V。实验光伏阵列采用三块光伏电池并联，单块光伏电池参数如表 8-1 所示，基于上述参数将四端口变换电路按照最大实验参数设计，得到的变换器设计参数如表 8-2 所示。

表 8-1　光伏电池参数

型号	XKD-200	工作电流	11.1(1±3%)A
功率	200W	功率容差	±5%
开路电压	22.91V	重量	13kg
短路电流	12.3(1±3%)A	尺寸	1640mm×670mm
工作电压	18V		

表 8-2　主电路设计参数

U_{oc}/V	$I_{PV\text{-}max}/A$	U_{BAT}/V	U_{SC}/V	P_R/W	U_R/V	$P_{PV\text{-}max}/W$	开关频率 f/kHz
22.91	33.3	48	48	350~450	48	600	20

在四端口变换电路中，C_1、C_2、C_3、C_6、C_7、C_9 为各端口稳压电容。以光伏电池输入端口稳压电容 C_1 为例，在 MPPT 控制下，光伏电池的电压将稳定在最大功率点电压附近，光伏电池的最大功率点电压要小于其开路电压。按照光伏电池最大开路电压 22.91V 计算，考虑 1.5 倍安全裕度，电压 C_1 耐压值应为 35V，取光伏电池电压脉动值为 3%，即 $\Delta U_{C1}=0.69V$，约为 2V，则电容 C_1 的取值为：

$$C_1 \geqslant \frac{I_{PV-max}}{f\Delta U} = \frac{33.3}{20000 \times 0.69}F = 2413\mu F \tag{8-1}$$

同理可得电容 C_2、C_3、C_6、C_7、C_9 的耐压值分别为 90V、90V、90V、90V、72V，取值分别为 $925\mu\text{F}$、$125\mu\text{F}$、$277.8\mu\text{F}$、$925\mu\text{F}$、$347.2\mu\text{F}$。经过上述计算，电容 C_1 选取 50V 耐压值、$4700\mu\text{F}$ 电容值的直插电解电容；电容 C_2、C_7 选取 90V 耐压值、$1000\mu\text{F}$ 电容值的直插电解电容；电容 C_3、C_6 和 C_9 选取 90V 耐压值、$470\mu\text{F}$ 电容值的直插电解电容。

在四端口变换电路中，电容 C_4、C_5 和 C_8 负责储能。以 C_4 为例，其选择主要看电路输出的有效电流，电容 C_4 必须能够承受和输出功率有关的有效电流，且其电压值必须大于电路的最大输入电压。其电压仍考虑 1.5 倍裕量，则其耐压水平应为 90V。而电容 C_4 的电流取值应为：

$$I_{C_4} = I_{\text{out}} \sqrt{\frac{U_{\text{out}}}{U_{\text{in(min)}}}} = \frac{350}{60} \times \sqrt{\frac{60}{24}}\text{A} = 9.22\text{A} \tag{8-2}$$

式中，I_{out} 为流过 S_3 的电流有效值。

取电容 C_4 的电压纹波峰值为 3%，即 $\Delta U_{C4} = 1.8\text{V}$，约为 2V，则电容 C_4 的取值应为：

$$C_4 \geqslant \frac{I_{\text{out}}}{f \Delta U_{C4}} = \frac{5.83}{20000 \times 2}\text{F} = 145.75\mu\text{F} \tag{8-3}$$

同理可得电容 C_5 和 C_8 的耐压水平为 90V，取值为 $145.75\mu\text{F}$。因此电容 C_4、C_5 和 C_8 选取 90V 耐压值、$220\mu\text{F}$ 直插电解电容。

在四端口电路系统中，电感能够维持电流恒定并且还能储存能量，因此需要选择合适的电感量来抑制电流纹波。流过电感电流的纹波与电感输入电压、功率开关管工作频率和电感量有关，其中电感量的大小决定了电路中电流是否连续。除了考虑电感量，还应注意流过电感的最大电流和开关管的最大工作频率。电感 L_1 为实现光伏电池 MPPT 控制的 Boost 电路升压电感。为了保证电感电流在连续状态下工作，一般情况在保证电感最小输入电压的前提下，使最大电感电流的 40% 大于纹波电流峰值，所以电感 L_1 的最大纹波电流 ΔI_{L1} 为：

$$\Delta I_{L1} = I_{\text{PV-max}} \times 0.4 = 33.3 \times 0.4\text{A} = 13.32\text{A} \tag{8-4}$$

流过电感 L_1 的最大电流为：

$$I_{L1-\text{max}} = I_{\text{PV-max}} + \Delta I_{L1} = 46.62\text{A} \tag{8-5}$$

电感 L_1 的电感量取值为：

$$L_1 \geqslant \frac{U_{\text{in}} D_{S1-\text{max}}}{f \Delta I_{L1}} = \frac{22.91 \times 0.5}{20000 \times 13.32}\mu\text{H} = 43\mu\text{H} \tag{8-6}$$

式中，$D_{S1-\text{max}}$ 为 S_1 最大占空比，其大小为 0.5。

同理可得电感 L_2、L_3、L_4、L_5、L_6 和 L_7 的电感量取值分别为 $375\mu\text{H}$、$375\mu\text{H}$、$515.4\mu\text{H}$、$515.4\mu\text{H}$、$375\mu\text{H}$ 和 $375\mu\text{H}$。经过上述分析可知，电感 L_1、L_2、L_3、L_6 和 L_7 选取电感值为 $470\mu\text{H}$ 的电感，电感 L_4、L_5 选取电感值为 $1000\mu\text{H}$ 的电感。

电力场效应管，即电力 MOSFET，具有多种优点，如工作频率高、驱动简单和开关时间短等，并且漏极电流可以用栅极电压实现控制。但电力 MOSFET 一般用于小功率电路系统，主要因为其耐压水平低，电流容量小。本节设计的光伏电动车供电系统中，负载额定功率为 350W，爬坡功率为 450W，属于电力 MOSFET 应用范围，因此四端口变换电路选用电力 MOSFET 作为开关管。为了保证四端口电路系统的安全性能，可选用 HUAYI 的 HY3210P。其漏源绝缘击穿耐压值为 100V，漏极电流为 120A，并且漏源通态电阻只有 8.5mΩ。

二极管选择时，要考虑二极管所在电路的峰值电流以及最大反向电压等多种因素，因此最终选择 SBT40100VCT 肖特基二极管，其可承受的反向最大电压为 100V，最大电流为 40A。

8.2.5　仿真

四端口变换器仿真参数如表 8-3 所示，总的仿真模型如图 8-15 所示。

表 8-3 四端口变换器仿真参数

参数名称	数值	参数名称	数值
三块最大功率点光伏电池电压 $U_{\text{PV-max}}$	18V	蓄电池额定电压	48V
三块最大功率点光伏电池电流 $I_{\text{PV-max}}$	33.3A	超级电容额定容量	10F
三块最大功率点光伏电池功率 $P_{\text{PV-max}}$	600W	超级电容额定电压	48V
三块光伏电池开路电压 U_{oc}	22.91V	负载电压	48V
三块光伏电池短路电流 I_{SC}	12.3A	负载电流	24A
光照强度	$0\sim1000\text{W/m}^2$	负载等效电阻	6.58Ω
蓄电池额定容量	$24\text{A}\cdot\text{h}$		

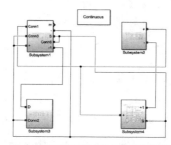

(a) 太阳能四端口路由器总体仿真模型

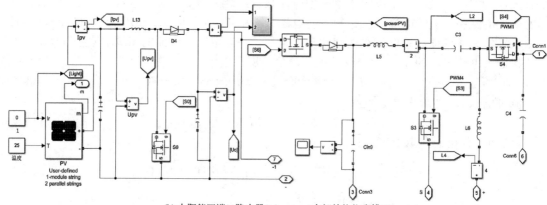

(b) 太阳能四端口路由器Subsystem1内部结构仿真模型

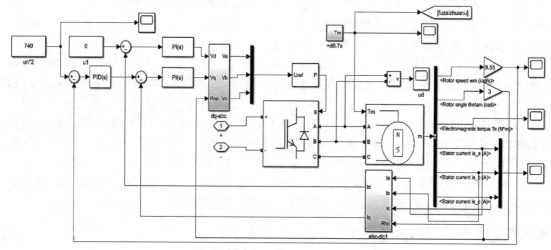

(c) 太阳能四端口路由器Subsystem2内部结构仿真模型

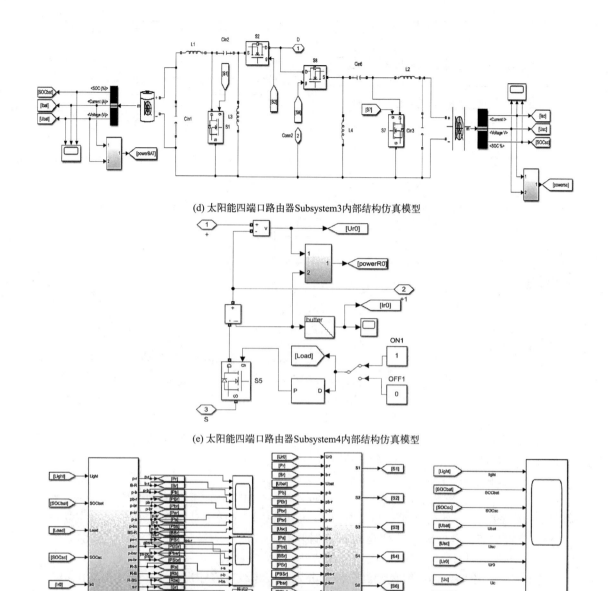

(d) 太阳能四端口路由器Subsystem3内部结构仿真模型

(e) 太阳能四端口路由器Subsystem4内部结构仿真模型

(f) 太阳能四端口路由器控制模块仿真模型

图 8-15　太阳能四端口路由器仿真模型

四端口路由器各工作模态仿真结果如下。

（1）S-R 模态

在 S-R 模态下，光伏电动车运行在启动状态，超级电容荷电状态大于 20%。此时在四端口变换器仿真电路中，光伏电池和蓄电池不工作，负载所需电能由超级电容单独提供。S_5、S_6 按一定比例导通，S_8 常通。图 8-16 为 S-R 模态仿真结果。

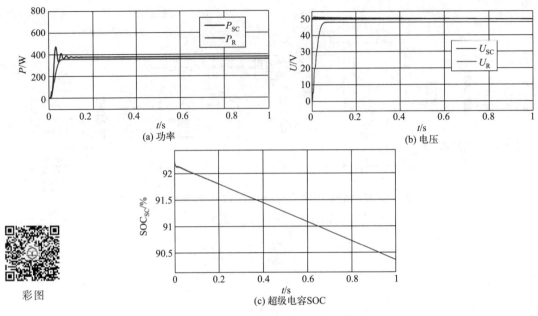

彩图

图 8-16　四端口变换器 S-R 模态仿真图

图 8-16（a）中蓝色波形和红色波形分别代表超级电容输出功率和负载消耗功率，在 0～0.1s 内，由于启动电流波动较大，所以输出功率略微波动，之后稳定在 376W，由于损耗，超级电容输出功率比负载消耗功率高出 26W。图 8-16（b）中蓝色波形和红色波形分别代表超级电容端口电压和负载端口电压（额定电压为 48V），随着功率的输出，超级电容端口电压略微下降。图 8-16（c）为超级电容荷电状态，超级电容初始 SOC 设置为 92.2%，启动阶段输出 1s 后，超级电容 SOC 下降至 90.3%。

（2）B-R 和 BS-R 模态

在 B-R 和 BS-R 模态下，需满足光照强度小于 $150W/m^2$，蓄电池和超级电容荷电状态均大于 20% 的条件。此时在四端口变换器仿真电路中，光伏电池不工作，负载额定功率为 350W，模拟加速、爬坡等大功率运行状态时功率为 450W。S_2、S_5、S_6 按一定比例导通，S_8 常通。图 8-17 为 B-R 和 BS-R 模态仿真结果。

图 8-17（a）中的蓝色、绿色和红色波形分别代表超级电容输出功率、蓄电池输出功率和负载消耗功率，在 0～0.1s 期间，由于启动电流波动较大，所以超级电容输出功率略微波动，0.1s 后稳定在 376W，负载此时消耗功率 350W，蓄电池不提供能量；0.5～1s 期间，四端口切换到 B-R 模式下，此时 P_{SC} 为 0，蓄电池单独为负载提供能量；1～1.5s 期间，四端口切换到 BS-R 模式下，此时 P_R 为 450W，超级电容介入和蓄电池一起为负载提供能量；1.5～2s 期间，P_R 变为额定功率 350W，四端口变换器切回到 B-R 模式，此时超级电容退出，由蓄电池单独为负载提供电能。图 8-17（b）代表负载端口电压，虽然 1～1.5s 期间负载消耗功率变化，但负载端口电压恒为 48V。由图 8-17（c）可知，超级电容初始荷电状态为 92.15%，在 0～0.5s 期间放电，0.5～1s 期间不放电也不充电，1～1.5s 期间继续放电，1.5～2s 期间不放电也不充电，最终荷电状态为 91%。图 8-17（d）代表蓄电池荷电状态，蓄电池初始荷电状态为 90%，在 0～0.5s 期间无变化，0.5～2s 期间保持在放电状态，其中 1～1.5s 期间蓄电池和超级电容一起放电，最终荷电状态为 89.988%。

（3）PB-R 模态

在 PB-R 模态下，P_{PV} 不能满足负载，蓄电池需输出功率来补充光伏电池和负载之间的

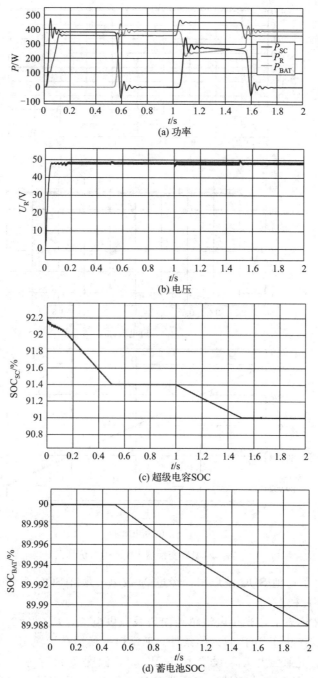

(a) 功率

(b) 电压

(c) 超级电容SOC

(d) 蓄电池SOC

彩图

图 8-17　四端口变换器 B-R 和 BS-R 模态仿真图

功率差，因此蓄电池必须满足放电条件，即 SOC_{BAT} 大于 20%。四端口变换器在该模态下的仿真电路中，设置温度 T 参数为 25℃，光强 E_{PV} 为 400W/m²，蓄电池荷电状态为 90%。负载电压由功率开关管 S_6 控制，S_1 与 S_2 按一定比例导通。图 8-18 为变换器 PB-R 模态仿真图。

在图 8-18(a) 中，红色、绿色和蓝色波形分别代表光伏电池输出功率、蓄电池输出功率和负载消耗功率，光伏电池输出功率为 198W，不能满足负载所需电能，蓄电池输出 181W，使负载满足额定功率 350W。图 8-18(b) 为负载端口电压波形图，其显示负载电压稳定在

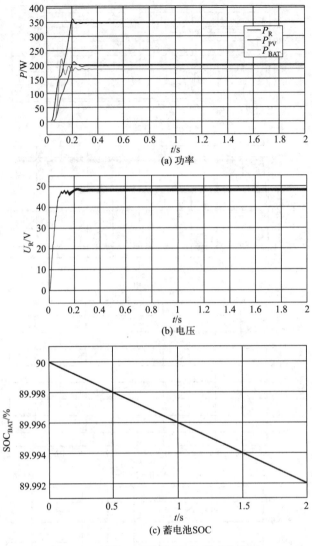

(a) 功率

(b) 电压

(c) 蓄电池SOC

图 8-18　四端口变换器 PB-R 模态仿真图

彩图

48V。图 8-18(c) 为蓄电池 SOC 波形图，经过 2s 放电，最终 SOC 为 89.992%。

（4）P-R 和 PS-R 模态

在 P-R 和 PS-R 模态下，光伏电池单独向负载提供电能，$P_{BAT}=0$，蓄电池需满足充电电流过大或者荷电状态大于等于 98% 的条件。四端口变换器在该模态下的仿真中，蓄电池荷电状态设置为 98%，光照强度 E_{PV} 设置为 650W/m^2，温度 T 设置为 25℃。负载端口电压由功率开关管 S_6 控制。图 8-19 为四端口变换器在 P-R 和 PS-R 模态下的仿真图，图 8-19(a) 中蓝色、红色和绿色波形分别为超级电容输出功率、光伏电池输出功率和负载消耗功率，在 0~0.5s 启动阶段，超级电容单独工作，输出功率为 386W，负载消耗功率为 350W；在 0.5~1s 由光伏电池提供电能，经 MPPT 控制输出功率为 378W；在 1~1.5s 负载功率变大为 450W，此时超级电容和光伏电池共同向负载供电；1.5~2s 负载功率变为额定功率 350W，超级电容退出，继续由光伏电池单独供电。图 8-19(b) 为负载端口电压波形，1~1.5s 负载消耗功率存在变化，负载端口电压仍恒定在 48V。图 8-19(c) 为超级电容荷电状态，由图可知，超级电容在 0.5~1s 处于恒定状态，其他阶段均处于放电状态。

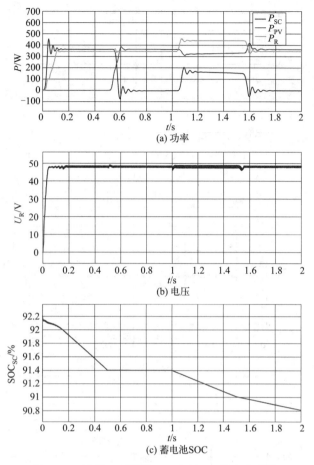

彩图

图 8-19　四端口变换器 P-R 和 PS-R 模态仿真图

（5）P-BR 模态

在 P-BR 模态下，P_{max} 大于负载额定功率，蓄电池这时需要存储光伏电池产生的多余能量，起到平衡功率的作用，其 SOC_{BAT} 应满足小于 98% 的条件。该模态下四端口变换器仿真电路中蓄电池初始荷电状态设置为 60%，光照强度 E_{PV} 设置为 $1000W/m^2$，温度 T 设置为 25℃。负载电压由功率开关管 S_6 控制，蓄电池充电电压由功率开关管 S_3 控制。

图 8-20 为四端口变换器在 P-BR 模态下的仿真图，在图 8-20(a) 中，绿色、红色和蓝色波形分别表示光伏电池端口、蓄电池端口和负载端口功率大小，约 0.2s 后三个端口功率波形趋于稳定，其中 P_{PV} 为 533W，负载消耗的功率为额定功率 350W，蓄电池充电功率为 139W。在图 8-20(b) 中，红色、绿色和蓝色波形分别表示光伏电池端口、蓄电池端口和负载端口电压值，其中蓄电池处于充电状态，充电电压为 56V，负载端口电压为额定电压 48V，光伏端口电压为 18V，即 $U_{PV\text{-}max}$。在图 8-20(c) 中，因为蓄电池一直处于充电状态，SOC_{BAT} 持续增大。通过上述仿真数据分析，在 P-BR 模态下，四端口变换器实现了光伏电池 MPPT、蓄电池恒压充电和负载端口稳压三种控制。

（6）P-B 模态

在 P-B 模态下，负载停止工作，既不消耗能量也不反馈能量，超级电容荷电状态大于 98%，光伏电池单独为蓄电池充电，蓄电池需满足荷电状态小于 98% 的条件。该模态下四端口变换器仿真电路中蓄电池初始 SOC_{BAT} 设置为 60%，光照强度 E_{PV} 在 0～1s 设置为

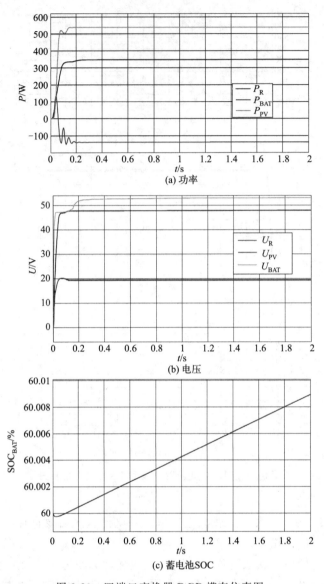

彩图

(a) 功率

(b) 电压

(c) 蓄电池SOC

图 8-20　四端口变换器 P-BR 模态仿真图

$450W/m^2$，$1\sim2s$ 设置为 $650W/m^2$，温度 T 设置为 $25℃$。

　　图 8-21 为四端口变换器在 P-B 模态下的仿真图，图 8-21(a) 中绿色、红色和蓝色波形分别为光伏电池端口输入功率、蓄电池吸收功率和负载功率。$0\sim1s$ 光伏电池经 MPPT 控制输出功率为 $216W$，蓄电池吸收功率为 $197W$；$1\sim2s$ 光伏电池输出功率为 $379W$，蓄电池吸收功率为 $343W$。图 8-21(b) 蓝色波形为蓄电池端口电压，由图 8-20(b) 可知 $1\sim2s$ 随着光伏电池端口输出功率增大，蓄电池充电电压增加。在图 8-21(c) 中，因为蓄电池一直处于充电状态，SOC_{BAT} 持续增加。

　　(7) B-S 模态

　　在 B-S 模态下，负载停止工作，既不消耗能量也不反馈能量，需满足蓄电池荷电状态大于 20%，超级电容荷电状态小于 20% 的条件。该模态下四端口变换器仿真电路中蓄电池初始 SOC_{BAT} 设置为 90%。图 8-22 为四端口变换器在 B-S 模态下的仿真图，图 8-22(a) 中蓝色波形为蓄电池端口输入功率，$P_{BAT}=164W$；红色波形为超级电容吸收功率，$P_{SC}=$

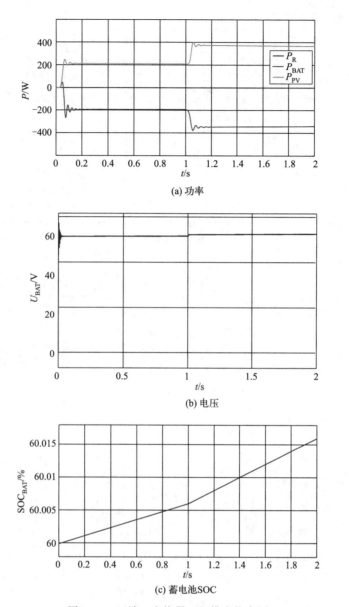

(a) 功率

(b) 电压

彩图

(c) 蓄电池SOC

图 8-21 四端口变换器 P-B 模态仿真图

153W。图 8-22（b）蓝色和红色波形分别为蓄电池端口电压和光伏电池端口电压。图 8-22（c）中的波形为蓄电池荷电状态且呈下降趋势，图 8-22（d）中的波形为超级电容荷电状态且呈上升趋势。

（8）G-B 模态

在 G-B 模态下，光伏电池停止工作，负载端口不再消耗能量，而是由电机制动反馈能量。蓄电池初始荷电状态设置为 50%。蓄电池端口电压由功率开关管 S_3 控制。图 8-23 为四端口变换器在 G-B 模态下的仿真图，图 8-23（a）中蓝色波形代表负载制动反馈功率为 200W，红色波形代表蓄电池吸收功率 183W。图 8-23（b）中红色波形代表蓄电池端口电压为 49V，蓝色波形为负载反馈电压 29V。图 8-23（c）显示蓄电池 SOC_{BAT} 一直增大，蓄电池处于充电状态。由上述仿真数据可得，四端口变换器可以将反馈能量存储在蓄电池中，实现电机反馈能量的利用，提高光伏电动车的能源利用率。

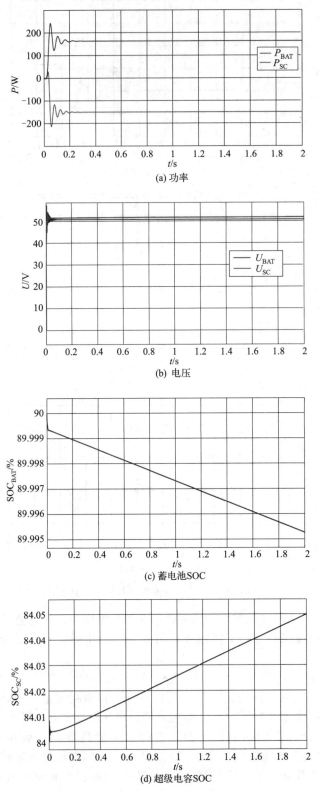

(a) 功率

(b) 电压

(c) 蓄电池SOC

(d) 超级电容SOC

彩图

图 8-22 四端口变换器 B-S 模态仿真图

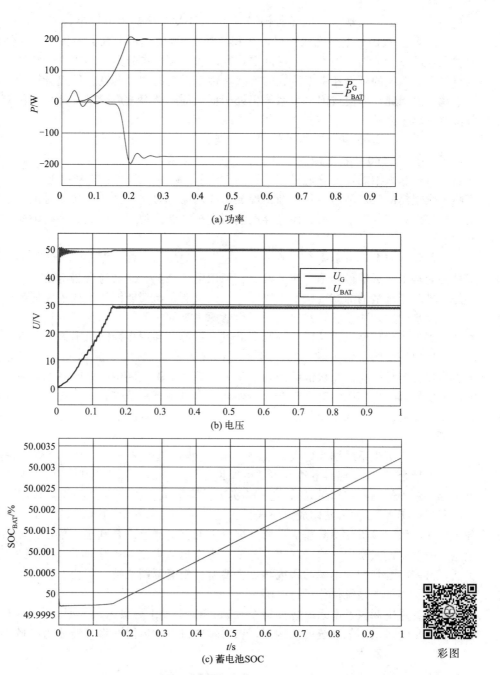

(a) 功率

(b) 电压

(c) 蓄电池SOC

彩图

图 8-23　四端口变换器 G-B 模态仿真图

8.3　其他应用

8.3.1　风电制氢

　　长期以来，以煤、石油、天然气为代表的化石能源始终在世界能源消费系统中占比最大，然而大量化石能源使用带来的气候变化、环境污染、资源短缺等问题愈发严峻，能源变革刻不容缓。在此背景下，世界各国开始重视和大力发展风力发电、光伏发电等新能源发电。2020 年，我国风电、光伏装机占比和渗透率相较 2015 年有了大幅增长。然而我国新能源发电也面临着消纳利用不充分等问题，风能和太阳能本身具有随机性的特征，其大规模并网将给电力系统的可靠性带来巨大的挑战，由于系统的调峰调度难度提升，导致弃风、弃光现象频发。因此，即使我国电力系统仍处于低比例新能源发展阶段，部分地区弃风、弃光现象依然不容忽视。

2020 年，中国确定了了新的目标举措，要使我国二氧化碳排放力争于 2030 年前达到峰值，努力争取 2060 年前实现碳中和，到 2030 年非化石能源占一次能源消费比重达到 25％左右，风电和太阳能发电总装机容量达到 12 亿千瓦以上。这意味着风电、光伏等新能源将面临更大规模的开发利用，并逐渐发展成为我国的电力供应主体，从而对电力系统新能源消纳水平提出更高的要求，因此促进弃电利用、提高能源利用率已经成为我国能源消费结构转型的重中之重。

面对我国弃电现象阻碍新能源发电高速发展的现状，抽水蓄能、飞轮储能、电池储能等多种储能技术在近年得到了快速的发展。利用电解制氢、储氢与燃料电池等技术实现电氢耦合是促进新能源消纳的有效技术手段之一，使氢能参与新能源消纳成为新能源领域的研究热点。近年来，国外陆续启动并建设利用新能源制氢的相关能源示范工程项目。威优特西拉开发并测试了世界首座风力与氢气相结合的供电系统，利用多余的风电制取并存储氢气，保证了岛上用户用电的稳定可靠。2015 年，德国电力公司 RWE 开展项目，利用电解水制氢解决伊本比伦当地风电及光伏消纳问题，将氢气储存于供气网中，同时系统还可实现对当地供电网、供气网与供热网的有机整合。诸如此类弃电制氢示范工程，欧美等国家开展进行的还有许多，如德国勃兰登堡州的风-氢混合发电厂、美国 Xcel 能源公司主导的示范性风-光-氢项目等

同样，我国也不断加快建设新能源制氢示范项目。2014 年，中国节能环保集团牵头开展"风电耦合制/储氢燃料电池发电柔性微网系统开发及示范"项目工程，项目利用电解氢解决弃风消纳问题，并针对风-氢能源转换进行探索。2016 年 9 月，我国首座利用风光互补发电制氢的 70MPa 加氢站建成，正式投入运营后，可为东北地区燃料电池汽车提供加氢服务。同年，张家口市沽源县建成运营全球最大的风电制氢综合利用示范项目，系统包括风力发电、电解水制氢及氢气综合利用三部分，为当地风电消纳及氢能产业发展提供了新策略。目前，氢能参与新能源消纳的研究热点主要有：新能源制氢技术优化，含氢多能源系统规划配置，含氢多能源系统优化运行，等等。

典型的风电制氢发电系统按照运行模式可以分为并网型和离网型，图 8-24 给出了离网型共直流母线风电制氢系统的结构图。风力发电机吸收风能并将其转化为机械能，通过主轴

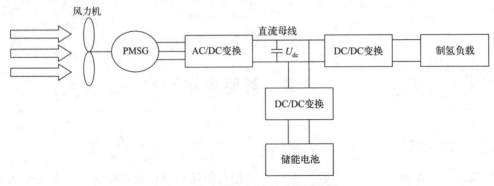

图 8-24　离网风电制氢系统结构图

传递给直驱式永磁同步风力发电机（Permament-Magnet Synchronous Generator，PMSG）发电，再通过 AC/DC 变换器转换为直流电，直流母线同时通过 DC/DC 变换器分别与储能电池和制氢设备相连。

风力发电机、制氢设备和储能电池的协调运行存在多种工作模式。

模态 1：当风力发电机发电量超过制氢设备需求，且储能系统能量欠缺时，风能首先满足制氢的需求，剩余能量向储能电池充电。

模态 2：当风力发电机发电量不满足制氢设备最低要求时，除风能向制氢设备供电外，储能电池放电，也向制氢设备供电。

模态 3：储能电池剩余容量较低，且风能较小时，制氢设备停运，风能全部向储能电池充电。

模态 4：风能完全匹配制氢设备，风能完全由制氢设备消化。

由于风能的随机性，系统将在几种模态之间切换。为了充分地利用风能，同时还要保证尽量少的制氢设备停机时间和停机次数，保证最佳的经济性，针对已有风电场，需要优化配置制氢设备和储能电池。如果制氢设备配置较少，则风能的利用率将降低，如果制氢设备配置过多，则制氢设备将大部分时间处于停机状态，影响制氢设备的寿命，整个系统的经济性变差。储能电池的配置亦如此。因此，准确评估和预测风力发电机的发电功率，并优化配置合理的制氢设备和储能电池是一个重要的研究方向。

8.3.2　不间断电源

不间断电源（Uninterruptible Power Supply，UPS）是当市电电源发生异常或停电时，仍然能够给负载供电，使负载不受影响的装置。UPS 分为直流和交流两种，目前广泛使用的是交流 UPS，在银行、证券交易所的计算机系统、各种医疗设备等场合应用较多。此外，UPS 对于需要计算机长时间运行的研究项目来说也是必备的，当计算机长时间运行复杂程序时，市电电源的中断将影响计算的结果。

根据供电方式，UPS 分为在线式和后备式两种。后备式需要旁路开关在市电和蓄电池之间切换，如图 8-25 所示。在线式没有旁路开关，无论是否断电，市电均通过 AC/DC 变换器、DC/AC 变换器与负载相连，该方式不需要开关切换，可以保证供电的高质量，但损耗较大。

此外，如果使用场合还配备有柴油发电机，则 UPS 的交流侧需要多路开关，在市电和柴油发电机端进行切换，后续与图 8-25 相同。对于容量较小的家用或办公室用 UPS 系统，可以在 AC/DC 变换器端采用二极管整流，然后利用 DC/DC 进行直流变换，与蓄电池电压匹配，以提高交流输入侧功率因数，同时在输出侧采用 PWM 控制，提高控制性

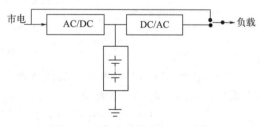

图 8-25　旁路开关的 UPS 系统

能。对于大容量的 UPS 可以采用模块化的结构，提高 UPS 的可靠性和灵活性。整流器和逆变器均由多个单元模块并联构成，可以冗余互为备用，从而提高整个系统的可靠性。模块的数量可以根据具体使用场合的需求配置，可提高系统的可扩展性，降低成本。

8.3.3　高压直流输电

高压直流输电（HVDC）是电力电子技术在电力系统中最早开始应用的领域。在人类社

会电力事业发展的初期，曾经有过是用直流输电还是用交流输电之争。由于三相交流制的建立，以及交流可以方便地由变压器升到很高电压，从而大幅度提高输电距离和输电容量，交流输电很快就赢得了这场竞争。在以后很长一段时间里，直流输电一直被人们所遗忘。但是随着电力系统的发展，对输电距离和输电容量的要求一再提高，电网结构日趋复杂，采用交流输电的设备和线路成本持续增加，其系统稳定和控制中所存在的固有问题也日益突出。因此 20 世纪 50 年代以来，当电力电子技术的发展带来可靠的大功率交-直流转换技术之后，高压直流输电越来越受到人们的关注。HVDC 第一次商业安装出现在 1954 年。虽然最常使用的是交流输电线路，但 HVDC 系统比交流输电系统更具优势。

在 HVDC 系统中传输的电量随着距离的变化保持恒定，而在 HVAC（高压交流输电）系统中，输电能力随线路长度的增加而减小。在考虑经济成本时存在一个临界距离，超过该距离建设新的 HVDC 线路的投资成本低于相应 HVAC 线路的投资成本。虽然线路距离取决于输电线路的额定功率，但架空线路的典型值为 600～800km，海底装置的典型值为 25～50km。此外，与 HVAC 相比，HVDC 的环境要求更低，且对空间要求也较低。

采用电网换向电流源型变流器（CSC）的 HVDC 输电系统，如图 8-26(a) 所示，功率器件采用晶闸管。最早出现的装置中采用该技术，且在大功率开发（通常超过 1000MW）中被视为成熟且完善的技术。电能由发电厂中的交流发电机提供，由变压器将电压升高后送到晶闸管整流器，由晶闸管整流器将高压交流电整流变为高压直流电，经直流输电线路输送到电能的接收端，在收电端电能又经过晶闸管逆变器将直流变为交流，再经变压器降压后配送到各个用户。这里的整流器和逆变器一般都称为换流器，换流器中开关器件由多个晶闸管串联组成，称为晶闸管阀，可以承受高电压。高压直流输电中，较典型的是采用十二脉波换流器。

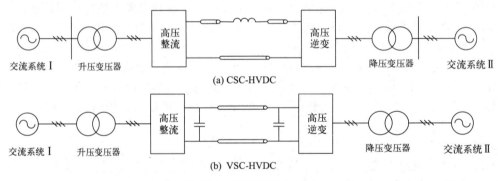

图 8-26　HVDC 输电技术

基于栅控的 HVDC 功率变换器使用栅控功率器件构造，例如 GTO、IGBT 或 IGCT。其中采用强制换向电压源型变流器作为关键技术，如图 8-26(b) 所示。在目前的发展状态下，所采用的 VSC-HVDC 功率范围为 300～500MW。出于这个原因，它主要用于小型孤立的远程负荷和城市中心的馈电，以及远程小型和离岸的发电设备与电网的连接。

HVDC 具有以下优点。

① 适合于点对点的超远距离、超大功率电能输送。

② 可以实现不同频率的交流电网互连。

③ 稳定性好，适合跨海输电。

④ 传输功率的可控性强，控制速度快。

根据输电线路的额定功率范围，可以选择不同的输电技术，此外输电系统的用途和位置确定了 HVDC 系统最合适的配置结构。对于使用 CSC-HVDC 或 VSC-HVDC 技术构建的系统，可以采用不同的有效配置结构。最简单的配置结构是背靠背系统，如图 8-27(a) 所示。这是两个 HVDC 功率变换器位于同一变电站，并且不需要远距离直流连接电缆时的一种选择。当需要远距离输电时，有两种选择，单极和双极配置结构。在单极 HVDC 系统中，功率变换器使用单根导线连接，如图 8-27(b) 所示。极性可以是正的，也可以是负的，返回电流采用接地或小金属导体传输。这种配置结构非常适合海上风电场与陆地的海底能量传输。双极 HVDC 配置结构是大容量输电的首选，它是架空 HVDC 线路中最常见的配置结构方式，它的主要优点是可靠性高。在这种情况下，功率变换器使用两根导线连接，如图 8-27(c) 所示，每一极具有正极性和负极性，因此该系统可被视为两个单极系统的结合，如果一个线路停止运行，另一个线路可以继续独立传输电能。

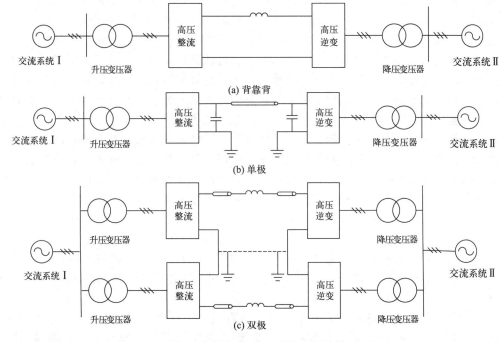

图 8-27 HVDC 输电线路配置结构

高压直流输电系统结构可分为两端直流输电系统和多端直流输电系统两大类，其中两端直流输电系统只有一个整流器和一个逆变器，与交流系统有两个连接端口。而多端直流输电系统与交流系统有三个或三个以上的连接端口，有三个或三个以上的换流器。

8.3.4 开关电源

开关电源是一种高频化电力电子装置，通过开关管的开通和关断来实现电能的变换。开关电源基本结构如图 8-28(a) 所示，通常包含 AC/DC 变换器和隔离型 DC/DC 变换器两部分，先将交流电变换为直流电，然后再调节直流输出。隔离型 DC/DC 变换器是开关电源的核心，基本结构如图 8-28(b) 所示，由高频逆变、高频变压器、高频整流和滤波器组成。高频开关电源具有体积小、重量轻、效率高、输出纹波小等特点，广泛用于各种电子设备、仪器以及家电等领域。

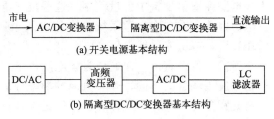

图 8-28 开关电源及隔离型 DC/DC 变换器框图

一个开关电源经常需要同时提供多种电压，这可以采用给高频变压器设计多个二次绕组的方法来实现，每个绕组分别连接至各自的整流和滤波电路，就可以得到不同电压的输出，而且这些不同的输出之间是相互隔离的。值得注意的是仅能从这些输出中选择一路作为输出定向反馈，因此也就只有这一路电压的稳压精度较高，其他路的稳压精度都较低，而且其中一路的负载变化会造成其他路的电压也会跟着变化。

开关电源往往对输出电压的精度有一定的要求，因此常采用反馈控制，可以使开关电压的输出电压与参考电压的相对误差小于 $0.5\% \sim 1\%$，甚至达到更高的精度。

反馈信号为输出电压的控制方式称为电压模式控制。电压模式控制是较早出现的控制方式，其优点是结构简单，但有一个显著的缺点是不能有效地控制电路中的电流，在电路短路或过载时，通常需要利用过电流保护来停止开关工作，以达到保护电路的目的。

针对电压模式控制的缺点，出现了电流模式控制，即在电压反馈环内增加电流反馈环，构成电压、电流双闭环控制。电压控制器的输出信号作为电流环的参考信号，给这一信号设置限幅就可以限制电路中的最大电流，达到短路和过载保护的目的，还可以实现恒流控制。

电流模式控制方式有多种类型，其中最为常见的是峰值电流模式控制和平均电流模式控制。峰值电流模式控制的基本原理是开关的开通由时钟信号控制，时钟信号每隔一定的时间就使触发器置位从而使开关开通，开关开通后，电感电流上升，当电感电流达到电流给定值后，比较器输出信号翻转并复位触发器，使开关关断。峰值电流模式控制较好地解决了系统稳定性和快速性的问题，因此得到了广泛应用。但该控制方法存在一些不足：该方法控制电感电流的峰值，而不是电感电流的平均值，且二者之间的差值随着开关周期中电感电流上升或下降速率的不同而改变，这对很多需要精确控制电感电流平均值的开关电源来说是不允许的；峰值电流模式控制电路中将电感电流直接与电流给定信号相比较，但电感电流中通常还有一些开关过程产生的噪声信号，容易造成比较器的误动作，使电感电流发生不规则的波动。针对这些问题提出了平均电流模式控制，采用 PI 调节器作为电流调节器，并将调节器的输出控制量与锯齿波信号相比较，得到周期固定、占空比变化的 PWM 信号，用于控制开关的通与断。

除了交流输入之外，很多开关电源的输入为直流，来自电池或者另一个开关电源的输出，这种开关电源被称为直流-直流变换器。直流-直流变换器分为隔离型和非隔离型两类，隔离型多采用反激、正激、半桥等隔离型电路，而非隔离型采用 Buck、Boost 等电路。

目前电信网络设备主要采用 48V 直流电源系统供电，少数传输和中继设备采用 24V 直流电源系统供电，数据通信设备采用 380V/220V 交流不间断电源系统供电。24V 直流供电系统、48V 直流供电系统和 380V/220V 交流 UPS 供电系统，称为一次电源，而从一次电源输出端到通信设备的部分，称为二次电源。

直流供电系统的一次电源中，交流电压经过 AC/DC 变换器整流成所需的 24V 或 48V 直流母线电压。在交流供电系统的一次电源中，交流电压先经过 AC/DC 变换器整流，然后经过 DC/AC 变换器逆变为 220V 或 380V 交流母线电压。由于微电子技术的发展，各种专用集成电路在通信设备中大量使用，这些集成电路通常需要 3.3V、5V、12V 等低压直流电源供电。因此，在二次电源系统中直流母线电压 24V/48V 经过 DC/DC 变换器转换成所需的低压直流，或交流母线电压 220V/380V 先经过 AC/DC 变换器整流，再由 DC/DC 变换器转换成所需的低压直流，向通信设备电路供电。

根据应用场合的不同，开关电源的功率等级也有区别。手机等移动电子设备的充电器功率仅有几瓦到几十瓦，台式计算机、笔记本计算机、电视机、空调、电冰箱等的电源功率通常为几十瓦至几千瓦，通信交换机、巨型计算机等大型设备的电源可达数千瓦至数百千瓦。

8.3.5　功率因数校正技术

以开关电源和交-直-交变频器为代表的各种电力电子装置给工业生产和社会生活带来了极大的进步,然而也带来了一些负面的问题。开关电源和交-直-交变频器的输入级采用二极管构成的不可控整流电路,这种电路的优点是结构简单、成本低、可靠性高,但缺点是输入电流不是正弦波。产生这一问题的原因在于二极管整流电路不具有对输入电流的可控性,当电源电压高于电容电压时,二极管导通,电源电压低于电容电压时,二极管不导通,输入电流为 0,这样形成了电源电压峰值附近的电流脉冲。解决这一问题的方法是对电流脉冲的幅度进行抑制,使电流波形尽量接近正弦波。这一技术称为功率因数校正(PFC)技术。根据采用的具体方法不同,可以分为无源功率因数校正和有源功率因数校正(APF)两种。

无源功率因数校正技术通过在二极管整流电路中增加电感、电容等无源器件和二极管元件,对电路中的电流脉冲进行抑制,以降低电流谐波含量,提高功率因数。这种方法的优点是简单、可靠、无需进行控制,而缺点是增加的无源元件一般体积都很大,成本比较高,并且功率因数通常仅能校正至 0.8 左右,而谐波含量仅能降至 50% 左右,难以满足现行谐波标准。

有源功率因数校正技术,采用全控型开关器件构成的开关电路,对输入电路的波形进行控制,使之成为与电源电压同相的正弦波,总谐波含量可以降低至 5% 以下,而功率因数能高达 0.995,彻底解决整流电路的谐波污染和功率因数低的问题,从而满足现行的谐波标准,因此其应用越来越广泛。

根据 APF 接入电网方式的不同,以及是否与 LC 无源滤波器混合使用,APF 大致可以分为并联型、串联型和混合型三类。其中并联型 APF 与负载并联使用,如图 8-29(a) 所示,主要用于补偿可以看作电流源的谐波源,通过向电网注入与负载谐波电流大小相等、相位相

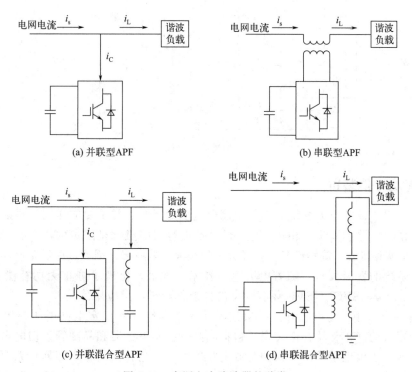

(a) 并联型APF　　　　　　　　　　(b) 串联型APF

(c) 并联混合型APF　　　　　　　　(d) 串联混合型APF

图 8-29　有源电力滤波器的种类

反的补偿电流抵消负载所产生的谐波电流。并联型 APF 是投入运行最多的一种方案，但是由于电源电压直接加在逆变电路上，对于开关器件的电压等级要求较高。串联型 APF 通过变压器串联在电源与负载之间，如图 8-29（b）所示，主要用于补偿可以看作是电压源的谐波源，如二极管不可控整流电路，起到消除电压谐波、平衡和调节负载及电网终端电压的作用，同时还被用于消除负序电压分量。但是串联型 APF 流过了全部负载电流，损耗较大，且投切或发生故障时的退出控制也较并联型 APF 复杂。混合型 APF 是一种将 APF 和 LC 无源滤波器混合使用的一种方式，特别适用于需要补偿大容量谐波源的场合。谐波抑制主要由 LC 无源滤波器完成，而 APF 主要起改善补偿特性的作用，因此极大地降低了成本。两种典型的混合型 APF 结构分别如图 8-29（c）和（d）所示。

一种三相并联型 APF 如图 8-30 所示。图中电力电子装置通常为非线性负载，其输入电流含有基波和谐波电流两部分。为了消除谐波对电网的影响，因此在负载入口处并联了电力有源滤波器。通过检测负载侧电流，经带通滤波器，对基波电流和谐波电流进行分离，取出其谐波电流分量作为指令，经控制和驱动系统对逆变器的 6 个开关管进行控制，使逆变器输出三相补偿电流，且补偿电流与负载电流中的谐波分量大小相等、方向相反，补偿电流与谐波电流分量相互抵消，实现动态跟踪补偿，电力电子装置网侧电流中不再含有高次谐波分量，达到滤波的目的。

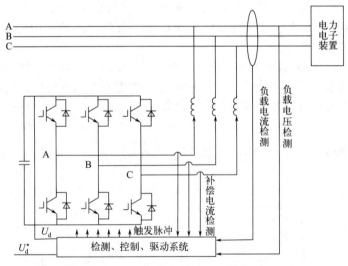

图 8-30　三相负载谐波电流补偿器

8.3.6　无功补偿装置

无功补偿对于稳定电力系统，以及提高供电质量具有非常重要的作用。早期无功补偿装置有无功补偿电容器和同步调相机，但无功补偿电容器的阻抗是固定的，不能实现动态无功补偿，而同步调相机属于旋转设备，损耗大、噪声大、响应慢，因此这些设备已经远远无法满足当下电力系统的发展要求。随着电力电子技术的发展，出现了静止无功补偿装置（Static Var Compensator，SVC），SVC 凭着优良的性能得到了广泛应用。

SVC 是一种采用电力电子开关的快速无功功率补偿或者稳定电网电压装置，通常专指使用晶闸管器件的静止无功补偿装置，包括晶闸管控制电抗器和晶闸管投切电容器两种。随着技术的发展，还出现了采用自换相变流电路的静止无功补偿装置，即静止无功发生器。

晶闸管控制电抗器（Thyristor Controlled Reactor，TCR）由两个反并联的晶闸管与一个电抗器串联组成,如图 8-31 所示。TCR 通过控制晶闸管的触发角 α,调节流过电抗器上电流的大小,从而实现感性无功的连续调节。由于电抗器中所含电阻很小,可以近似为纯电感,而纯电感的功率因数角为 90°,因此 TCR 相当于带纯电感负载的交流调压电路。晶闸管触发角的变化范围为 90°~180°,而当触发角 α 在 0°~90°变化时,电感电流的有效值保持不变。当触发角 $\alpha>90°$ 时,电流波形为间断脉冲波,电感电流的有效值随着触发角 α 的增加而减小。为了防止三次和三的倍数次谐波流入电网,通常将三相 TCR 接成三角形,而其他谐波则通过与 TCR 并联的无源滤波器消除。

晶闸管投切电容器(Thyristor Switched Capacitor,TSC)由两个反并联的晶闸管与一个电容器串联组成,一对反并联晶闸管构成电力电子开关,实现电容器投入电网或者从电网切除,其结构如图 8-32 所示。在实际应用中,为了避免较大容量的电容器组同时投入或者切除时对电网造成的冲击,常常采用分组投切式结构。理论上希望电容器组的级数越多越好,使无功功率连续可调,但考虑到经济性和控制复杂性,电容器组也不宜过多,当 TSC 用于三相电路时,可以采用三角形连接或星形连接。

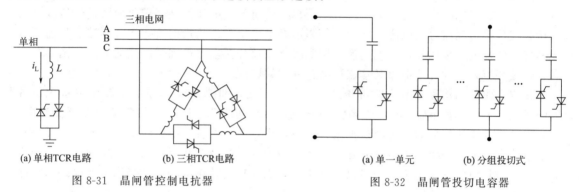

(a) 单相TCR电路 　(b) 三相TCR电路

图 8-31　晶闸管控制电抗器

(a) 单一单元　　(b) 分组投切式

图 8-32　晶闸管投切电容器

TSC 投切电容时刻的选择前提是避免产生电流冲击,因此可选择交流电源电压和电容电压相等的时刻,如图 8-33 所示。此时电源电压变化率为 0,不会产生冲击电流。如果电容投切时刻选择不当,将产生过大的冲击电流,可能损坏晶闸管,或者给电网带来高频振荡等不良影响。

静止无功发生器(Static Var Generator,SVG)又称为静止同步补偿器,是一种利用逆变器发出和吸收无功功率的动态补偿装置。SVG 主电路将直流电压或直流电流转换为交流电,再将交流电通过变压器并入电网,从而实现无功补偿。其中,SVG 主电路根据直流侧储能元件的类型分为电压型和电流型两种,根据桥臂和相数的不同又可以分为二桥臂和三桥臂结构,SVG 主电路的典型结构如图 8-34 所示。值得注意的是除了上述介绍的二电平结构之外,主电路还可采用前面介绍的中点钳位型多

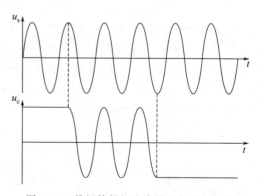

图 8-33　晶闸管投切电容器理想投切时刻

电平变换器、飞跨电容型多电平变换器、级联 H 桥型多电平变换器结构,不仅可以降低所用功率开关器件的电压额定值,而且可以极大程度上改善输出特性,减少输出电压中的谐波含量。

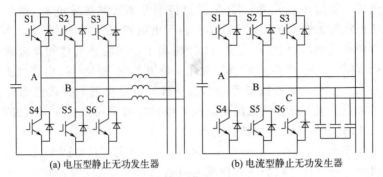

(a) 电压型静止无功发生器　　　　　(b) 电流型静止无功发生器

图 8-34　静止无功发生器

8.3.7　焊接电源

电焊机是用电能产生热量加热金属而实现焊接的电气设备。按照焊接加热原理的不同，分为电弧焊机和电阻焊机两大类型。电弧焊机是通过产生电弧使金属熔化而实现焊接。电阻焊接是使焊接金属通过大电流，利用工件表面接触电阻产生热量而熔化实现焊接。目前，由于其优良的性能，采用间接直流变换结构的各种直流焊接电源得到了广泛的应用，由于存在高频逆变环节，这种焊接电源又常被称为逆变焊接电源。

弧焊电源的结构和基本原理与开关电源基本相同，如图 8-35 所示。工频市电首先经过射频干扰（RFI）滤波器滤波后被整流为直流，再经过 DC/AC 逆变器变换为高频交流电，经高频变压器降压隔离后，再经过整流和滤波，得到平滑的直流电。逆变电路使用的开关器件通常为全控型电力半导体器件，开关频率一般为几千赫兹至几万赫兹，结构为半桥、全桥等形式，弧焊电源的输出电压一般只有几十伏，因此输出整流电路通常采用全波电路以降低电路的损耗。

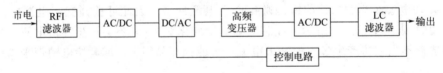

图 8-35　弧焊电源系统图

弧焊电源的输出电压、电流特性依据不同的焊接工艺有不同的要求，焊接电源的控制电路将检测电源的输出电压及电流，调整逆变电路开关器件的工作状态，实现所需的控制特性。这种采用间接直流变换结构的焊接电源与传统的基于电磁元件的电源相比，由于采用了高频的中间交流环节，大大减小了电源的体积、重量，同时提高了电源频率、输入功率因数，输出控制性能也得到了改善。

第 9 章 ▶▶
电力电子实验

实验一　三相桥式半控整流电路实验

一、实验目的

① 熟悉三相触发电路及主回路组件。

② 了解三相桥式半控整流电路的工作原理及输出电压、电流波形。

二、实验内容

① 三相桥式半控整流供电给电阻负载。

② 三相桥式半控整流供电给反电动势负载。

③ 观察平波电抗器的作用。

三、实验线路及原理

在中等容量的整流装置或要求不可逆的电力拖动中，可采用比三相全控桥式整流电路更简单、经济的三相桥式半控整流电路。它由共阴极接法的三相半波可控整流电路与共阳极接法的三相半波不可控整流电路串联而成，因此这种电路兼有可控与不可控两者的特性。共阳极组三个整流二极管总是在自然换相点进行换流，电流换到比阴极电位更低的一相中去，而共阴极组三个晶闸管则要在触发后才能换到比阳极电位高的一相中去。输出整流电压 U_d 的波形是三组整流电压波形之和，改变共阴极组晶闸管的控制角 α，可获得 $0 \sim 2.34U_2$ 的直流可调电压。

实验原理图如图 9-1 所示，具体实验线路接线如图 9-2 所示。

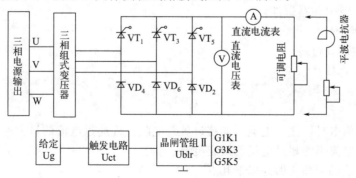

图 9-1　三相桥式半控整流原理图

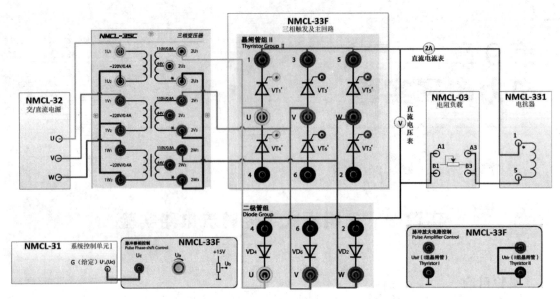

图 9-2　三相桥式半控整流电路实验接线图

其中，三相变压器位于 NMCL-35C 组件上，采用 Y/Y 接法，220V/110V 电压等级。晶闸管采用Ⅱ组晶闸管，脉冲采用数字电路触发，实验时 Ublr 接地。平波电抗器位于 NMCL-331 组件上，可调电阻位于 NMCL-03 组件上，采用两组并联接法。

实验所用同类组件及挂箱如下。

交/直流电源：NMCL-32、MEL-002T、QS-DY05。

变压器：NMCL-35C、DLDZ-35、NMEL-24B。

三相触发电路：NMCL-33F、DLDZ-33。

电阻负载：NMCL-03、NMEL-03/4、DLDZ-03。

系统控制单元Ⅰ：NMCL-31、NMCL-31A、DLDZ-31。

电抗器：NMCL-331、DLDZ-331。

二极管：NMCL-33F、DLDZ-331。

注意：实验过程中示波器要求只用一根地线，防止两根地线接在不同的电位点造成短路。

四、实验设备及仪器

① 教学实验台主控制屏。

② 三相触发及主回路组件。

③ 负载组件。

④ 双踪示波器（自备）。

⑤ 万用表（自备）。

五、注意事项

给电阻负载供电时，注意电流不能超过负载电阻允许通过电流的最大值，给反电动势负载供电时，注意电流不能超过电机的额定电流。

在电机启动前必须预先做好以下几点。

先加上电机的励磁电流，然后才可使整流装置工作。

启动前，必须置控制电压 U_{ct} 于零位，整流装置的输出电压 U_d 最小，合上主电路后，才可逐渐加大控制电压。

主电路的相序不可接错，否则容易烧毁晶闸管。

示波器的两根地线与外壳相连，使用时必须注意两根地线需要等电位，避免造成短路事故。

六、实验方法

（1）未上主电源之前，检查晶闸管的脉冲是否正常

用示波器分别单独观察三相触发及主回路的双脉冲观察孔，应有间隔均匀、幅度相同的双脉冲。

检查相序，用示波器观察"1""2"单脉冲观察孔，"1"脉冲超前"2"脉冲 60°，则相序正确，否则，应调整输入电源。

用示波器观察每只晶闸管的控制极、阴极，应有幅度为 1～2V 的脉冲。

（2）三相半控桥式整流电路电阻负载时的工作特性研究（按图 9-1 接线）

合上主电源，调节负载电阻，使 R_D 大于 200Ω，注意电阻不能过大，应保持 i_d 不小于 100mA，否则晶闸管由于存在维持电流，容易时断时续。

调节 U_c，观察在 30°、60°、90°、120° 等不同移相范围内，整流电路的输出电压 $u_d = f(t)$、输出电流 $i_d = f(t)$ 以及晶闸管端电压 $u_{VT} = f(t)$ 的波形，并加以记录。

读取整流电路的特性 $u_d / u_2 = f(\alpha)$。

（3）（选做）三相半控桥式整流电路反电动势负载时的工作特性研究（原理图如图 9-3 所示，实验线路图如图 9-4 所示）

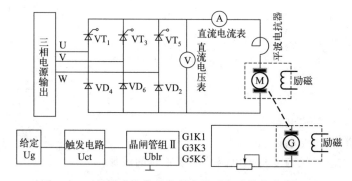

图 9-3　三相桥式半控整流供电给反电动势负载原理图

断开发电机电枢与电阻连线，置电感量较大时，调节系统控制单元 Ⅰ（低压单元）的 U_c，观察在不同移相角时整流电路供电给反电动势负载的输出电压 $u_d = f(t)$、晶闸管端电压 $u_{VT} = f(t)$ 波形，并给出 $\alpha = 60°$、90° 时的相应波形。实验方法同上。

发电机电枢两端接上负载电阻，在相同电感量下，求取整流电路在 $\alpha = 60°$ 与 $\alpha = 90°$ 时供电给反电动势负载时的负载特性 $n = f(I_d)$。从电机空载开始加载（调节电阻），测取 5～7 个点，注意电流最大不能超过 1.5A。

（4）观察平波电抗器的作用

在最大电感量与 $\alpha = 120°$ 条件下，求取反电动势负载特性曲线，注意要读取从电流连续到电流断续临界点的数据，并记录此时的 $u_d = f(t)$、$i_d = f(t)$。

减小电感量，重复（1）的实验内容。

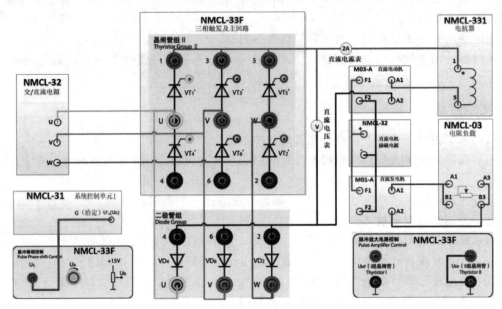

图 9-4 三相桥式半控整流供电给反电动势负载实验接线图

实验二 三相桥式全控整流及有源逆变电路实验

一、实验目的

① 熟悉三相触发及主回路组件。
② 熟悉三相桥式全控整流及有源逆变电路的接线及工作原理。

二、实验内容

① 三相桥式全控整流电路。
② 三相桥式有源逆变电路。
③ 观察整流或逆变状态下模拟电路故障现象时的波形。

三、实验线路及原理

主电路由三相全控变流电路及作为逆变直流电源的三相不可控整流桥组成。触发电路为数字集成电路，可输出经高频调制后的双窄脉冲链。三相桥式整流及有源逆变电路的工作原理可参见第 3 章和第 4 章内容。

三相桥式全控整流及有源逆变原理图如图 9-5 所示，整流实验线路如图 9-6 所示，有源逆变实验线路如图 9-7 所示。变压器采用 NMCL-35C 组件上的三相组式变压器，Y/Y 接法，220V/110V。晶闸管采用 I 组晶闸管，二极管采用 NMCL-33F 组件上的二极管组件。平波电抗器位于 NMCL-331 组件。

整流时断开 A 与 B、C 与 D 的连线，A 与 E 相连（阻性负载）或 A 与 C 相连（阻感负载）。

实验所用同类组件及挂箱如下。

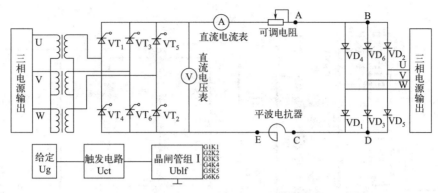

图 9-5　三相桥式全控整理及有源逆变原理图

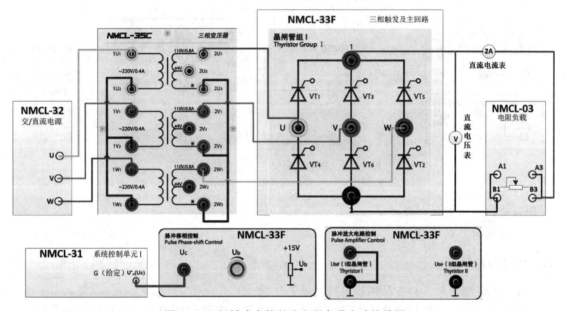

图 9-6　三相桥式全控整流电阻负载实验接线图

交/直流电源：NMCL-32、MEL-002T、QS-DY05。

变压器：NMCL-35C、DLDZ-35、NMEL-24B。

三相触发电路：NMCL-33F、DLDZ-33。

电阻负载：NMCL-03、NMEL-03/4、DLDZ-03。

系统控制单元Ⅰ：NMCL-31、NMCL-31A、DLDZ-31。

电抗器：NMCL-331、DLDZ-331。

二极管：NMCL-33F、DLDZ-331。

注意：实验过程中示波器要求只用一根地线，防止两根地线接在不同的电位点造成短路。

四、实验设备及仪器

① 教学实验台主控制屏。

② 三相触发及主回路组件。

③ 电阻负载组件。

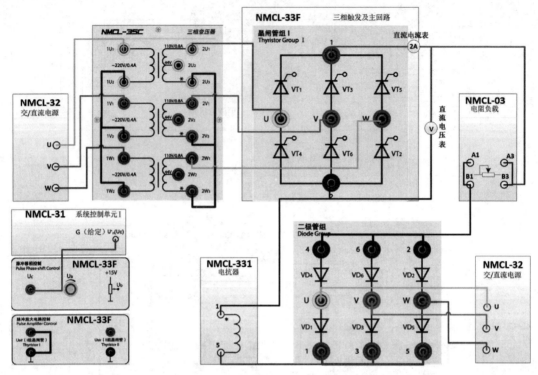

图 9-7　三相桥式有源逆变实验接线图

④ 变压器组件。

⑤ 双踪示波器（自备）。

⑥ 万用表（自备）。

五、实验方法

未上主电源之前，检查晶闸管的脉冲是否正常。

用示波器观察三相触发及主回路的双脉冲观察孔，应有间隔均匀、相互间隔 60°的幅度相同的双脉冲。

检查相序，用示波器观察 "1" "2" 单脉冲观察孔，"1" 脉冲超前 "2" 脉冲 60°，则相序正确，否则，应调整输入电源。

将系统控制单元 I 的给定器输出 U_n^* 接至三相触发及主回路面板的 U_c 端，调节偏移电压 U_b，在 $U_c=0$ 时，使 $\alpha=150°$。

（1）三相桥式全控整流电路特性测试

按图 9-6 接线，并将电阻调至最大。合上交/直流电源控制屏交流主电源。调节 G（给定）U_n^*，使 α 在 30°～90° 范围内，用示波器观察记录 $\alpha=30°$、60°、90° 时，整流电压 $U_d=f(t)$，晶闸管两端电压 $U_{VT}=f(t)$ 的波形，并记录相应的 U_d 和交流输入电压 U_2 数值。

（2）三相桥式有源逆变电路特性测试

按图 9-7 接线，并将电阻调至最大。合上主电源。调节 G（给定）U_n^*，观察 $\alpha=90°$、120°、150° 时，电路中 U_d、U_{VT} 的波形，并记录相应的 U_d、U_2 数值。

六、实验报告

① 画出电路的移相特性 $U_d=f(t)$ 曲线。

② 作出整流电路的输入-输出特性 $U_d/U_2 = f(\alpha)$。

③ 画出三相桥式全控整流电路时，$\alpha = 30°$、$60°$、$90°$ 时的 U_d、U_{VT} 波形。

④ 画出三相桥式有源逆变电路时，$\beta = 30°$、$60°$、$90°$ 时的 U_d、U_{VT} 波形。

⑤ 简单分析模拟故障现象。

实验三　非隔离型斩波电路（设计性）实验

一、实验目的

熟悉六种斩波电路（Buck 变换器、Boost 变换器、Buck-Boost 变换器、Cuk 变换器、Sepic 变换器、Zeta 变换器）的工作原理，掌握这六种斩波电路的工作状态及波形情况。

二、实验内容

① SG3525 芯片的调试。

② 斩波电路的连接。

③ 斩波电路的波形观察及电压测试。

三、实验设备及仪器

① 教学实验台主控制屏。

② 现代电力电子电路和直流脉宽调速组件（NMCL-22 或 NMCL-08B 或 DLDZ-22）。

③ 双踪示波器（自备）。

④ 万用表（自备）。

四、实验线路及原理

（1）降压斩波电路

降压斩波电路（Buck 变换器）的原理图及工作波形如图 9-8 所示。该电路中 VT 为全控型器件（图中为 MOS 管），为在 VT 关断时给负载中电感电流提供通道，设置了续流二极管 VD。根据图 5-4 中的工作波形图中 VT 的栅源电压 U_G 波形所示，在 $t = 0$ 时刻驱动 VT 导通，电源 E 向负载供电，$u_o = E$。负载电流 i_o 按指数上升。当 $t = t_1$ 时，控制 VT 关断，负载电流经二极管 VD 续流，负载电压 u_o 近似为 0，负载电流呈指数曲线下降。若负载中的 L 值较小，负载电流会出现断续情况。

（2）升压斩波电路

升压斩波电路（Boost 变换器）的原理图如图 9-9 所示。该电路也使用了一个全控型器件。当 VT 处于通态时，电源 E 向电感 L_2 充电，充电电流基本恒定为 I_1，同时电容 C_2 上的电压向负载 R_{L3} 供电，因 C_2 值很大，基本保持输出电压 U_o 为恒值。设 VT 处于通态的时间为 t_{on}，此阶段电感 L_2 上积蓄的能量为 $EI_1 t_{on}$。当 VT 处于断态时，E 和 L_2 共同向电容 C_2 充电，并向负载提供能量。设 VT 处于断态的时间为 t_{off}，则在此期间电感 L_2 释放的能量为 $(U_o - E)I_1 t_{off}$。当电路工作于稳态时一个周期 T 内电感 L_2 积蓄的能量与释放的能量相等。

当 $T/t_{off} \geq 1$ 时，输出电压高于电源电压，故称该电路为升压斩波电路。

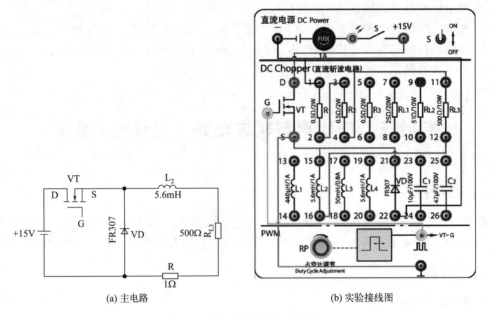

(a) 主电路　　　　　　　　　　　　(b) 实验接线图

图 9-8　降压斩波实验接线图

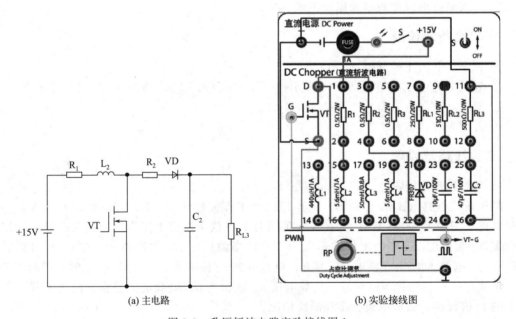

(a) 主电路　　　　　　　　　　　　(b) 实验接线图

图 9-9　升压斩波电路实验接线图 1

Buck-Boost 斩波电路、Cuk 斩波电路、Sepic 斩波电路和 Zeta 斩波电路的电路原理及波形，参考第 5 章内容，实验接线如图 9-10～图 9-14 所示。按照各种斩波器的电路原理图，取用相应的元件，搭成相应的斩波电路即可。

五、实验内容及方法

（1）PWM 波形发生器性能测试

测量输出最大与最小占空比。

用示波器测量 PWM 波形发生器的"VT-G"孔和"地"之间的波形。调节占空比调节

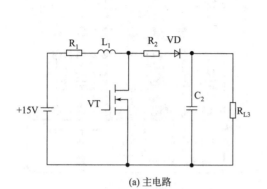

(a) 主电路

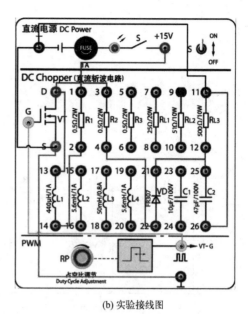

(b) 实验接线图

图 9-10 升压斩波电路实验接线图 2

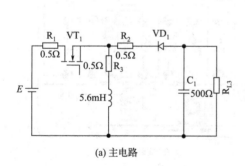

(a) 主电路

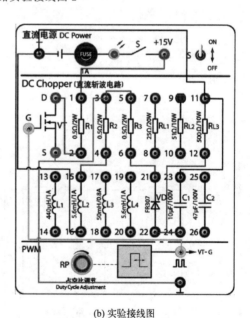

(b) 实验接线图

图 9-11 Buck-Boost 斩波电路实验接线图

旋钮，测量驱动波形的频率以及占空比的调节范围。

（2）降压斩波电路性能测试

① 改变控制脉冲占空比并对工作状态进行分析。

② 连接电路，参考图 9-8。

分别将 PWM 的 "VT-G" 和 "地" 接入 VT 的 "G" "S"，经检查电路无误后，闭合＋15V 电源开关，调节 PWM 波形发生器的电位器 RP，改变占空比 D，观察输出电压 U_o，即负载 R_{L3} 电压的变化，记录电压波形并将数值填入表格。同时观测输出电流波形 I_o，即 R（可以采用两只 0.5Ω 的电阻串联）两端波形。实验完成后须将占空比调节至最小，方便下

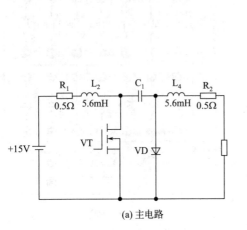
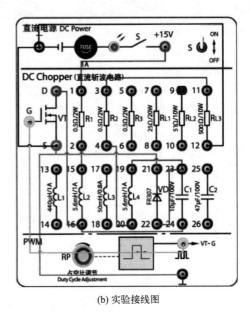

(a) 主电路   (b) 实验接线图

图 9-12   Cuk 斩波电路实验接线图

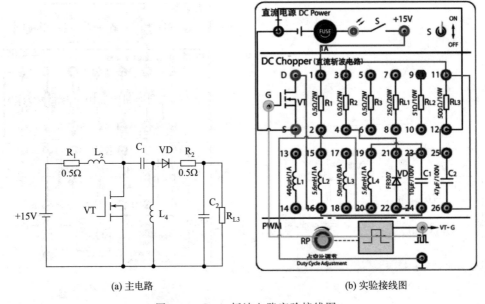

(a) 主电路   (b) 实验接线图

图 9-13   Sepic 斩波电路实验接线图

一个实验。

（3）升压斩波电路性能测试

① 改变控制脉冲占空比并对工作状态进行分析。

② 连接电路，参考图 9-9。

③ 分别将 PWM 的"VT-G"和"地"接入 VT 管的"G""S"，经检查电路无误后，闭合＋15V 电源开关，调节 PWM 波形发生器的电位器 RP，改变占空比 D，观察输出电压 U_o，即负载 R_{L3} 电压的变化，记录电压波形并将数值填入表格。同时观测输出电流波形 I_o 和 R_2 两端电压波形。实验完成后须将占空比调节至最小，方便下一个实验。

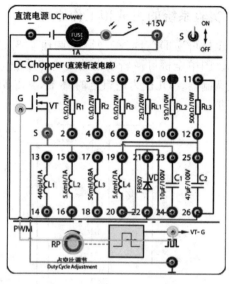

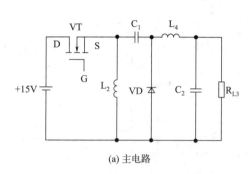

(a) 主电路　　　　　　　　　　　　(b) 实验接线图

图 9-14　Zeta 斩波电路实验接线图

④（选做）观察输入电流（连续与断续）工作状态并进行分析，连接电路，参见图 9-10。

分别将 PWM 的"VT-G"和"地"接入 VT 管的"G""S"，经检查电路无误后，闭合 +15V 电源开关，调节 PWM 波形发生器的电位器 RP，改变占空比 D，观察输出电感电流波形 I_1，即 R_1 两端波形。实验完成后须将占空比调节至最小，方便下一个实验。

实验中要求学生记录 PWM 波形的周期最小和最大占空比，MOS 管 GS 两端的电压波形，不同占空比下输出的电压波形及数值。电路中的 0.5Ω 电阻为电流取样电阻，可用示波器观察其波形来分析电路处于何种工作状态（断续、临界和连续）。

六、思考题

直流斩波电路的工作原理是什么？有哪些结构形式和主要元器件？

为什么在主电路工作时不能用示波器的双踪探头同时对两处波形进行观测？

实验四　全桥可逆斩波电路实验

一、实验目的

① 掌握可逆直流脉宽调速系统主电路的组成、原理及各主要单元部件的工作原理。

② 熟悉直流 PWM 专用集成电路 SG3525 的组成、功能与工作原理。

③ 熟悉 H 型 PWM 变换器的各种控制方式的原理与特点。

二、实验内容

① PWM 控制器 SG3525 性能测试。

② H 型可逆 DC/DC 主电路性能测试。

三、实验系统的组成和工作原理

全桥可逆 DC/DC 变换脉宽调速系统的原理框图如图 9-15 所示，实验接线图如图 9-16 所示。图中全桥可逆斩波电路主电路采用电力 MOSFET 所构成的 H 型结构形式，UPW 为脉宽调制器，DLD 为逻辑延时环节，GS 为 MOS 管的栅极驱动电路，FA 为瞬时动作的过流保护。

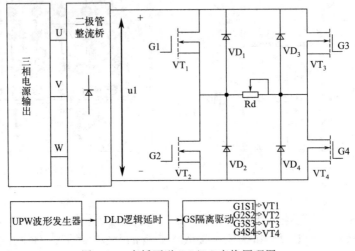

图 9-15　全桥可逆 DC/DC 变换原理图

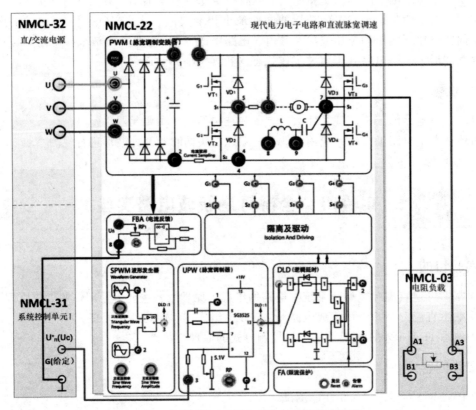

图 9-16　全桥可逆 DC/DC 变换电路实验接线图

全桥可逆 DC/DC 变换脉宽调制器控制器 UPW 采用美国硅通用（Silicon General）公司的第二代产品 SG3525，这是一种性能优良、功能齐全、通用性强的单片集成 PWM 控制器。由于它简单、可靠及使用方便灵活，大大简化了脉宽调制器的设计及调试，故有着广泛使用。

实验同类组件及挂箱如下。

交/直流电源：NMCL-32、QS-DY05、MEL-002T。

系统控制单元 I：NMCL-31、NMCL-31A、DLDZ-31。

现代电力电子电路和直流脉宽调速组件：NMCL-22、DLDZ-10、NMCL-10。

电阻负载：NMCL-03、DLDZ-03、NMEL-03/4。

注意：实验过程中示波器要求只用一根地线，防止两根地线接在不同的电位点造成短路。

四、实验设备及仪器

① 教学实验台主控制屏。

② 系统控制单元 I 组件。

③ 现代电力电子电路和直流脉宽调速组件。

④ 可调电阻负载（或自配滑线变阻器）。

⑤ 双踪示波器（自备）。

五、实验方法

（1）UPW 模块的 SG3525 性能测试

① 用示波器观察 UPW 模块的 "1" 端的电压波形，记录波形的周期、幅度。

② 用示波器观察 "2" 端的电压波形，调节 RP 电位器，使方波的占空比为 50%。

③ 用导线将 G（给定）模块的 "Uc" 和 UPW 模块的 "3" 相连，"地" 与 FBA 模块的 "8" 相连，分别调节正、负给定，记录 "2" 端输出波形的最大占空比和最小占空比。

（2）控制电路的测试

① 逻辑延时时间的测试。在上述实验的基础上，分别将正、负给定均调到 0，用示波器观察 DLD 的 "1" 和 "2" 端的输出波形，并记录延时 t_d。

② 同一桥臂上下管子驱动信号死区时间测试。由于上下桥臂没有共地点，同时由于对组桥臂的驱动信号相同，所以测量具有共地点的 VT_2 和 VT_4 的信号与观察同桥臂上下管（VT_1 和 VT_2）效果相同。

用双踪示波器分别测量 $V_{VT2.GS}$ 和 $V_{VT4.GS}$ 的死区时间。

③ DC/DC 波形观察按图 9-16 接线。

a. 将正、负给定均调到 0，按下绿色按钮，开启主控制屏电源开关。

b. 调节正给定值的大小，观察电阻负载上的波形。

c. 调节负给定值的大小，观察占空比的大小的变化。

六、实验报告

根据实验数据，列出 SG3525 的各项性能参数、逻辑延时时间、同一桥臂驱动信号死区时间、启动限流继电器吸合时的直流电压值等。

实验五　单相交-直-交变频电路（纯电阻）实验

一、实验目的

熟悉单相交-直-交变频电路的组成，重点熟悉其中的单相桥式 PWM 逆变电路中元器件的作用、工作原理，对单相交-直-交变频电路驱动电机时的工作情况及波形作全面分析，并研究正弦波的频率和幅值及三角波载波频率与逆变正弦波的关系。

二、实验内容

① 测量 SPWM 波形产生过程中的各点波形。
② 观察变频主电路的 PWM 输出波形。

三、实验设备和仪器

① 教学实验台主控制屏。
② 现代电力电子电路和直流脉宽调速组件。
③ 电阻负载组件。
④ 双踪示波器（自备）。
⑤ 万用表（自备）。

注意：实验过程中示波器要求只用一根地线，防止两根地线接在不同的电位点造成短路。

四、实验方法

（1）SPWM 波形的观察（图 9-17 NMCL-22 部分）

用示波器观察 SPWM 波形发生电路输出的正弦信号 U_r 波形。即 SPWM 波形发生器"2"端与（UPW 脉宽调制器"4"脚）"地"端之间的电位差，改变正弦波频率调节电位器，测试其频率可调范围。

观察 SPWM 波形发生电路输出的三角形载波 U_c 的波形。即 SPWM 波形发生器"1"端与（UPW 脉宽调制器 4 脚）"地"端之间的电位差，测出其频率，并观察 U_c 和 U_r 的对应关系。

观察经过三角波和正弦波比较后得到的 SPWM 波形。SPWM 波形发生电路"3"端与（UPW 脉宽调制器"4"脚）"地"端之间的电位差。

（2）逻辑延时时间的测试

将 SPWM 波形发生电路的"3"端与"DLD"的"1"端相连，用双踪示波器同时观察 DLD 的"1"和"2"端波形，并记录延时 t_d。

（3）同一桥臂上下管子驱动信号死区时间测试

由于上下桥臂没有共地点，同时由于对组桥臂的驱动信号相同，所以测量具有共地点的 VT_2 和 VT_4 的信号与观察同桥臂上下管（VT_1 和 VT_2）效果相同。

用双踪示波器分别测量 $V_{VT2.GS}$ 和 $V_{VT4.GS}$ 的死区时间。

（4）不同负载时波形的观察

按图 9-17 接线，先断开控制屏主电源。将三相电源的 U、V、W 接在主电路的相应处，

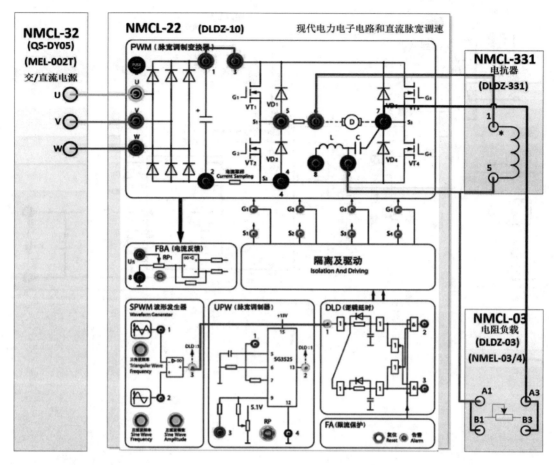

图 9-17 单相交-直-交变频电路 1

将主电路的"1""3"端相连。

当负载为电阻时（"6""7"端接电阻），观察负载电压的波形，记录其波形、幅值、频率。在正弦波 U_r 的频率可调范围内，改变 U_r 的频率，记录相应的负载电压、波形、幅值和频率。

当负载为电阻电感时（"6""9"端接入电感，"9"端和"7"端接电阻），观察负载电压大小和负载电压的波形。

（5）测试在不同载波比的情况下，逆变波形的变化

若采用的是 NMCL-16 挂箱，如图 9-18，只需将直流电源 U_{o2} 对应接入即可，R_{L3} 内部已经接好电阻，观察各点驱动波形，记录相应的频率和幅值，记录驱动延时时间及 MOS 管上下桥臂死区时间，改变正弦波的频率，观察负载上的波形变化，记录相应数据、单相交-直-交变频电路主回路的"3""4""5"端的波形。

五、实验报告

① 测量并记录 SPWM 波形产生过程中的各点波形。
② 比较在不同的载波比情况下 PWM 波形的优劣。
③ 描述调制比应该在什么范围内比较合适。

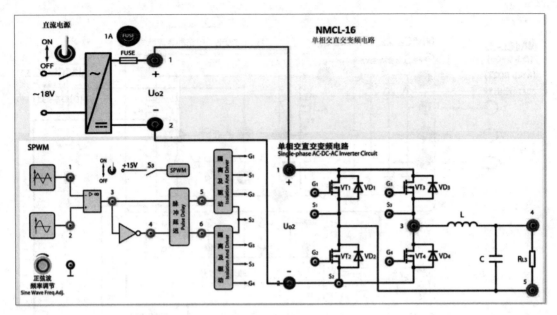

图 9-18　单相交-直-交变频电路 2

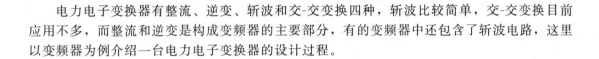

电力电子变换器的设计

电力电子变换器有整流、逆变、斩波和交-交变换四种，斩波比较简单，交-交变换目前应用不多，而整流和逆变是构成变频器的主要部分，有的变频器中还包含了斩波电路，这里以变频器为例介绍一台电力电子变换器的设计过程。

1 主电路的设计

（1）主电路的拓扑结构

主电路拓扑结构多种多样，选择哪一种形式需根据设计参数（如性能指标、负载参数、供电电源参数、环境条件等）的要求来确定。如：电压源逆变电路要求输出电压可调，可以在直流电源端采用相控式整流电路，或不可控整流电路加 DC/DC 变换电路；当直流电源电压不变时，在逆变部分采用 PWM 控制等；在某些负载的场合为了抑制谐波含量加输出滤波器；在高压、大容量的场合可采用多重逆变电路或多电平逆变电路等。总之，在设计的过程中，一方面要权衡电路结构的经济性、可靠性、稳定性、安全性、合理性、适用性等，另一方面还要从控制的角度总体进行考虑，如对整个电路采取几项技术措施使其满足性能指标要求。

附图 1 给出了通用变频器的主电路结构，电源取自电网提供的三相交流电，经过二极管不可控整流转换为直流电，直流侧并联大电容，为了防止空载合闸时电容充电电流过大，串联一个过电流保护电路，逆变侧为 6 个 IGBT 构成的桥式逆变电路，给三相异步电动机供电。

（2）主电路器件的选择与计算

主电路的器件也多种多样，有模块化的结构，也有多个单个器件组合而成的结构，这就要视实际的具体情况和要求而定。附图 1 所示电路的直流电压由交流输入电源经不可控整流、滤波得到，也可以是直接由直流电源（如蓄电池、直流发电机等）供电。

① 整流二极管的选择　整流二极管的耐压

$$U_{VD} \geqslant \sqrt{2} U_{2L} K_V \alpha_V$$

式中，U_{2L} 为整流桥输入电压有效值；K_V 为电压波动系数，$K_V \geqslant 1$；α_V 为安全系数，一般取 2～3。

根据计算值，再查二极管的耐压标称值。一般取比计算值高的，并与之最接近的耐压标称值。整流二极管额定电流的选择应考虑在最大负载电流下仍能可靠工作。

$$I_{VD} = \alpha_1 \frac{I_{VDM}}{1.57}$$

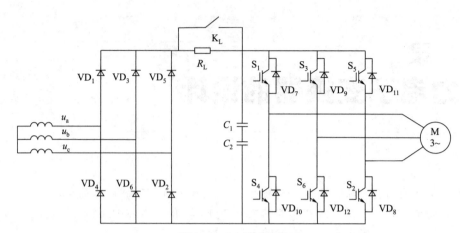

附图 1　逆变器主电路

式中，α_1 为安全系数，一般取 $1.5\sim2$；I_{VDM} 为最大电流有效值，要根据负载的功率和过载能力等因素确定。

② 平滑滤波电容（C_1、C_2）的选择　在主回路直流环节中，大电容 C_1、C_2 的作用有两个：一是对整流电路的输出电压滤波，尽可能保持其输出电压为恒值；二是吸收来自负载回馈的能量，防止逆变电路过电压损坏功率开关器件。

滤波时，C_1、C_2 和负载等效电阻 R_L 的时间常数应大于三相桥整流输出电压的脉动周期 $T=3.33\text{ms}$，则

$$C_1=C_2=C'\geqslant\frac{0.0033}{3R_L}\times10^6\,(\mu\text{F})$$

吸收负载能量的回馈时，按能量关系来估算。设负载为异步电动机，当异步电动机突然停车或减速制动时，电动机轴上的机械能及漏抗储能向电容回馈，形成泵升电压。为保护开关器件不致损坏，一般尽量选取大电容值，限制泵升电压的升高。

设电动机轴上的总转动惯量为 J、机械角速度为 ω，则电动机轴上的机械储能

$$W_J=\frac{1}{2}J\omega^2$$

漏感的储能

$$W_L=\frac{1}{2}LI^2$$

设电容上的初始电压为 U_0，电容的储能

$$W_C=\frac{1}{2}C'(U_1^2-U_0^2)$$

式中，U_1 为能量回馈后引起的电容电压升高值。

假定能量回馈时忽略损耗，电动机突然停车时机械能和漏感储能全部回馈到电容中，即

$$\frac{1}{2}C'(U_1^2-U_0^2)=\frac{1}{2}J\omega^2+\frac{1}{2}LI^2$$

设过压系数 $K=\dfrac{U_1}{U_0}(K>1)$，则

$$C'=\frac{J\omega^2+LI^2}{(K^2-1)U_0^2}$$

上式表明，当泵升电压值一定时（一般允许电容上泵升电压升高 30%，即 $K=1.3$），

负载侧储能越大，滤波电容的容量也越大。而当储能一定时，泵升电压值越低，K 越小，所需电容量也越大。

电容器的耐压

$$U_C' = \sqrt{2}U_{2\mathrm{L}}K_\mathrm{V}\alpha_\mathrm{d}$$

式中，α_d 为安全系数，通常取 1.1。

③ 开关器件 IGBT 的选择　开关器件的选择非常重要，它是逆变电路的核心元件。由于 IGBT 的热时间常数小，承受过载能力差，所以应由负载的最严重情形来进行参数计算和选择。

IGBT 承受的最高电压不仅与直流侧的电压 U_d 有关，而且与关断时尖峰电压有关。尖峰电压主要由线路杂散电感引起，即 $L\dfrac{\mathrm{d}i}{\mathrm{d}t}$，它与引线长短布局直接相关。其耐压值

$$U_\mathrm{M} = (K_1 U_\mathrm{d} + U_\mathrm{P})K_2$$

式中，K_1 为过电压保护系数，通常取 1.15；K_2 为安全系数，通常取 1.1；U_P 为关断尖峰电压。

IGBT 集电极最大电流

$$I_{0\mathrm{M}} = \sqrt{2}\,I_0 \alpha_1 \alpha_2 \alpha_3$$

式中，I_0 为负载的额定工作电流；α_1 为电流尖峰系数，一般取 1.2；α_2 为温度降额系数，一般取 1.2；α_3 为过载系数，一般取 1.4。

一般情况，器件手册上给出的 $I_{0\mathrm{M}}$ 是在结温 $T_\mathrm{j} = 25\,℃$ 的条件下的电流。在实际工作时由于器件发热，T_j 上升，电流实际允许值下降，所以要乘以降温系数。

上述 IGBT 的最高电压和最大电流的计算值也为选择续流二极管提供了依据。

④ 限流电阻的选择与计算　一般为了保护整流桥，在它的输出端要串联限流电阻。由于储能电容大，加之在接入电源时电容器两端的电压为 0，故逆变电路刚合上电源的瞬间，滤波电容 C' 的充电电流是很大的，过大的冲击电流可能使三相整流桥的二极管损坏，所以应将电容器 C' 的充电电流限制在允许的范围之内。开关 S_L 的功能是：当 C' 充电到一定程度时，令 S_L 接通，将 R_L 短路掉。

R_L 的选择根据最大整流电压和二极管允许通过的最大平均电流确定，即

$$R_\mathrm{L} \geqslant 1.57 \times \frac{\sqrt{2}U_{2\mathrm{L}}K_\mathrm{V}\alpha_\mathrm{d}}{I_{0\mathrm{M}}\alpha_1}$$

⑤ 交流侧阻容吸收环节　阻容吸收环节中，C 的目的是防止变压器操作过电压，R 的目的是防止电容和变压器漏抗产生谐振。通常阻容吸收环节采用△接法。

电容容量

$$C = \frac{1}{3} \times 6 \times i_0 \times \frac{S}{U_2^2}(\mu\mathrm{F})$$

式中，i_0 为变压器励磁电流百分数；S 为变压器每相平均计量容量，单位为 VA；U_2 为变压器二次侧相电压有效值。

电容 C 的耐压

$$U_C \geqslant 1.5 \times \sqrt{3}U_2$$

阻尼电阻

$$R \geqslant 3 \times 2.3 \times \frac{U_2^2}{S}\sqrt{\frac{U_\mathrm{K}}{i_0}}$$

式中，U_K 为变压器短路比，一般取 $5\%\sim10\%$。

电阻 R 的功率

$$P_R \geqslant (3\sim4)(2\pi f_C U_C \times 10^{-6})^2 R$$

(3) 驱动、缓冲和保护电路的选择与计算

① 驱动电路　对不同的电力电子开关器件有不同的驱动电路要求，对同一种开关器件也有不同的实现电路。从电路运行的可靠性和简化电路考虑，尽量选用专用的集成驱动电路。在驱动电路的设计中主要考虑驱动电压（包括开通和关断电压）、驱动电流、出现故障保护时驱动输出，因此驱动电路往往和保护电路一起综合设计。如集成驱动电路 EXB841，最高使用频率为 40kHz，能驱动 150A/600V 或者 75A/1200V 的 IGBT，采用单电源 20V 供电，其原理可以查阅手册，这里仅对驱动电流计算加以介绍。

驱动峰值电流可近似计算为

$$I_{GP} = \frac{(+U_{GE} + |-U_{GE}|)}{R_G + R_g}$$

式中，$+U_{GE}$ 为驱动正电压输出值，常用为 15V；$-U_{GE}$ 为驱动负电压输出值，常用为 $-5V$；R_G 为栅极外接驱动限流电阻；R_g 为 IGBT 栅极内部接的限流电阻，该值可查阅器件手册。增大驱动电流 I_{GP} 有利于快速开通，但不利于短路与过载保护。

② 缓冲电路　由于逆变电路中 IGBT 关断时，集电极电流急剧下降，主电路中的等效电感将引起高电压，称为开关浪涌电压。抑制浪涌电压的有效措施是缓冲电路，并且还可以抑制 di/dt，减小开关损耗。缓冲电路的形式很多，选择哪一种形式与开关器件的容量有关。如果采用整体缓冲电路，通常缓冲电路的电容量可按 $100A/1\mu F$ 选用，并且该电容的内部电感极小，可看作是无感电容。电阻的选择按其时间常数约为该开关器件开关周期的 $1/3$，即

$$C_S = \frac{L_P I_{0M}^2}{\Delta U_2^2}$$

式中，I_{0M} 为开关器件最大工作电流；ΔU_2 为最大电压尖峰；L_P 为主电路布线电感，一般 $L_P = 1\mu H/m$，视其布线的长度而定。

二极管应选用过渡正向电压低、反向恢复时间短、反向恢复特性较软的规格，其额定电流应不小于主电路开关器件额定电流的 $1/10$。

缓冲电阻

$$2\sqrt{\frac{L_P}{C_S}} \ll R_S \ll \frac{1}{2.3}C_S f$$

式中，f 为开关频率。

缓冲电阻的功率损耗 P_{RS} 与缓冲电路的形式有关。在充放电型 RCD 缓冲电路中

$$P_{RS} = (C_S U_d^2 + L_P I_0^2)f/2$$

在放电阻止型 RCD 缓冲电路中

$$P_{RS} = L_P I_0^2 f/2$$

③ 保护电路　a) 逆变电路过电流保护。根据所采用开关器件类型、电路结构、容量的大小采用不同的保护方法。通常采用电子线路保护，有以下几种模式。

（a）集中保护。该方法是对逆变电路短路故障电流进行集中检测，检测点通常在逆变电路的直流侧。若检测到电流大于保护阈值，则保护电路动作，封锁全部控制信号。这种保护方法结构简单、可靠，但无法判断过流点。

（b）分散保护。该方法对组成逆变桥臂的每个开关器件的过电流状态进行检测和判断。若电流值超过设定阈值，则保护电路动作，关断处于过电流状态的开关器件。分散保护通常采用间接方法检测故障电流，其检测和保护电路针对每只开关器件，检测保护电路多与驱动电路合为一体，适用于较大容量逆变电路中开关器件的保护。该方法传输延时小、保护速度快，并且可在驱动电路中加入控制信号前沿自动复位功能，避免因偶然故障使逆变器停机，增加电路稳定性和可靠性。

（c）混合型保护。集中和分散相结合的保护方式。通常集中保护的阈值设定比分散保护的稍高。当发生短路故障时，分散保护先起作用，分散保护失败，集中保护才起作用。

b）逆变电路过电压保护。缓冲电路除了接在器件两端也可接在直流母线上。产生关断过电压的主要原因之一为直流侧到逆变桥臂分布电感的存在，因此在工程设计中，应尽量减小分布电感，常用的方法如下。

（a）直流侧滤波电容与逆变桥臂安装位置尽量靠近以缩短连线，两部分之间连接的正负母线尽量靠近以减小所包围的面积，减小分布电感。线路分布电感的减小，可以极大地降低关断过程尖峰过电压，使开关器件缓冲电路简化，缓冲电路负担大大减轻。

（b）缓冲电路的元件制作在一块印制电路板上，电路板直接安装在直流侧汇流母线上，以减小缓冲电路的电感。

（c）采用叠层功率母线，既可以减小线路电感，又兼有吸收电路功能，同时还可减小主电路体积。

除此之外，保护电路还有短路保护、过载保护、过热保护等。对于有些应用场合还要考虑输出频率保护。

（4）输出滤波电路

实际的逆变电路输出电压的谐波含量往往高于允许值。因此，在逆变电路输出和负载之间要加设滤波器，逆变电路对输出滤波的要求呈低通特性，即尽可能不影响需要的频谱成分的幅值、相位，此外的谐波成分尽量衰减，并要求它的能量损耗要小。满足上述要求的最常用的是无源滤波电路——LC 二阶低通滤波器，如附图 2 所示。

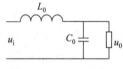

附图 2　输出滤波电路

① 滤波电路的截止频率 f_0 的选择

$$f \leqslant f_0 \leqslant f_K$$

式中，f 为逆变电路的输出频率；f_K 为最低次谐波电压的频率。

$$f_0 = \frac{2f_K}{(e^{B_0} + e^{-B_0})}$$

式中，$B_0 = \ln \dfrac{U_{Kim}}{U_{Kom}}$，称为谐波电压衰减率，$U_{Kim}$ 和 U_{Kom} 分别是滤波器输入端和输出端最低次谐波电压幅值。

② 滤波电路的参数选择

$$\begin{cases} \sqrt{L_0 C_0} = \dfrac{1}{2\pi f_0} \\[2mm] \sqrt{\dfrac{L_0}{C_0}} = (0.5 \sim 0.8) R_0 \end{cases}$$

根据给定的负载电阻 R_0 和确定的 f_0，解方程组可得 L_0、C_0。取其参数时只要保证

L_0C_0 不变，可以取 L_0 大、C_0 小，也可取 L_0 小、C_0 大，要视具体情况而定。

（5）热设计

热设计是个比较复杂的过程，逆变电路中的发热元件主要是逆变开关器件和整流二极管。

① IGBT 功耗　通态损耗

$$P_{SS} = I_{CP}U_{CE}\frac{1}{2\pi}\int_0^\pi \sin^2 x\left[\frac{1+D\sin(x+\theta)}{2}\right]dx = I_{CP}U_{CE}\left(\frac{1}{8}+\frac{D}{3\pi}\cos\theta\right)$$

式中，I_{CP} 为正弦输出电流的峰值；U_{CE} 为 $T_j = 125℃$，集电极电流为 I_{CP} 时，IGBT 的饱和压降；D 为 PWM 波形占空比；θ 为输出电压与电流之间的相位角（功率因数 = $\cos\theta$）。

开关损耗

$$P_{SW} = (E_{SW(on)}+E_{SW(off)})f_s\frac{1}{2\pi}\int_0^\pi \sin x\,dx = \frac{1}{\pi}(E_{SW(on)}+E_{SW(off)})f_s$$

式中，f_s 为每个桥臂的 PWM 开关频率；$E_{SW(on)}$ 为 $T_j = 125℃$，集电极电流为 I_{CP} 时，每个脉冲对应的 IGBT 开通能量；$E_{SW(off)}$ 为 $T_j = 125℃$，集电极电流为 I_{CP} 时，每个脉冲对应的 IGBT 关断能量。

② 续流二极管损耗　通态损耗

$$P_{VD} = I_{CP}U_{VD}\left(\frac{1}{8}-\frac{D}{3\pi}\cos\theta\right)$$

式中，U_{VD} 为 I_{CP} 下续流二极管的正向电压降。

反向恢复损耗

$$P_{rr} = \frac{1}{8}I_{rr}t_{rr}U_{VD(PK)}f_s$$

式中，I_{rr} 为续流二极管反向恢复峰值电流；t_{rr} 为续流二极管反向恢复时间；$t_{rr}U_{VD(PK)}$ 为续流二极管最大反向恢复电压。

③ 每一个桥臂的功耗

$$P_{AV} = P_{SS}+P_{SW}+P_{VD}+P_{rr}$$

根据发热的总功率计算散热器材料面积和散热方式，如自然风冷和强迫风冷等。

（6）逆变变压器设计

为了得到不同的输出电压或起隔离作用，常常在输出端带输出变压器。逆变变压器的设计要计算铁芯材料、铁芯截面、绕组匝数、变比和线径。此过程比较繁琐，可查阅其他设计手册。

2　控制电路的设计

控制电路的方案很多，下面给出一种单片机控制的 PWM 逆变电路的控制方案。

采用 SPWM 专用芯片和单片机控制的逆变电路原理框图，如附图 3 所示。由于开环系统本身没有自动限制启动、制动电流的能力，因此频率给定信号必须通过给定积分产生平缓的启动、制动控制信号。给定积分由单片机通过软件实现，经单片机所产生的一组与频率给定值对应的数据，传送给产生三相 SPWM 信号的专用芯片，控制逆变系统的保护由单片机执行，过电流检测应选用响应速度快的检测元件，如霍尔电流传感器（响应时间≤

1s），或直接采用直流电路串联电阻的检测方法。过压信号通常用直流电路并联电阻的检测方法。但应注意，采用串、并联电阻测量信号时，必须采用光电隔离电路。当单片机判断出过流或过压等故障时，单片机一方面给出封锁信号去封锁 SPWM 信号，另一方面去切断主电路电源。

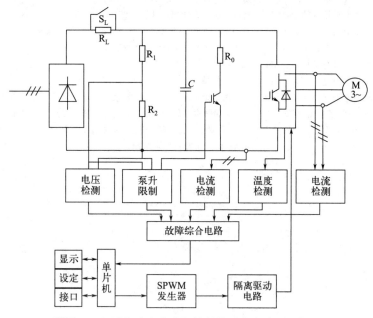

附图 3　专用芯片和单片机控制的逆变电路原理框图

参考文献

［1］ 张波，邱东元 . 电力电子学基础［M］. 北京：机械工业出版社，2020.

［2］ 刘志刚，叶斌，梁晖 . 电力电子学［M］. 北京：北京交通大学出版社，2004.

［3］ 洪乃刚 . 电力电子技术基础［M］. 2 版 . 北京：清华大学出版社，2015.

［4］ 赵良炳 . 现代电力电子技术基础［M］. 北京：清华大学出版社，1995.

［5］ 冯玉生，李宏 . 电力电子变流装置典型应用实例［M］. 北京：机械工业出版社，2008.

［6］ 张志娟 . 电力电子技术项目化教程［M］. 北京：机械工业出版社，2020.

［7］ 贺益康，潘再平 . 电力电子技术［M］. 北京：科学出版社，2019.

［8］ 刘进军，王兆安 . 电力电子技术［M］. 北京：机械工业出版社，2022.

［9］ 奇纳德 . 现代电力电子学导论［M］. 王晶，南余荣，吴根忠，译 . 3 版 . 北京：电子工业出版社，2020.

［10］ 阿布鲁，马林诺夫斯基，哈达德 . 电力电子应用技术手册［M］. 卫三民，译 . 北京：机械工业出版社，2020.

［11］ 拉什德 . 电力电子学：电路、器件及应用［M］. 罗昉，裴雪军，梁俊睿，等译 . 4 版 . 北京：机械工业出版社，2019.

［12］ 邹甲，赵锋，王聪 . 电力电子技术 MATLAB 仿真实践指导及应用［M］. 北京：机械工业出版社，2018.